10여 년에 걸쳐 수집한 **여객선 관련 기술 자료**들과
오랜 조선(造船) 실무경력을 바탕으로 저술되었습니다

큰 발자취를 남긴

세계의 여객선

The Passenger ships of the World left a significant trace

저자 | **한창용** 조선공학박사
이한석 공학박사

도서출판 그린

큰 발자취를 남긴 세계의 여객선

The Passenger ships of the World left a significant trace

PREFACE

사람들은 바다와 배에 대해서 항상 흥미와 관심을 느낍니다. 특히 여객선들은 더욱 그렇습니다. 그런데 이 여객선들 중에는 우리가 알지 못하였던, 그 배만이 가진 유일한 사건이나 다른 배들이 넘보지 못했던 세계최고의 기록 등을 수립하였거나 역사에 남는 전설적인 이야기를 남긴 여객선들이 많이 있습니다.

본 책은 10여 년에 걸쳐 수집한 여객선 관련 기술자료들과 오랜 조선(造船)실무경력을 바탕으로 저술된 것입니다. 따라서 본 책은 여객선에 관하여 국내최초로 집필된 것으로 조선해양산업계나 해운업계에 종사하는 분들이나 이 분야를 전공하는 학부의 학생들은 물론이고 과학이나 공학에 관심이 많은 고등학생들과 일반인들에게도 더 없이 좋은 자료가 되고 읽을거리가 될 것으로 믿습니다.

여객선에 관련한 서적이나 자료 중에는 관련 전문지식의 부족이나 저자의 잘못된 이해에서 사실과 일치하지 않는 것들이 종종 있는 것도 사실입니다. 따라서 본 책에 서술된 내용과 사진들은 독자들이 믿고 읽을 수 있도록 가장 신빙성이 있는 자료들과 대조하여 엄정하게 사실 확인을 거쳤습니다. 또한 선박에 관한 전문지식이 부족한 분들도 이 책 안의 내용들을 쉽게 이해하며 읽을 수 있도록 어려운 내용이나 전문용어들은 참고사항으로 기술하였습니다.

따라서 여러분이 이 책을 재미있게 읽어가는 가운데 여객선에 관하여 선박전문가에 못지않게 많은 지식을 배우게 되고 또 많은 이야기를 알게 될 것입니다.

2018년 1월, 저자 드림

CONTENTS

01. 여객선의 지식 · 23

02. 세계최초의 기록을 만든 여객선들 · 105

05. 유일무이한 기록을 만든 대형 여객선들 · 315

06. 북대서양 항로주파 블루리밴드의 여객선 · 343

07. 역대 최고인기의 대양(大洋) 여객선 · 355

08. 세계 최고의 호화 크루즈 선 · 373

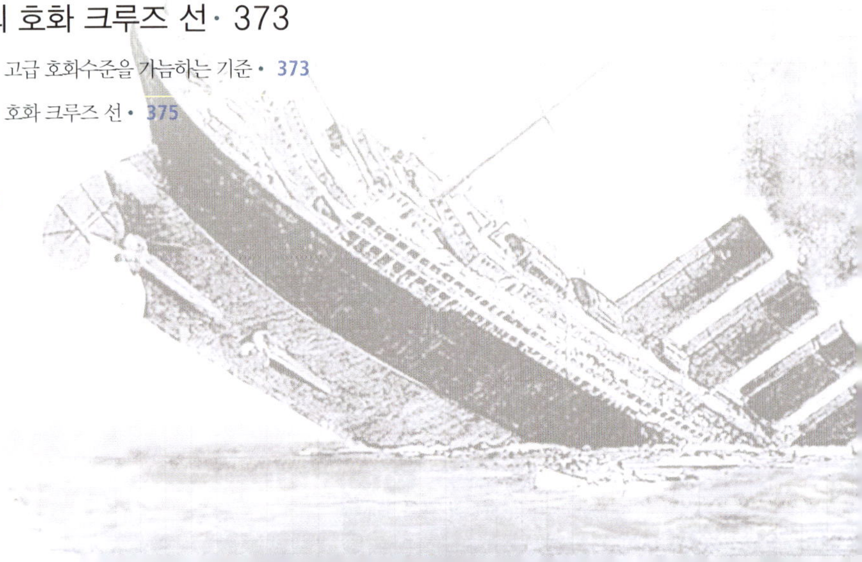

Cunard fleet's North Atlantic ocean liner, RMS Titanic (1912)

취항 5일 만에 침몰한 비운의 1912년의 "타이타닉"호(RMS Titanic)

1908년 9월에 건조계약 체결, 1909년 3월에 건조착수, 1912년 4월 2일 인도, 4월 10일 첫 항해에 오름. 1914년 4월 14일 밤 11시 40분경 빙산과 충돌, 충돌 2시간 40분 후인 4월 15일 이른 새벽 대서양 해저로 사라짐. 승객 1,317명을 포함 2,224명의 승선자들 중에서 1,514명이 희생되고 710명만 구조됨. 총톤수 46,328톤, 전장 269m, 선폭 28m, 2대의 증기왕복동 엔진과 1대의 저압증기터빈으로 3기의 추진 프로펠러를 구동. 최고속도 24놋트(시속 44km).

French luxury ocean liner, S.S Ile de France (1927)

프랑스가 자랑한 대서양 항로 호화 정기여객선, “일드 프랑스”호(S.S Ile de France)

프랑스 CGT(세제테) 해운이 생나제르의 아트랑티크 조선소에서 건조한 북대서양 항로의 호화 정기여객선으로 1927년 5월에 건조완료 되고 6월에 취항함. 총톤수 43,153톤, 전장 241m, 선폭 27.7m, 10층의 승객갑판에 승객정원 1,786명. 아르데코 양식의 호화롭고 아름다운 인테리어를 가진 최고급의 여객선, 취항 1년 뒤인 1828년에 신속한 우편배달의 목적을 가진 수상비행기와 항공기 사출장치를 선미갑판에 탑재하여 역사상 최초로 항공기를 가진 여객선이 됨.

RMS Caronia (1948)

"녹색의 여신" 또는 "백만장자들의 전용요트"로 불린 1948년의 "카로니아"호(RMS Caronia)

영국의 죤 브라운(John Brown) 조선소에서 1946년 2월에 건조에 착수, 1948년 12월에 건조 완료되고 1949년 1월에 취항함. 총톤수 34,180톤, 전장 217.9m, 선폭 27.8m, 승객정원 932명, 선원 500명, 항해속도 22놋트(시속 41km), 1948년부터 1968년까지 큐나드 해운의 최고의 여객선으로 이름을 날림. 1968년부터 크루즈 선으로 운항, 1974년까지 크루즈 선으로 또 한 번 이름을 날림. 1974년 선체노후로 페선처리를 위해서 예인횡해 중, 좌초되어 침몰됨. 시대를 앞선 설계의 여객선으로 인정받으며 그 당시 최고의 인기를 누리던 "퀸 메리"호나 "퀸 엘리자베스"호 보다 더 높은 인기를 누리던 유일한 여객선이었음.

The fastest ocean liner, S.S United States (1952)

1952년의 "유나이티드 스테이츠"호(S.S United States)

미국 유나이티드 스테이츠 해운의 북대서양 정기여객선으로 역사상 가장 빠른 대형 여객선. 미국의 뉴포트뉴스(Newport news) 조선소에서 1951년 6월에 진수, 1952년에 건조완료(건조공사기간은 2년 5개월). 총톤수 53,330톤, 전장 302m, 선폭 30.9m, 상선용 세계 최대크기의 240,000마력의 증기터빈엔진으로 최고속도 38.32놋트(시속 71.97Km)의 전대미문의 속도기록 수립하고 3일 12시간 12분의 북대서양 항로횡단 최단시간을 수립, 12층의 갑판 중에 9층의 승객갑판으로 승객정원 1,925명, 선원 900명. 1978년에 운항을 중단한 이후 지금까지 폐선하지 않고 다시 재취항을 위해서 2017년 현재까지 필라델피아 항구에서 계류상태에 있음.

S.S Andrea Doria (1953)

1953년의 "안드레아 도리아"호(S.S Andrea Doria)

이탈리아 해운의 북대서양 항로 호화 정기여객선. 제노아의 안살도(Ansaldo) 조선소에서 1951년 6월에 진수, 1953년에 건조완료, 1953년 1월 취항함. 총톤수 29,080톤, 전장 213.8m, 선폭 27.5m. 승객정원 1,241명. 스팀터빈엔진, 최대속도 23놋트(시속 32.6Km). 이탈리아가 최신의 기술로 건조된 가장 안전한 여객선으로 자랑하였지만 근본적으로 복원성에 문제가 있어 취항 후 3년만인 1956년 7월 25일, 미국의 매사추세츠 주, 낸터킷트(Nantucket) 섬 근처에서 스웨덴 해운의 여객선 "스톡홀름"호와 충돌하면서 전복되면서 결국 침몰하여 최단명(最短命)의 호화여객선이 됨.

S.S France (1962)

1962년의 "프랑스"호(S.S France)

프랑스 CGT 해운의 북대서양 호화 정기여객선, 프랑스의 아트랑티크(l'Atlantique) 조선소에서 1962년에 건조. 총톤수는 66,343톤(1962년) / 70,202톤(1980년) / 76,049톤(1994년), 3차례의 개조공사를 통해 계속 톤수가 증가되고 배의 외형이 달라짐. 전장 316.1m, 선폭 33.8m, 승객정원은 1,637명(1962년) / 1,944명(1984년) / 2,565명(1994년), 계속 승객정원수가 증가됨. 1980년부터 크루즈 선으로 이름을 날림. 2005년에 운항을 중단하고 2008년, 인도에서 폐선처리 됨. 세계 최초의 날개를 가진 연돌을 소개. 가장 아름다운 외형을 가졌던 여객선가장 혁신적인 설계를 보여주었던 여객선으로 기록 됨.

S.S Queen Elizabeth-II / M.S Queen Elizabeth-II (1969)

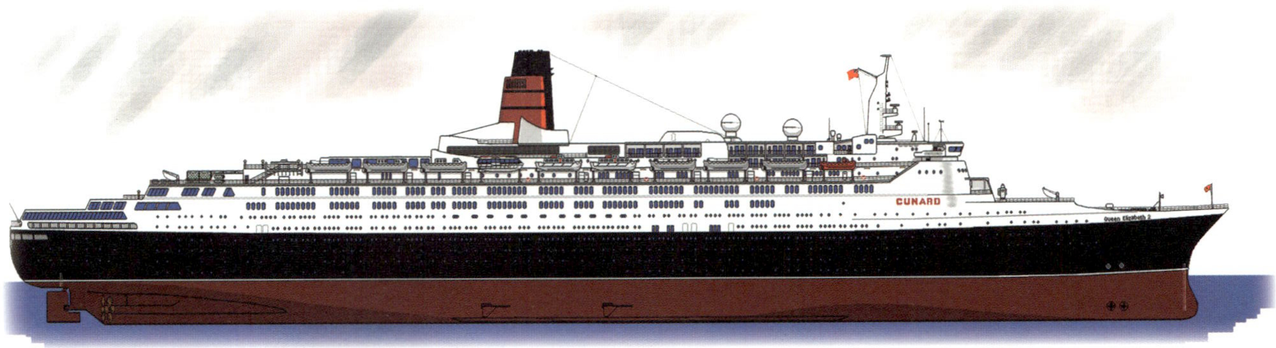

1969년의 "퀸 엘리자베스-2"호(S.S Queen Elizabeth-II / M.S Queen Elizabeth-II)

큐나드 해운의 북대서양 정기여객선으로 스코틀랜드의 존 브라운 조선소(John Brown)에서 1969년에 건조. 1970년대 초부터 크루즈 선으로 운항함. 취항 당시에는 스팀터빈엔진을 가졌으나 1987년에 디젤엔진으로 교체됨. 그래서 선박의 호칭이 S.S에서 디젤엔진 선박임을 의미하는 M.S로 바뀜. 폐선 전의 최종 총톤수는 70,327톤, 전장 293.5m, 선폭 32m. 9층의 승객갑판에 승객정원 1,777명, 선원 1,040명, 최고속도 34놋트(시속 63Km), 순항속도 28.5놋트(시속 52.8Km). 현재, 여객선 운항을 종료하고 두바이에서 5성급의 호화 해상호텔로 운영 중.

The first cruise ferry, M.S Tor Britannia (1975)

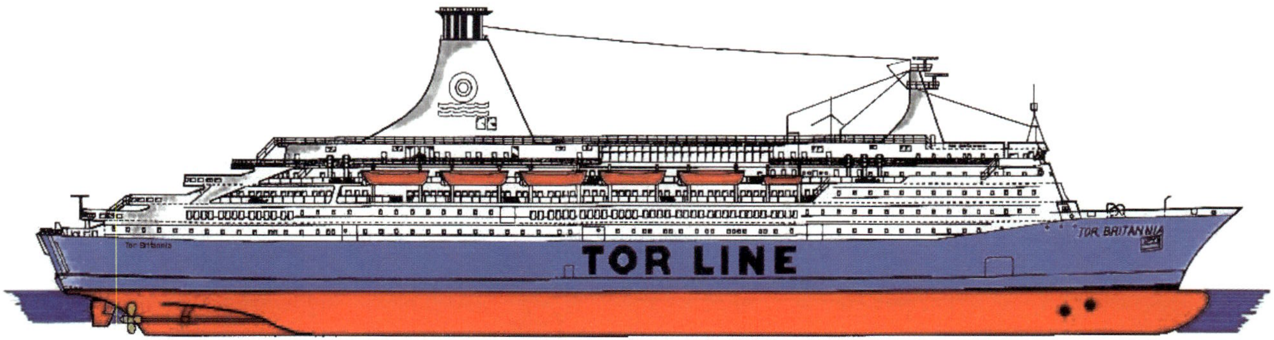

최초로 소개된 크루즈 페리 선, 1975년의 "톨 브리타니아"호(M.S Tor Britannia)

최초의 크루즈 페리 선 중의 한 척, 스웨덴과 영국 간의 항로에 취항. 취항 당시 최신의 호화 크루즈 페리 선. 독일 뤼벡의 프렌델 벨프트(Flender Werft) 조선소에서 1975년 4월에 건조착수, 1975년 4월에 취항, 처음의 총톤수 15,760톤, 1998년 개조공사 후 21,450톤, 전장(全長) 182.3m(개조공사 후, 184.55m), 선폭(船幅) 23.6m(개조 공사 후, 26.4m), 6층의 승객갑판에 승객정원 1,507명(침상승객 1,416명). 승용차 선적 420대, 트레일러 49대, 최고 속도 27.2놋트(시속 50.4Km). 1983년에 "톨 스칸디나비아"호, 1991년에 "프린세스 오브 스칸디나비아"호로 선명이 바뀐 뒤, 2006년부터 현재까지 크루즈 페리 선, "모비오타"호(M.V Moby Otta)로 지중해에서 운항 중임.

M.S Voyager of The seas(1999)

1999년의 "보이져 오브더 씨즈"호(M.S Voyager of The seas)

로얄 카리비안 인터네셔널(RCI) 사의 초대형 호화 크루즈 선, 핀란드의 크베르너 마사(Kvaerner Masa) 조선소에서 1998년 11월에 진수, 1999년에 건조완료. 디젤엔진과 가스터빈엔진을 병용하는 코닥(CODAG) 추진장치를 탑재하고 아저파드 프로펠러를 탑재. 총톤수 138,194톤, 전장 311.1m, 선폭 38.6m(최대선폭은 47.4m), 14층의 승객갑판, 승객정원 3,138명, 선원 1,181명. 최대속도 23.7놋트(시속 43.9Km), 20세기의 여객선들 중에서 가장 독창적이며 혁신적인 설계의 여객선임.

M.S Queen Mary-II (2004)

2004년의 "퀸 메리-2"호(M.S Queen Mary-II)

영국 큐나드 해운의 초대형 호화 크루즈 선으로 2001년에 설계되고 프랑스의 아트랑티크(I'Altantique) 조선소에서 2003년 3월에 진수, 2004년에 건조 완료됨. 20014년 1월에 취항. 총톤수 149,215톤, 전장 345.03m, 선폭 41m(최대폭 45m), 전체 18층 갑판, 순항속도 25놋트, 최대속도 30놋트(시속 55.58km), 승객정원 2,695명(2016년 이후는 2,620명), 선원 1,253명. 현재 5성급의 호화 크루즈 선으로 운항 중. 최신의 크루즈 선이지만 다른 크루즈 선 구명보트들이 높은 갑판에 탑재된 것이 이 배의 특징임(선급은 이것보다 아래갑판에 설치할 것을 요구하였으나 결국 선주사의 주장대로 높은 갑판에 설치됨)

M.S Costa Pacifica (2009)

2009년의 “코스타 파시피카”호(M.S Costa Pacifica)

코스타 크루즈 해운의 초대형 최신 크루즈선, 이탈리아의 핀칸티에리(Fincantieri) 조선소에서 2008년 6월에 진수, 2009년에 건조완료. 총톤수 114,500톤, 전장 290.2m, 선폭 35.5m, 전체 17층의 갑판 중에 14층의 승객갑판, 승객정원 3,008명(객실 1504실), 선원 1,100명, 최대속도 23놋트(시속 43Km), 순항속도 21.5놋트(시속 39.8km). 2012년에 이탈리아의 투스까니(Tuscany) 해안에서 암초에 좌초되어 침몰된 “코스타 콩코디아”호(M.S Costa Concordia)와 동형자매선임.

Advanced new super large cruise ship, M.S MSC Meraviglia (2017)

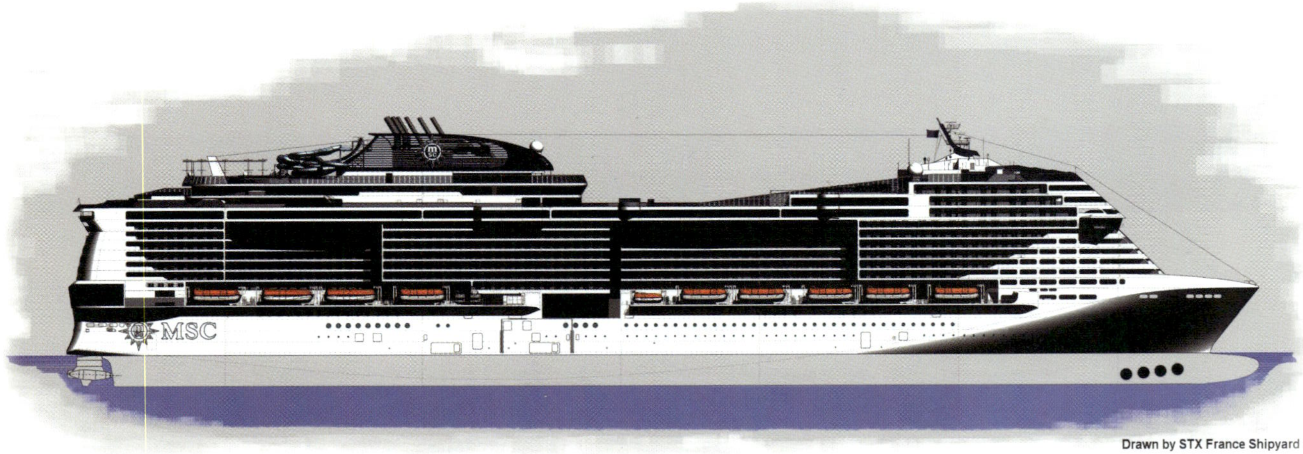

Drawn by STX France Shipyard

최신의 초대형 호화 크루즈 선, "엠에스씨 메라비그리아"호(M.S MSC Meraviglia)

2015년 초에 설계완료. 프랑스의 생나제르 조선소에서 2015년 10월에 건조 착수하여 2017년 5월에 건조완료, 2017년 6월에 취항한 최신예 호화 크루즈 선임. 총톤수 171,600톤, 전장 316m, 선폭 43m, 승객갑판 15층(5번 갑판에서 19번 갑판까지), 승객정원 4,500명, 선원 1,536명. 순항속도 22.7놋트(시속 42Km). 3개의 실외수영장 및 1개의 실내수영장을 가짐. 독창적이고 가장 첨단의 설계로 건조되어 현존 다른 크루즈 선들과 차별이 되는 최신의 크루즈 선임.

"

큰 발자취를 남긴

세계의 여객선

"

The Passenger ships of the World left a significant trace

The Passenger ships of the World left a significant trace

01 여객선의 지식

1.1 여객선의 정의(正意)

유엔의 한 기구인 IMO(아이엠오, 국제해양기구, International Maritime Organization의 약칭)와 SOLAS(솔라스, 국제해상인명안전규정, International Convention Safety Of Life At Sea의 약칭) 규정에서는 12명 이상의 승객을 태우는 선박을 여객선이라고 정의한다. 단 여기에서 말하는 12명에는 승객이 아닌, 선원 및 선원과 동승한 선원 가족과 같은 사람들은 포함이 되지 아니한다(참고; 서구에서는 선원들이 부부동반으로 한 배에 종종 같이 승선한다).

크기로 볼 때, 통상적으로 총톤수가 1만 톤급 이상이면 대형 여객선, 3,000톤급 이상 1만 톤급 이하이면 중형(中型) 여객선, 3,000톤급 이하는 소형 여객선으로 분류된다. 그러나 여객선의 한 종류인 크루즈 선의 경우에는 이것과 조금 달라서 총톤수 3만 톤급 이하는 소형 크루즈 선, 3만 톤급에서 7만 톤급 이하는 중(中)형 크루즈 선, 7만 톤급 이상에서 10만 톤급 이하는 대형 크루즈 선, 10만 톤급 이상은 초대형(超大型, Super Large) 크루즈 선, 20만 톤급 이상은 거대형(巨大型, Ultra Large) 크루즈 선으로 부르고, 아직 건조되지는 않았지만 2020년대에는 출현할 것으로 예상되는 30만 톤급 이상은 초거대형(超巨大型, Super Ultra Large) 크루즈 선으로 부른다.

12명 이상의 승객을 태우고 화물도 같이 선적하는 경우, 객화선(客貨船, Passenger cargo vessel) 또는 화객선(貨客船, Cargo passenger vessel)이라 부르며 여객선의 한 종류에 들어간다. 객화선이나 화객선은 그 뜻이나 특성이 서로 같지만, 일반적으로 화물보다 승객에 비중을 두면 객화선, 승객보다 화물에 비중을 두면 화객선이라 부른다.

현대중공업에서 건조한 객화선, 이바란(Ivaran) 해운의 "아메리카나"호(M.V Americana)의 모습

1988년 2월에 건조완료, 52실의 객실에 최대 110명의 승객과 1,120개의 20피트 컨테이너를 함께 싣는 객화선. 선미에 8층 갑판의 큰 슈퍼스트럭춰를 가졌고 여기에 5층의 승객전용갑판을 두었다. 이 배의 승객구역은 크루즈 선에 못지않은 호화로운 설비로 되어 있었다. 또 상갑판에는 컨테이너의 선적과 하역을 위한 45톤 갑판 크레인 2기를 설치하고 있었다. 미국과 남미 간의 정기항로에 취항할 목적으로 건조가 되었으며 현대중공업은 향후 크루즈 선의 시장 진출을 위한 준비용으로 이 배를 건조하였다. 취항 22년만인 2010년에 중국에서 고철로 폐선처리 되었다.

(사진출처: Stena Line 소개책자)

1.2 여객선의 종류

객화선(또는 화객선)이 아닌, 순전히 승객만을 취급하는 여객선에는 강에서 운항하는 강상(江上)여객선과 해상에서 운항하는 해상여객선으로 크게 둘로 나눌 수 있다. 강상여객선은 강의 맞은편을 왕복 운항하거나 강의 상류와 하류 간에 운항하는 강상 페리 및 관광목적의 강상 크루즈 선이 있다. 유럽의 대표적인 강인 라인(Rhein)강과 엘베(Elbe)강, 마인(Main)강, 다뉴브(Danube, 독일어에서는 도나우, Donau라고 부른다)강 및 볼가(Volga)강에는 강상 크루즈 선의 운항이 매우 발달해 있으며 북미의 미시시피강과 남미의 아마존강 및 중국의 장강(양쯔강)에도 강상 크루즈 선들이 활발하게 운항하고 있다.

유럽 지역의 강상 크루즈 선의 경우, 대개 총톤수 1,500톤 내외의 선체크기로 되어있으나 큰 것은 전장(全長, 선체의 전체길이) 135.75m에 총톤수로 6,300톤급이 넘는 것도 있으며 특히 중국의 양쯔강 상류에서 운항하고 있는 "센츄리 파라곤"호(M.V Century

Paragon)는 총톤수가 무려 12,500톤, 전장이 141.8m. 선폭이 19.8m나 되는 대형의 선체로 398명의 승객정원과 150명의 선원들이 승선하며 현재 세계에서 가장 큰 강상 크루즈 선으로 인정받고 있다.

유럽의 대표적인 강상 크루즈 선, "아바론 익스프레션"호(M.S Avaron Expression)의 모습
라인 강의 강상 크루즈 선 중에서 가장 큰 것으로 2013년에 건조되었다. 전장이 135m, 총톤수 1,300톤, 4층의 승객갑판에 83개의 객실을 두고 166명의 승객정원을 가진다. 8일의 여정으로 라인 강을 운항하는 호화 크루즈 선이다.
(사진출처: Avalon waterways 소개책자)

그러나 강상여객선은 해상여객선과 달리 내항성(耐航性, 선박이 파도에 이기며 항해할 수 있는 성능)이 낮고 해상여객선에 비하여 선체의 강도가 떨어지며 선체의 구조 역시 높은 파도에 적합하지 않아서 배가 크다고 하여도 해상에서 운항할 수 없다.

따라서 일반적으로 여객선이라 함은 해상여객선을 의미하는데 해상여객선의 경우, 그 목적과 용도에 따라 페리 선과 대양(大洋) 정기여객선 및 크루즈 선 등이 있으며 각각의 특성은 다음과 같다.

1) 페리 선

그냥 페리(Ferry)라고도 한다. 바다에서 운항하는 해상 페리 선과 강에서 운항하는 강상(江上) 페리 선이 있으며 큰 페리 선들은 대개가 해상 페리 선들이다. 페리 선의 승객들은 대부분이 어떤 목적지로 가는 교통 승객들이다. 정해진 항로를 정기(定期)운항하는 여객선으로 항로의 길이와 승객 및 선적하는 차량의 경중(輕重)에 따라 로팩스(RoPax, RoRo Passenger의 약칭) 페리 선, 팩스카(PaxCar, Passenger Car의 약칭으로 카팩스라고도 한다) 페리 선 및 크루즈 페리(Cruise Ferry) 선이 있다.

또, 운항하는 시간에 따라 낮 시간에 운항을 하는 데이 페리(Day Ferry)와 하루 밤을 경과하여 항해하는, 즉 1박 2일 이상 여정의 나이트 페리(Night Ferry)가 있으나 위에서 언급한 로팩스, 팩스카 및 크루즈 페리와 그 특성 및 의미가 중복되므로 생략하여도 무방하다.

로팩스와 카팩스 및 크루즈 페리는 선박전문가 특히, 여객선 전문가가 아니면 외형상으로 서로 구분하기가 쉽지 않다. 따라서 외형상의 특징을 짚어보면, 크루즈 페리와 카팩스는 로팩스에 비해서 큰 슈퍼스트럭쳐(Superstructure)를 가지게 된다. 또 로팩스나 카팩스가 선수 및 선미 양단에 램프(Ramp)를 가지는 것과 달리 크루즈 페리는 일반적으로 선미에만 램프를 설치하는 등의 외형상 특징을 가지고 있다.

참고

① 상갑판 위의 구조물 즉, 선루(船樓)를 덱크하우스(Deck house)라 하고 선루 중에서 선수에 위치한 것을 선수루(船首樓, Fore deck house), 선미에 위치한 것을 선미루(船尾樓, Stern deck house)라고 부른다. 따라서 덱크하우스 중에서 가장 크고 기본이 되는 것을 슈퍼스트럭쳐(Superstructure)라고 부른다.

② 램프(Ramp)는 선적되는 차량이 배 안으로 들어가고 나올 수 있게 만든 접는 식의 경사로이다. 이것을 들어 올려서 선체에 붙이면 큰 출입구 즉, 게이트(Gate)가 된다. 대부분의 램프는 유압 전동식으로 작동된다. 로팩스나 카팩스 이외에 차량전용운반선(Pure Car Carrier, 약칭 PCC), 로로선(Ro-Ro ship) 등에도 설치된다.

1-1) 로팩스 페리

그냥 로팩스라고도 부른다. 선체하부에 넓은 카덱크(Car deck, 차량선적갑판)와 상부에는 승객갑판을 가진다. 카덱크에는 승용차 이외에 화물 트럭과 컨테이너 트레일러등도 선적한다. 차량갑판 상부의 승객갑판에는 고급승객을 위한 승객침실구역과 비교적 승선요금이 싼 승객들을 위한 좌석승객구역 및 라운지와 바(Bar), 카페테리아(Cafeteria), 매점 등이 설비된다. 일반적으로 좌석승객의 수가 침상승객(객실승객이라고도 함)의 수보다 많다. 따라서 승객에 대한 서비스의 질이 떨어지며 다른 종류의 페리 선 즉, 팩스카나 크루즈 페리에 비하여 승선하는 선원의 수가 적다.

로팩스 페리의 카덱크(차량갑판)의 모습
갑판에 차량과 갑판을 서로 묶는 고리장치가 보인다.

참 고

승용차, 화물차 및 컨테이너 트레일러 등을 선적하는 로로(RoRo) 선이나 자동차전용운반선(Pure Car Carrier, 약칭하여 PCC라 부름) 및 자동차도 싣고 승객도 함께 태우는 로팩스(RoPax)선 등에는 이러한 차량을 선적하는 카덱크(Cardeck)를 가지며 카덱크의 크기 즉, 차량선적능력은 레인미터(Lane Meter, 약칭으로 Lm)로 나타낸다. 쉽게 말해서 레인은 차선(車線)이다. 승용차의 경우, 1 레인미터의 폭은 2m 이다. 그러나 로로선 및 로팩스 선의 설계에서 트레일러가 선적되는 갑판의 1 레인미터는 2.8~3.1m로 한다. 카덱크에는 배의 동요에도 선적된 차량이 움직이지 않도록 갑판과 서로 단단히 결박하는 고리장치 즉, 라싱(Lashing) 장치를 가진다. 또 카덱크에는 갑판의 천장높이가 고정되어 있는 고정식 갑판(Fixed cardeck)과 천장높이를 조정할 수 있는 가변식 갑판(위로 들어 올릴 수 있도록 만든 갑판, Liftable cardeck)가 있다. 200m 선체길이의 로로선의 경우, 14층의 카덱크를 가지며 한 번에 대략 5,600~6,000대의 승용차를 선적할 수 있다.

1-2) 팩스카 페리(Paxcar Ferry)

팩스카(PaxCar) 또는 카팩스(CarPax)라고도 한다. 승객과 주로 승용차 및 소형 화물차를 함께 선적하며 육지와 섬 또는 섬과 섬 간을 운항하는 페리선이다. 소형 팩스카를 우리는 차도선(車渡船)이라 부른다.

세계 최대크기의 로팩스 페리 선, "스테나 홀란디카"호(M.F Stena Hollandica)호의 모습
(2010년에 독일의 바단(Wadan) 조선소에서 건조, 총톤수 64,039톤, 전장 240m, 선폭 32m, 승객정원 1,200명 중에 침상승객은 500명, 차량선적대수 230대이며 "스테나 브리타니아"호(M.F Stena Britannia)와 동형자매선 이다. 외형상으로도 팩스카나 크루즈 페리에 비해서 로팩스 페리의 슈퍼스트럭춰가 작음을 알 수 있다) (사진출처: Stena Line 소개책자)

유럽 규격의 팩스카는 로팩스에 비하여 조금 더 고급사양의 승객구역을 가지고 있고 또, 좌석승객의 수보다 침상승객의 수가 월등히 많다. 다시 말해서 승객정원에서 대체적으로 70% 이상의 승객들이 침상승객으로 되어 있고 나머지 30% 내외의 승객이 좌석승객인 고급 페리이다. 선체하부갑판의 카덱크(Car deck, 차량선적갑판)에는 주로 소형 승용차들을 선적한다. 승객구역에서 라운지와 바(Bar), 레스토랑, 매점 등의 각종 공실(公室, Public room)들이 로팩스 페리보다 넓으며 조금 더 고급사양으로 만들어진다.

북유럽의 경우 상당수의 대형 페리 선들은 팩스카 페리로 되어 있으며 로팩스 페리보다 빠른 항해속도를 가지고 있다.

1-3) 크루즈 페리

크루즈 페리(Cruise Ferry)는 쉽게 말해서 크루즈 선과 페리 선을 합친 것으로 보면 된다. 즉, 카덱크를 가진 크루즈 선이라고 할 수 있다. 따라서 승객들이 크루즈 선의 흥취를 느낄 수 있는 페리 선이다. 크루즈 페리의 특성은 대부분의 승객들이 객실의 침상이 제공되는 승객이며 좌석에서 하룻밤을 지내야 하는 좌석승객은 거의 없거나 있다 하여도 아

북유럽에서 인기가 높은 팩스카, "스테나 슈퍼파스트-7"호(M.F Stena Superfast-VII)의 모습
(총톤수 30,300톤 급으로 독일 하데베(HDW) 조선소에서 2001년에 건조되었다. 같은 크기의 로팩스보다 슈퍼스트락쳐(Super structure)가 더 크며 승객구역도 더욱 고급스럽고 속도도 빠르다) (사진출처: Stena Line의 소개책자)

주 소수에 불과하다. 따라서 로팩스나 팩스카와 비교하여 승객들을 위한 많은 객실이 필요하므로 자연히 큰 슈퍼스트럭처(Superstructure, 갑판 상부의 큰 구조물 즉, 큰 덱크 하우스)를 가지게 되어 로팩스나 카팩스와 외형상으로도 큰 차이를 보인다. 또 승객갑판은 아주 고급스럽게 설비되고 다른 종류의 페리 선에 비해서 많은 수의 선원들이 승선한다, 즉, 어떤 크루즈 페리는 승객정원수의 20% 정도의 많은 선원들이 승선하기도 한다. 이것은 승객들에게 양질(良質)의 서비스가 제공된다는 뜻을 의미한다. 주로 긴 항해거리를 가지며 오늘날의 크루즈 페리는 대부분이 북유럽의 발트(Baltic)해와 북해 및 지중해에서 운항되고 있다.

우리나라의 현대, 대우 및 삼성중공업에서는 로팩스나 카팩스를 건조한 실적은 있으나 크루즈 페리를 건조한 실적은 아직 없다(조선소에서는 크루즈 페리를 건조하였다고 하지만 실제 운항하고 있는 항로에서는 그 배가 크루즈 페리가 아닌 로팩스 또는 팩스카로 운항되고 있다). 또 아시아 지역에서는 아직 유럽 수준의 크루즈 페리가 운항되고 있지 않다. 간혹 일부 해운사들이 자기들의 로팩스 페리를 자칭(自稱)하여 크루즈 페리라고 부르는 것들이 있으나 그것은 진정한 크루즈 페리로 볼 수 없다.

1975년과 1976년 사이에 핀란드의 발트실라(Wärtsila) 조선소에서 건조된 총톤수 16,330톤급의 "밸로루씨아"호(M.F Balorussia)와 그 동형자매선 네 척이 최초의 크루즈 페리로 인정되며 오늘날의 크루즈 페리는 이 네 척으로부터 시작된다고 보는 것이 타당하다.

세계 최대크기의 크루즈 페리, 컬러라인의 "컬러판타시(M.F Color Fantasy)"호

(현재, 독일의 킬(Kiel)항구와 노르웨이의 오슬로 항구 간을 정기운항하고 있다. 총톤수 75,100톤 급으로 1,016개의 객실에 2,700명의 승객정원과 550대의 승용차 선적능력을 가지고 있으며 모든 승객이 침상승객이며 좌석승객은 없다. 2004년에 핀란드에서 건조되었고 2007년에 건조된 "컬러 매직"호(M.F Color Magic)와는 동형자매선으로 오늘날 세계에서 가장 큰 크루즈 페리 선이다)

(사진출처: Color Line 소개책자)

2) 대양(大洋) 여객선

대양(大洋)을 정기 운항하던 여객선으로 오션라이너(Ocean Liner)라 부른다. 19세기 중반부터 북대서양 항로에서 시작하여 1960년대 말에 대형 제트 여객기의 출현으로 시장성을 상실하여 지금은 사라져간 대형 여객선이다. 주로 유럽과 북미 간의 북대서양 항로를 정기 운항하였고 일부는 유럽과 남미의 브라질 및 아르헨티나 간을 정기 운항하던 여객선으로 유럽에서 신대륙으로 이민을 간 사람들과 그 후손들에게는 향수(鄕愁)의 여객선이 된다.

대표적인 대양여객선으로는 1912년에 방산과의 충돌로 대형 해난사고를 일으킨 총톤수 43,000톤급의 "타이타닉"호(RMS Titanic)로부터 1929년의 총톤수 51,650톤

급의 "브레멘(S.S Bremen)"호, 1935년의 총톤수 83,420톤급의 "노르망디"호(S.S Normandie), 1936년의 총톤수 81,230톤급의 "퀸 메리"호(RMS Queen Mary), 1940년의 총톤수 83,670톤급의 "퀸 엘리자베스"호(RMS Queen Elizabeth) 및 1952년의 총톤수 53,330톤급의 "유나이티드 스테이츠"호(S.S United States) 등이 있으며 모두 선박의 역사에 큰 족적을 남긴 대표적인 대양 여객선들이다.

참고

오늘날에는 대양항로를 정기 운항하는 컨테이너 전용선 등의 화물선들도 오션라이너(Ocean Liner)라고 부르고 있지만 본래는 대양을 정기 운항하는 여객선을 부르는 호칭이었다. 어떤 자료에서는 태평양의 항로에는 정기여객선이 없었다고 말하고 있으나 그것은 잘못된 것이다. 1927년부터 1932년 사이에 건조된 총톤수 17,220톤 급의 미국국적 대양여객선 "매로로우"호(S.S Malolo)와 그 동형자매선 등은 1920년대 말부터 1950년대까지 약 25년간 샌프란시스코와 로스안젤리스에서 하와이, 호주 및 뉴질랜드와 타히티를 순회하는 태평양 정기항로를 매우 활발하게 운항하였다.

최고 걸작의 대양여객선, "퀸 엘리자베스-2"호의 아름다운 모습

(1969년에 영국 죤브라운(John Brown)조선소에서 건조. 역대 대형 여객선 중의 가장 뛰어난 걸작으로 인정받는다. 사실 이러한 외형을 처음으로 설계했다는 그 자체가 대단한 것이다. 총톤수 70,327톤, 전장 293.5m, 선폭 32m, 최고속도 34놋트, 항해속도 28.5놋트, 승객정원 1,777명, 선원 1,040명, 2008년에 운항을 마감하였고 2017년 말에 아랍 에미리트의 포트 라쉬드(Port Rashid) 항구의 해상호텔로 개장될 예정이다) (사진출처: Cunard Line 소개책자)

또, 1965년에 건조된 이탈리아 해운의 총톤수 45,900톤급의 호화 여객선, "미켈란젤로"호(S.S Michelangelo)와 "라파엘로"호(S.S Raffaello) 및 1969년에 건조된 영국 큐나드(Cunard) 해운의 총톤수 70,330톤급의 "퀸 엘리자베스-2"호(S.S Queen Elizabeth-2) 등은 대양여객선 시대를 마감하는 끝단에서 막을 내린 여객선으로 기록된다.

참고

"퀸 엘리자베스-2"호는 처음에 증기터빈 추진엔진의 대양 정기여객선으로 건조되었으나 1987년에 이 증기터빈엔진을 디젤엔진으로 대체하고 크루즈 선으로 개조하는 대규모 공사를 받은 후에 선체노후로 운항을 중단할 때까지 크루즈 선으로 운항하였다. 따라서 선명도 처음에는 증기터빈 선임을 의미하는 "S.S Queen Elizabeth-2"에서 1987년 이후부터는 디젤선임을 의미하는 "M.S Queen Elizabeth-2"로 바뀌게 되었다.

그러나 최근에 52-55노트(시속 96.3~102km) 이상의 놀라운 항해속도로 북대서양 항로를 50시간 안에 주파하는 트라이마란(Trimaran, 세 개의 선체로 만들어진 선박) 또는 펜타마란(Pentamaran, 다섯 개의 선체로 만들어진 선박)의 최첨단 선형의 초고속 대서양 정기여객선의 건조가 연구되고 있어 사라진 대양여객선의 시대가 다시 새로운 모습으로 도래(到來)할 것 같다.

3) 크루즈 선

크루즈(Cruise)란 순항(順航)한다는 뜻이다. 그러므로 크루즈 선은 어떤 목적지로 가는 교통승객이 아닌, 여가의 즐김이 목적인 승객들에게 편안한 항해와 선상의 즐거움 및 재미있는 관광 등을 제공하는 것을 목적으로 하는 여객선이다.

따라서 크루즈 선은 다른 종류의 여객선, 특히 페리 선과는 다음과 같은 차별되는 특성을 가진다.

- 페리 선들이 가지는 카덱크(Car deck, 차량선적갑판)가 없고 차량을 선적하지 않는다.
- 페리 선들과 달리 정기항로를 가지지 않는다.

- 승객정원은 2인 1실을 기준으로 한다(단, 가족실이나 객실 안에 두 개 이상의 침실이 있는 최고급 스위트 객실은 3~4인이 함께 사용하기도 한다)
- 모든 객실은 객실전용 욕실을 가지며 객실구역에는 공용화장실이 없다.
- 승객들에게 넓고 여유 있는 공간이 제공된다. 즉, 여객선에서 총톤수를 승객정원수로 나눈 값인 승객공간비(乘客空間比, Passenger Space Ratio)가 25 이상은 되어야 한다. 예를 들면, 총톤수 25,000톤급의 여객선이 크루즈 선이 되기 위해서는 승객정원수가 1,000명 이하가 되어야 한다. 만약 총톤수 25,000톤급의 이 배가 1,000명 이상의 승객정원수를 가진다면 그 배는 크루즈 선이라고 볼 수 없다.
- 승객정원수에 비하여 많은 수의 선원들이 승선을 한다(대략적으로 승객정원수의 40% 이상의 선원들이 승선을 하고 최고급 호화 크루즈 선인 경우에는 승객정원수와 거의 대등한 인원수의 선원들이 승선한다).

따라서 위의 조건들에 충족되지 못하는 여객선은 크루즈 선이라고 볼 수 없다. 이러한 크루즈 선은 1900년 12월에 독일에서 건조되고 1901년 1월부터 운항을 시작한 독일 해운의 총톤수 4,419톤급의 호화 여객선으로 정기항로를 가지지 않고 그냥 즐기고 노는 것을 목적으로 건조된 "프리체씬 빅토리아 루이제"호(S.S Prinzessin Viktoria Luise, "빅토리아 루이제 황녀"의 이름을 땄다)에서부터 출발한다.

이 여객선은 1906년 12월, 자메이카 해안에서 암초에 좌초되어 결국 폐선처리가 되는 6년 동안, 크루즈의 개념이 전혀 없었던 그 당시에 쾌적한 항해와 해상관광여행을 즐기고자 하는 180명의 승객만을 태우고 독일을 출발하여 자메이카와 쿠바 등을 순회 항해를 하고 다시 독일로 돌아오는 코스로 운항을 하였다. 이때 이 배에는 승객정원수와 거의 맞먹는 무려 160명 이상의 선원들이 승선하여 승객들에게 24시간 최상의 서비스를 제공하였다. 또한, 승객들 모두에게는 객실전용 욕실이 딸린 2인 1실 내지 1인 1실의 최고급 객실이 배정되었으며 객실의 전체면적과 맞먹는 면적의 공실(公室)들을 설치하여 당시의 대양 여객선들과는 전혀 다른 개념으로 운항을 하였다. 이것이 세계최초로 소개된 크루즈 선의 내역이다.

"프린체신 픽토리아 루이제"호의 침몰 이후, 크루즈 선이 더 이상 건조되지 않다가 1969년에 노르웨이에서 설계되고 1970년, 핀란드의 빌트실라(Wärtsila) 조선소에서

1901년 1월에 첫 항해에 들어간 세계최초의 크루즈 선, "프린체신 픽토리아 루이제"호가 첫 항해를 위해 독일의 브레멘 항구를 출항할 때의 모습

두 개의 크고 높은 연돌과 날렵하게 생긴 클리퍼(Clipper)선수를 가진 아름다운 외형의 이 여객선이 지금으로부터 120년 전에 설계되었다는 것에 놀라지 않을 수 없다. 참고로 우리나라는 그때가 을사보호조약 5년 전인 대한제국의 시대이다. (사진출처: United States Library of Congress)

건조된 총톤수 18,346톤의 "쏭오브 노르웨이"호(M.S Song of Norway)가 1901년의 "프린체씬 빅토리아 루이제"호와 똑같은 개념으로 본격적인 크루즈 운항을 재개하였다. 따라서 "프린체씬 빅토리아 루이제"호가 크루즈 선의 효시라고 한다면 "쏭오브 노르웨이"호는 오늘날 현대식 크루즈 운항의 출발점이라고 볼 수 있다.

"쏭오브 노르웨이"호를 뒤이어서 1971년과 그다음 해인 1972년에는 동형자매선인 "노르딕 프린스"호(M.S Nordic Prince)와 "썬 바이킹"호(M.S Sun Viking)가 연이어 건조되어 취항함으로써 오늘날의 현대식 크루즈 선의 시대가 본격적으로 열리게 되었다.

1970년대 초부터 시작된 오늘날의 현대식 크루즈 선의 운항은 1980년대에 들어와 질적으로나 양적으로도 과히 폭발적으로 신장되어 오늘에 이른다. 2017년 현재, 총톤수 1만 톤급 이상으로 370여 척의 크루즈 선들이 운영하고 있으며 그중에 총톤수 10만 톤급이 넘는 초대형의 크루즈 선만도 85척이나 된다. 또한, 초대형 크루즈 선의 경우, 현재 운항 중에 있는 것을 제외하고 건조계약이 체결된 상태에서 건조 중에 있거나 건조대기 중

참고

노르웨이의 설계로 1965년에 건조된 총톤수 24,470톤 급의 호화 여객선 "사가피욜드"호(M.S Saga Fjord)가 현대식 크루즈 선의 출발이라고 말하는 사람도 있으나 "사가피욜드"호는 취항 때부터 1971년 말까지 대양(大洋) 여객선으로 운항을 하였고 실제로 크루즈 운항은 "쏭오브 노르웨이"호보다 2년이 늦은 1972년부터 시작하였다(본 책의 7.5 "사가피욜드"호를 참조).

오늘날의 현대식 크루즈 선의 출발인 1970년의 "쏭오브 노르웨이"호(M.S Song of Norway)와 2008년에 취항한 초대형 호화 크루즈 선 "서레브러티 살스티스"호(M.S Celebrity Solstice)의 외형 비교
(지금으로부터 48년 전인 1969년에 이처럼 아름다운 "쏭오브 노르웨이"호의 외형이 설계되었다는 사실에 감탄하지 않을 수 없다. "서레브러티 살스티스"호는 2008년 11월에 독일의 메이어벨프트 조선소에서 건조되었고 총톤수 121,880톤 급에 전장 314.86m, 선폭 36.88m, 승객정원 2,850명을 가진 5성급의 호화 크루즈 선이다)

에 있는 것이 80여 척이나 되어 향후 5년 후에는 170여 척의 초대형 크루즈 선들이 운항할 것으로 예상된다.

1.3 추진장치의 종류

오늘날의 선박 특히, 대형 여객선에서는 추진동력을 얻는 엔진의 종류와 그 엔진을 배열하고 조합하는 체계(시스템)에 따라 여러 종류의 새로운 추진장치가 탑재되고 있다. 따라서 대형 여객선의 추진장치는 일반 상선에 비하여 추진장치의 종류가 많으며 또 첨단의 추진장치가 많이 탑재되고 있다.

1) 증기왕복동 엔진(Reciprocating Steam Engine) 추진장치

1840년 7월에 영국의 총톤수 1,150톤급 여객선 "브리타니아"호(RMS Britannia)가 증기왕복동 엔진을 추진기관으로 하여 북대서양 항로의 횡단한 뒤, 1847년에는 총톤수 3,640톤급의 객화선 "그레이트 브리튼"호(S.S Great Britain)도 역시 증기왕복동 엔진을 추진기관으로 탑재하고 북대서양 횡단항로를 운항하였다. 또 1870년에는 영국의 여객선 "오셔닉"호(RMS Oceanic)호가 강력해지고 열효율이 개선된 새로운 증기왕복동 엔진을 탑재하고 대서양 항로에 취항하게 되는데 더욱이 이 배는 당시의 다른 증기기관선들이 설치하고 있던 패들윌(Paddle wheel) 대신에 오늘날의 선박들처럼 추진 프로펠러를 설치한 최초의 여객선이었다.

참 고

패들윌(Paddle wheel)은 우리말로 외륜(外輪)이라 한다. 증기기관의 힘으로 돌리는 큰 바퀴로 증기선의 현측이나 선미에 설치하여 이것을 회전시켜 배를 추진시킨다. 따라서 이것을 설치한 증기선을 외륜증기선(外輪蒸氣船, Paddle Steamer)이라 부른다.

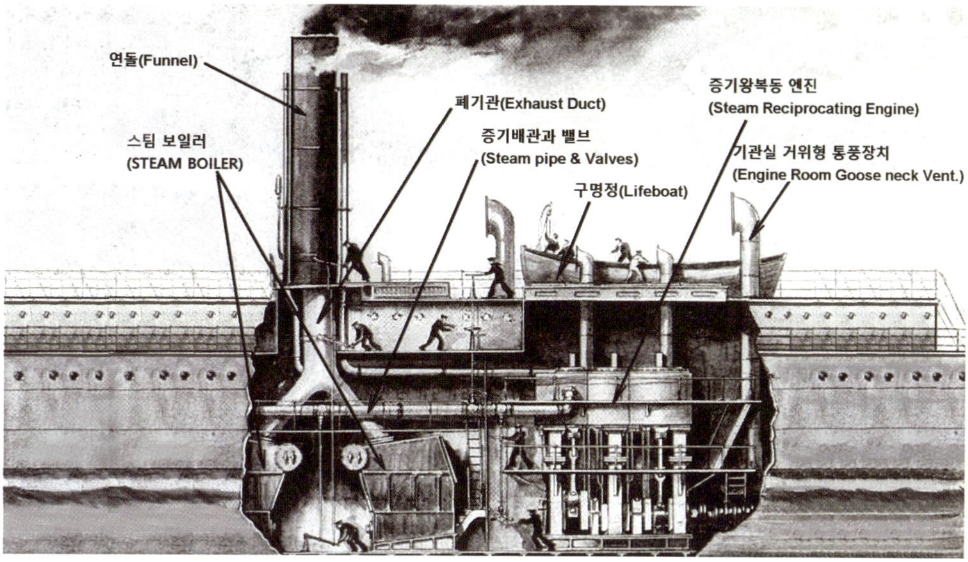

증기왕복동 엔진을 가졌던 19세기 말의 대양(大洋) 여객선의 기관실 내부 모습

그러나 이 초기 증기왕복동 추진장치의 여객선들은 모두가 소형 여객선들로 성능이 좋아진 증기왕복동 엔진을 탑재한 대형 여객선은 1890년대부터 시작이 된다.

즉, 1891년에 건조된 영국의 인먼(Inman) 해운의 북대서양 정기 여객선 "시티오브 파리"호(S.S City of Paris)가 총톤수 10,528톤에 1등 승객 500명과 약간의 2등, 3등 승객을 태우는 호화여객선으로 건조되어 북대서양 항로에 취항하는데 이 배는 돛을 전혀 가지지 않고 증기왕복동 엔진을 추진기관으로 2기의 추진 프로펠러를 구동하는 완전한 동력 여객선이었는데 이 배가 증기왕복동 엔진을 탑재한 최초의 현대적인 대양여객선이 된다.

뒤이어 1897년에는 총톤수 14,350톤급으로 독일의 북대서양 호화 정기여객선 "카이제르 빌헬름 데어 그로제"호(S.S Kaiser Wilhelm Der Grosse)가 33,000마력의 대형 증기왕복동 엔진을 탑재함으로써 증기왕복동 엔진의 대형 여객선의 시대가 본격적으로 개막된다.

이후 1920년대 중반까지 증기왕복동 엔진이 모든 대형 여객선의 추진장치로 널리 사용되고 있었으나 이것보다 열효율이 더욱 향상된 증기터빈 엔진이 개발되면서 1920년대 말부터 증기왕복동 엔진은 대형 여객선의 추진장치에서 사라지게 된다.

1891년에 취항한 증기왕복동 엔진의 대형 여객선의 진정한 출발, "시티오브 파리"호
(이전의 증기선들과 달리, 돛을 전혀 사용하지 않고 증기기관으로 항해한 진정한 대양 증기여객선의 출발이었다. 이것이 130년 전에 설계된 여객선이라는 사실이 그저 놀라울 뿐이다) (사진출처: www.Norwayheritage.com)

2) 증기 터빈 엔진(Steam Turbine Engine) 추진장치

1884년에 영국의 찰스 파아선스(Charles Algernon Parsons)가 처음으로 증기터빈 엔진을 소개한 후, 13년 뒤인 1887년에 배수톤수 44.5톤, 전장 31.93m의 비록 소형 선이지만 "터비니아"호(S.S Turbinia)가 2,100마력의 증기터빈 추진장치를 탑재한 선박으로 건조되어 당시로써는 실로 놀라운 34.5노트(시속 63.9km)를 보이며 증기터빈의 우수성을 선보인다. 이것이 세계최초의 증기터빈선의 출현이다. 이후 8년이 지난 1905년에 총톤수 19,524톤의 대서양 정기여객선 "칼마니아"호(RMS Carmania)가 건조되는데 이 배가 바로 세계최초의 증기터빈 대형 여객선이 된다.

2년 뒤에 건조되는 총톤수 31,938톤의 영국의 대서양 정기여객선 "모리타니아"호(RMS Mauretania)와 1912년에 취항한 프랑스의 총톤수 24,670톤급의 호화 대서양 정기여객선 "프랑스"호(S.S France)도 역시 증기터빈을 추진기관으로 탑재함으로써 본격적인 증기터빈의 시대가 시작되었다. 이후 1940년대에 디젤엔진에게 최고의 자리를 빼앗기기 전까지 1920년대와 1930년대에 걸친 약 20여 년간은 증기터빈 엔진이 대형 여객선의 추진기관 자리를 석권하게 된다.

두 개의 높은 연돌과 두 개의 마스트를 가지는 새로운 외형을 소개한 최초의 증기터빈 대양(大洋)여객선, 1905년의 "칼마니아"호(RMS Carmania)의 측면도

여객선의 역사에서 볼 때, 1905년에 처음으로 소개되어 1920년대부터 본격적으로 설치되기 시작된 해상용 증기터빈 추진기관을 단독으로 탑재하는 증기터빈 추진장치의 시대는 1984년에 프랑스에서 건조된 총톤수 46,087톤의 크루즈 선, "패어스카이"호(S.S Fairsky)호를 끝으로 대형 여객선에서 그 막을 내리게 된다.

참 고

"패어스카이"호는 2013년 이후 현재는 "앤틱"호(Antic)로 선명이 바뀌어 3성급의 크루즈 선으로 운항하고 있다. 이 배가 디젤엔진을 마다하고 구태여 증기터빈엔진을 다시 추진기관으로 선택한 이유는 증기터빈엔진의 조용한 구동을 중시한 이 배의 선주회사가 증기터빈엔진의 탑재를 요구했기 때문이라 한다. 사실, 증기터빈엔진의 장점은 엔진의 조용함에 있다.

3) 디젤엔진(Diesel engine) 추진장치

1910년에 독일의 "루돌프 디젤"에 의해 발명된 디젤엔진은 2년 뒤인 1912년에 총톤수 4,964톤의 중형(中型) 여객선, "셀란디아"호(M.S Selandia)가 최초로 이 디젤엔진을 추진기관으로 탑재하고 취항함으로써 해상에 그 첫 선을 보였다. 그러나 충분한 신뢰성을 갖춘 해상용 디젤엔진을 탑재한 대형 여객선의 출현은 1920년대 중반부터 시작된다. 이후 1940년대에 들어서면서 디젤엔진은 일반 선박은 물론이고 대부분의 대형 여객선들의 추진기관에 되어 오늘에 이른다(본 책 2.17. 디젤엔진 추진장치를 최초로 탑재한 대형 여객선 참조).

선박용 디젤엔진 추진기관은 열효율과 장시간에 걸친 연속운전에 따른 내구성 등을 고려하여 육상용 고속 디젤엔진과 달리, 저속 또는 중속의 엔진을 사용하고 또 큰 엔진볼륨(Engine Volume, 엔진의 부피)을 가진다. 이 큰 엔진볼륨은 며칠이고 장기간 논스톱으로 구동해야 하는 내구성(耐久性)과 열효율을 중시함에 따른 선박용 추진기관의 특성상 피할 수 없는 선택이 된다.

최초의 디젤엔진 여객선, 1912년의 "셀란디아"호의 항해 모습

전장 112.8m, 선폭 16.2m로 20명의 1등 승객과 약 5,000톤의 화물을 싣는 화객선으로 덴마크의 B&W 조선소에서 건조되었다. 자세히 보면 연돌이 보이지 않는다. 이 배는 연돌이 없이 기관실의 연기를 선미의 마스트 속을 통해서 밖으로 배출하였으나 이후에 필요에 따라 연돌을 새로 설치하게 된다. 1912년 2월, 덴마크와 타이랜드 간의 정기항로에 취항하고 이후, 30년간 훌륭히 항해를 하고 1942년 1월, 좌초되어 사라져갔다. (그림출처: Dieselpunk Enclopedia)

4) 가스터빈 엔진(Gas Turbine engine) 추진장치

선박용 가스터빈 엔진의 출발은 함정에서부터 먼저 시작된다. 즉, 지금으로부터 55년 전인 1961년에 가스터빈(Gas Turbine) 엔진을 탑재한 독일 해군의 쾨른(Köln) 급의 프리깃(Frigate)함이 건조되는데 이것이 가스터빈 엔진을 탑재한 첫 번째 선박이 된다. 그러나 일반 상선에 가스터빈 엔진이 추진장치로 출현하기에는 다시 16년의 세월이 더 걸렸다. 즉, 1977년에 총톤수 24,600톤급의 핀란드 해운의 크루즈 페리 "핀 제트"(M.F Finnjet) 호가 여객선 최초로 가스터빈 엔진을 추진 엔진으로 탑재하여 선박의 역사에 큰 이정표를 세우게 된다.

세계최초로 가스터빈의 추진기관을 탑재한 독일해군의 쾨른(Köln) 급 프리깃 함의 모습
(만재배수톤수 2,750톤 급으로 모두 6척이 건조되었고 제 1호함이 1961년에 취역되었다) (사진출처: seaforces.org)

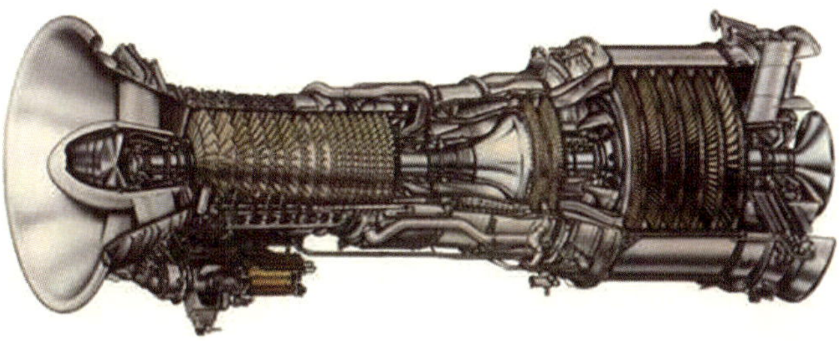

제네럴 일렉트릭(GE) 사의 선박용 LM 2500형 가스터빈엔진의 내부모습

5) 코가스(COGAS) 추진장치

디젤엔진과 증기터빈 엔진을 조합하여 사용하는 추진장치를 코가스(COGAS, Combined Gas turbine And Steam turbine의 약칭) 추진장치라 부르며 코사그(COSAG, Combined Steam turbine And Gas turbine의 약칭) 라고도 한다.

가스터빈과 증기터빈으로 프로펠러를 직접 구동하는 추진장치로 기계식 직접 추진장치이다. 저속항해에서는 증기터빈만을 가동하다가 높은 속력이 요구될 때에는 여기에 가스터빈의 동력을 증가하는 추진장치이다. 이 장치의 장점은 가스터빈에서 나오는 높은 폐기열(廢氣熱)로 증기를 생산하여 보일러의 연료로 사용하므로 가스터빈 엔진만을 사용하는 추진장치에 비해서 자연히 많은 연료절감이 되는 것이다.

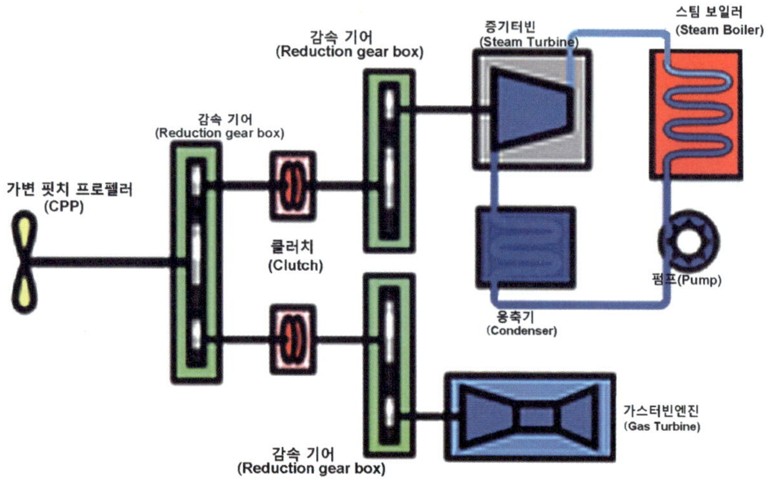

코가스(COGAS) 추진장치의 계통도

6) 코닥(CODAG) 추진장치

중속(中速) 디젤엔진과 가스터빈 엔진을 함께 사용하는 추진장치를 코닥(CODAG, Combined Diesel And Gas turbine의 약칭) 추진장치라 하고 코가드(COGAD, Combined Gas Turbine and Diesel의 약칭) 추진장치라고도 부른다.

이 코닥 추진장치는 만재배수톤수(滿載排水噸數, 함정은 만재배수톤수로 그 크기를 표시한다) 2,750톤의 독일 해군 쾨른(Köln) 급 프리킷 함이 1961년에 최초로 소개하였다. 그 후, 상선 특히 여객선에 이 추진장치가 최초로 소개된 것은 1977년에 취항한 가스터빈 추진 크루즈페리 선, "핀제트"호(GTS Finnjet)가 가스터빈 엔진에 의한 과도한 연료비를 절약하기 위하여 취항 4년 후인 1981년에 가스터빈 추진장치에 디젤엔진을 추가한 것이 여객선에 탑재한 최초의 코닥 추진장치가 된다.

저속운항 시에는 디젤엔진을 사용하고 고속항해에 들어가면 가스터빈 엔진의 동력을 함께 사용하여 추진 프로펠러를 돌리는 방식이다. 가스터빈과 중속 디젤엔진의 RPM(분당 회전수)을 그대로 프로펠러로 전달하기에는 프로펠러의 회전속도가 너무 높다. 그러므로 여기에 감속(減速)기어(Reduction Gear, 회전수를 낮추는 기어)를 사용하여 프로펠러의 석성 회전수인 200rpm 이하로 회전수를 낮추어 프로펠러를 돌리게 된다.

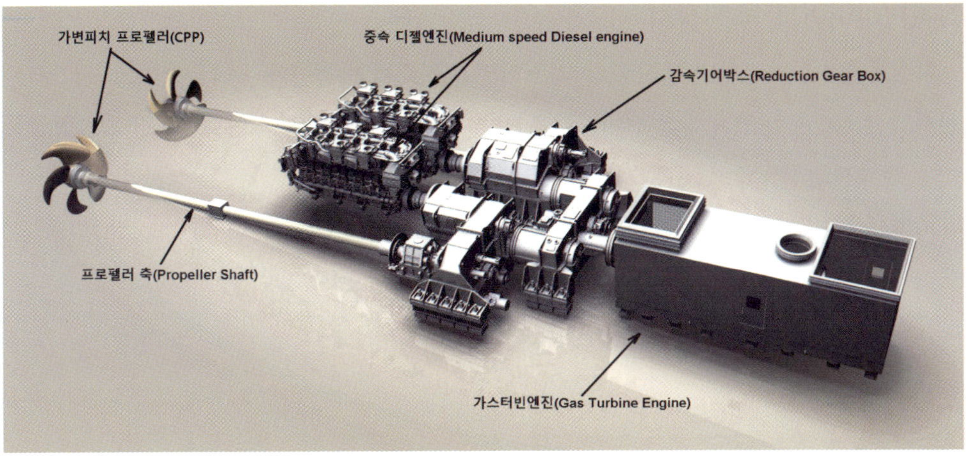

코닥(CODAG) 추진장치의 배치도

참고

만재배수톤수(滿載排水噸數)란 배가 안전한 항해를 유지하는 범위 내에서 수면 아래에 최대로 잠기는 선체부피에 해당하는 물의 무게톤수가 된다. 영어로는 Full Load Displacement(풀로드 디스플레이스먼트)가 된다. 함정은 만재배수톤수로 그 크기를 나타낸다.

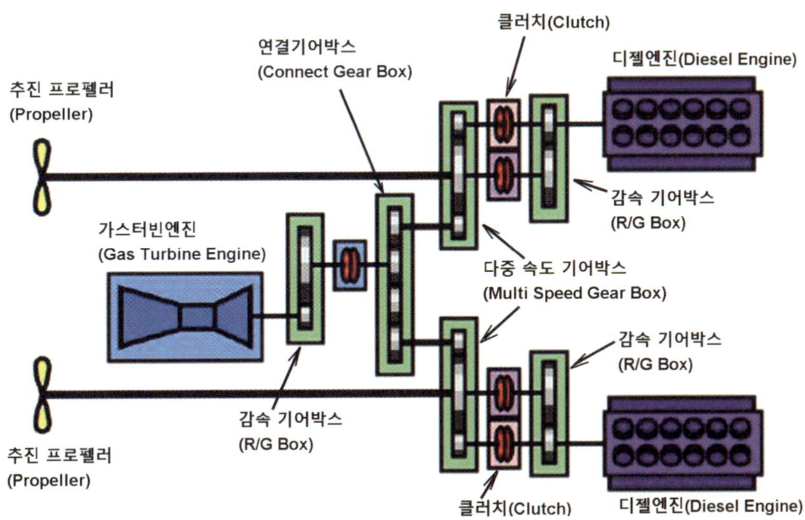

2기 프로펠러 코닥(CODAG) 추진장치의 계통도

7) IEP(아이이피) 추진장치

디젤엔진이나 스팀터빈 엔진 또는 가스터빈 엔진으로 발전기를 돌려 여기에서 생산되는 전기로 추진장치인 프로펠러 전기모터를 구동하고 또 배에 소요되는 모든 전기도 공급하는 추진장치를 IEP(Integrated Electric Propulsion의 약칭) 추진장치라 하고 우리말로는 통합전기식 추진장치라고 부를 수 있겠다.

이 IEP 추진장치에는 디젤전기식 추진장치와 코드락(CODLAG) 추진장치 및 코게스(COGES) 추진장치가 있으며 그 장치들의 상세한 설명은 다음과 같다.

7-1) 디젤전기식(Diesel Electric) 추진장치

1920년대 초 미국해군의 테네시(Tennessee) 급의 전함(戰艦, Battle ship)에 이 디젤전기식 추진장치가 처음으로 탑재된 이후, 1940년대에는 상당수의 순양함과 구축함 등이 이 장치를 탑재하였다. 2차 대전 이후에는 쇄빙선 등의 특수선에 이 추진장치가 탑재되기 시작하였으나 일반상선 특히, 대형 여객선에는 1980년대에 와서야 이 추진장치가 탑재되기 시작하였으므로 이 추진장치가 처음으로 출현한 이후 60년이란 상당한 기간이 지난 뒤에야 대형 여객선에 채택이 되기 시작한 셈이다.

일반적으로 디젤엔진 추진장치는 디젤 메인엔진. 즉, 주기(主機)와 보기(補機)라 불리는 디젤발전기를 별도로 탑재를 해야 한다. 그러나 이 추진장치는 주기와 보기의 구별이 없이 디젤발전기만을 탑재하여 여기에서 생산된 전기로 추진 프로펠러를 구동하는 동력으로 사용하고 이외에 배의 운용에 소요되는 모든 전력도 공급을 한다. 따라서 이 추진장치는

참 고

전함(戰艦)은 함정 중에서 가장 크고 가장 화력이 강한 것으로 함대의 기함이 되는 함정이다. 함정의 크기로 본다면 항공모함이나 전함이 가장 크고 그 다음의 크기가 순양함(巡洋艦, Cruiser), 다음이 구축함(驅逐艦, Destroyer), 구축함 다음이 호위구축함 (護衛驅逐艦, Destroyer Escort) 또는 프리킷(Frigate), 그 다음의 크기가 코르벳(Corvette)이라 불리는 초계함(哨戒艦)의 순서이다. 따라서 전함은 통상적으로 4만 배수톤수 이상의 크기로 되어 있었고 15인치(구경 380mm) 또는 16인치(구경 406mm)의 함포를 주포로 장착하고 있었다. 그러나 오늘날에는 모든 전함이 퇴역한 상대에 있다.

디젤엔진 추진장치에 비하여 요구되는 기관실의 면적이 적어져서 선체 내부의 유효공간을 더 확보할 수가 있으며 연료 소모도 감소되고 디젤엔진 추진장치에 비하여 진동이나 소음이 감소되며 또 고가(高價)인 가변 핏치 프로펠러(CPP로 약칭함) 대신에 상대적으로 값이 싼 일반적인 고정 핏치 프로펠러(FPP로 약칭함)를 사용할 수 있는 부수적인 이점도 있다.

따라서 보다 많은 내부공간을 절대 필요로 하고 또 진동과 소음의 감소를 중시하는 대형 여객선, 특히 크루즈 선에서 이 디젤전기 추진장치를 선호하지 않을 이유가 없다. 그래서 오늘날 건조되는 크루즈 선에서는 약 절반 이상이 이 디젤전기 추진장치를 탑재하고 있다.

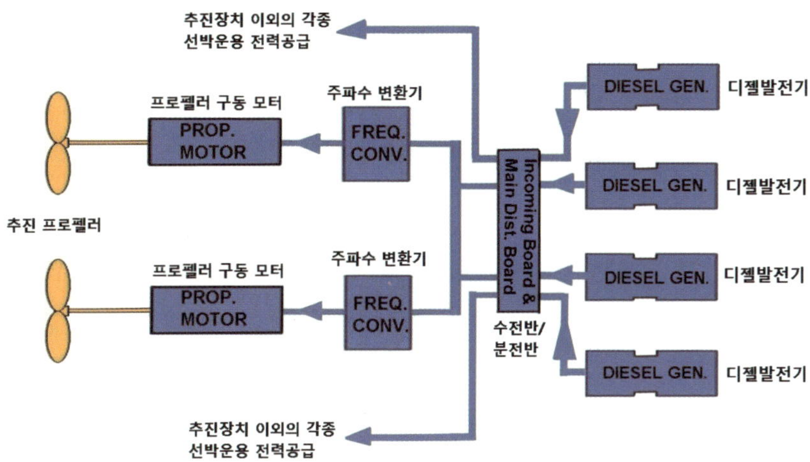

선박용 디젤전기 추진장치의 계통도

디젤전기식 추진장치를 탑재한 최신의 초대형 크루즈 선 "노르웨지안 에픽"호(M.S Norwegian Epic)
(2010년 6월에 취항, 총톤수 155,873톤, 전장 329.5m, 선폭 40.6m, 승객정원 4,100명, 순항속도 22놋트)

7-2) 코드락(CODLAG) 추진장치

디젤엔진과 가스터빈을 함께 가지는 추진장치인 코닥CODAG)에서 진일보한 것으로 디젤엔진과 가스터빈 엔진으로 발전기를 돌려 여기에서 생산된 전기로 추진장치에 소요되는 전력을 공급하고 또 그 외에 선박의 운용에 소요되는 모든 전력을 공급하는 장치이다.

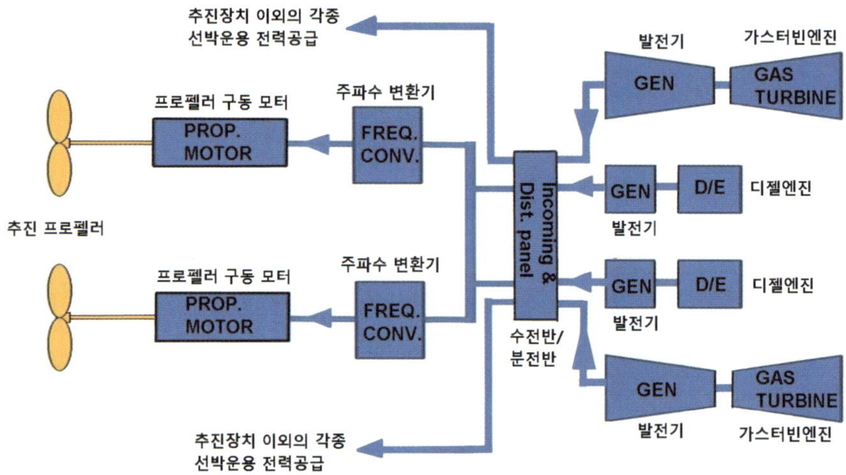

코드락(CODLAG)의 체계도

7-3) 코게스(COGES) 추진장치

증기터빈 엔진과 가스터빈 엔진을 함께 가지는 추진장치인 코가스(COGAS)에서 진일보한 것으로 코게스(COGES) 추진장치는 증기터빈 엔진과 가스터빈 엔진이 직접 프로펠러를 구동하지 않고 증기터빈 발전기와 가스터빈 발전기로 전력을 생산하고 이 전기로 프로펠러의 전동모터를 구동하여 프로펠러를 돌리는 추진장치이다. 다시 말해서 기계식으로 프로펠러를 직접 돌리지 않고 전기를 이용하여 간접적으로 프로펠러를 돌리는 추진장치이다. 이렇게 함으로써 전기를 생산하는 보기(補機)와 추진 프로펠러를 돌리는 주기(主機)를 별도로 설치할 필요가 없이 발전기만 설치하면 되고 또한 이 발전기의 설치는 기관실 내에 적당한 위치에만 놓으면 되므로 기관실의 배치가 용이할뿐더러 기관실의 전체면적도 줄어들고 또한 연료비도 대체적으로 20% 이상 절감되는 효과를 거둘 수가 있게 된다.

또한 소음과 진동면에서는 코드락(CODLAG)보다 코게스(COGES)가 유리하다. 코게스와 코드락은 둘 다 전기를 생산하여 이 생산된 전기로 추진 모터를 구동하는 것은 서로 동일하다. 그러나 이 둘 사이에 다른 점은 코드락은 디젤엔진과 가스터빈 엔진을 설치하고 코게스는 증기터빈 엔진과 가스터빈 엔진을 설치하는 것이다.

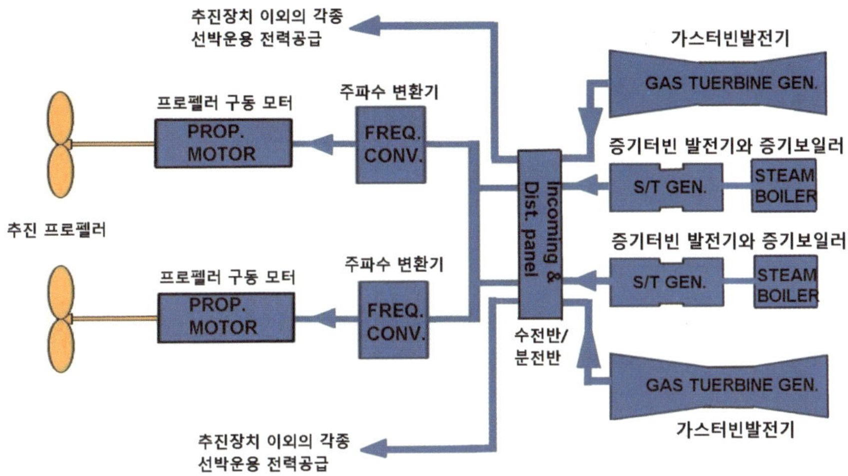

코게스(COGES) 추진장치의 계통도

코게스(COGES) 추진장치의 크루즈 선, "세러브러티 밀레니엄"호(M.S Celebrity Millennium)
(취항 2000년, 총톤수 90,963톤, 전장 294m, 선폭 32m, 항해속도 24놋트(시속 44Km), 승객정원 2,138명)

1.4 파드(Pod) 프로펠러

오늘날 대형 여객선에서 가장 선호되는 첨단의 추진 프로펠러 장치가 바로 이 파드 프로펠러이다. 파드(Pod)는 항아리를 말하는데 프로펠러와 이 프로펠러를 구동하는 프로펠러 모터를 일체로 하여 만든 것이 마치 항아리같이 생겼다 하여 붙여진 이름이다.

종전의 선박들이 프로펠러 샤프트(Propeller Shaft 또는 추진 프로펠러 샤프트라고도 한다)로 프로펠러를 돌려서 움직이던 것과 달리 이것은 샤프트(Shaft, 프로펠러를 돌리는 축)가 없이 발전기에서 생산된 전기로 프로펠러 모터를 구동하여 프로펠러를 돌리는 추진방식이다.

파드 프로펠러에는 선회식(旋回式)과 고정식의 두 가지 형식이 있다, 즉, 선회식의 파드 프로펠러를 아저파드(Azipod)라 부르고 배의 측면에 설치한다. 여기에서 아저(Azi)는 아저머스(Azimuth)의 약자로 전방위(全方位) 즉, 360°를 말한다. 한편, 고정식의 파드 프로펠러는 몸체의 방향이 고정되어 있음으로 배의 현측(舷側, 선체의 외곽)이 아닌 배의 가운데 부분에 설치한다. 배의 측면에 설치된 선회식 파드 프로펠러 즉, 아저파드는 성능이 좋은 러더(Rudder, 배의 키 즉, 방향타)의 역할을 겸하게 되어 자연히 러더가 필요 없게 된다. 또한, 파드 프로펠러에는 프로펠러를 돌리기 위한 장축(長軸)의 샤프트가 없어지므로 샤프트의 설치공간인 샤프트 터널(Shaft tunnel)이 없어지고 또 샤프트가 배 밖으로 나오는 입구인 스턴튜브(Stern Tube)와 그 관련 설비들이 모두 없어지게 된다. 그러나 파드 프로펠러에 결점이 있다면 설치비가 재래식 추진 프로펠러 방식에 비하여 두 배 이상 비싸지며 또 성능유지를 위해서 자주 손이 가야 한다는 것이다.

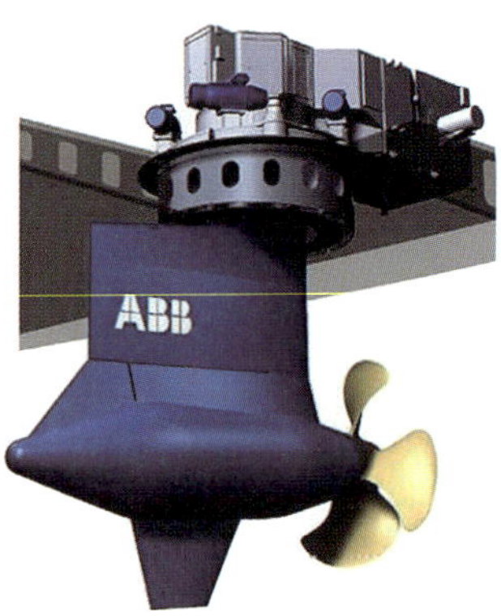

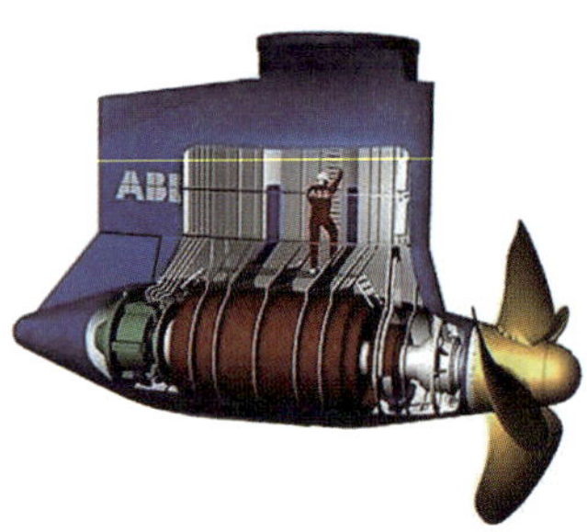

ABB 사가 제작한 파드(Pod) 프로펠러의 모습

(선회식 파드 프로펠러 즉, 아저파드(Azipod) 프로펠러(좌측)와 고정식 파드 프로펠러(우측)의 모습이다. 아저파드 프로펠러는 프로펠러를 180°로 선회시킬 수 있어 배의 러더(Rudder, 방향디)의 역할을 겸하게 된다)

총톤수 154,400톤 급의 크루즈 선, "프리덤 오브더씨즈"호의 선미에 있는 파드 프로펠러의 모습
(중앙에 있는 것은 선회가 되지 않는 고정식 파드 프로펠러이고 좌우에 있는 두 개는 선회식 파드 프로펠러, 즉 아지파드 프로펠러 이다)

그러나 파드 프로펠러의 제작회사들은 이처럼 비싼 초기설치비에 대해서 운항 10년 동안의 연료절감비로 충분히 보상이 되고도 남는다고 주장하고 있다.

이 파드 프로펠러는 핀란드에서 특수한 프로펠러가 요구되는 쇄빙선 등에 1970년대 말에 처음으로 사용되어 졌다. 그리고 10년이 지난 1980년대 말에 크루즈 선에 처음으로 탑재되어진 이후, 그 효율성이 인정되어 오늘날 신조(新造)되는 크루즈 선의 절반 이상과 대형 페리선의 1/4 이상이 파드 프로펠러를 탑재할 정도로 이것에 대한 선호도는 매우 높다.

1.5 텐더보트(Tender boat)와 머스터 스테이션(Muster Station)

텐더보트(Tender boat)는 크루즈 선에만 있는 소형 보트로 크루즈 선의 승객들의 상륙과 본선귀환에 사용되는 보트이다. 이 보트명칭의 텐더(Tender)는 보살피는 자, 돌보는 자 또는 지원하는 자의 뜻을 가진다.

크루즈 선은 일반적으로 선체가 크기 때문에 수심이 얕은 관광지에 입항하거나 정박을 할 수 없는 경우가 많다. 이런 경우, 크루즈 선에서는 이 목적으로 만들어진 텐더보트를

현재 최대크기의 텐더보트인 "오아시스 오브더씨즈"호의 370인승 텐더보트의 모습

내려서 승객들을 항구나 해안으로 상륙을 시켜주고 다시 텐더보트로 상륙했던 승객들을 본선으로 데려오게 된다.

따라서 크루즈 선에서 텐더보트는 가장 중요한 설비 중의 하나가 되고 비상시에는 구명정(라이프 보트, Life boat)의 역할도 겸할 수 있도록 설계되어있다. 대개 FRP 재질 또는 알루미늄의 재질로 만들어지며 크루즈 선의 경우, 텐더보트의 승선능력을 그 크루즈 선의 승객정원수의 30% 이상으로 하고 있다(즉, 승객들의 30% 이상이 텐더보트를 일시에 사용하여도 승객들의 승선에 지장이 없도록 한다).

총톤수 105,000톤급 초대형 크루즈 선, "코스타 매직카"호(M.S Costa Magica)의 외형
이 배는 6척의 텐더보트와 18척의 구명보트를 탑재하여 비상시에 4,800명 이상을 보트로 탈출시킬 수 있다.

초대형 크루즈 선의 경우, 대개가 텐더보트의 크기를 200인승 이상으로 하고 있고 오늘날 세계에서 가장 큰 크루즈 선인 "하모니 오브더 씨즈"호(M.S Harmony of the Seas)의 경우에는 구명정의 역할을 겸하는 370인승의 텐더보트를 18척이나 싣고 있어 승객과 선원을 합한 전체승선인원수 7,800명의 83% 이상을 동시에 태울 수 있다.

머스터 스테이션(Muster station)은 여객선의 갑판 위에 지명되어 있는 퇴선을 위한 승객들의 집합장소 및 구명정의 승선대기 장소에 대한 명칭이다. 본선의 화재, 침수 또는 좌초 등의 이유로 퇴선을 해야 할 경우, 모든 승객들은 미리 정해진 퇴선 대기 장소인 머스트 스테이션으로 집합하게 된다. 통로와 갑판의 벽과 천장에는 머스터 스테이션으로 가는 방향지시판이 항시 부착되어 있으며 이 방향지시판은 배의 비상전력에 의하여 점등되는 LED 조명식과 자체발광식(야광식)의 두 종류가 모두 사용되며 짙은 초록색 바탕에 백색의 문자 및 백색의 기호로 통일되어 어두운 곳에서도 선명하게 보이도록 만들고 있다.

호화 크루즈 선 "스타텐담"호(M.S Statendam)의 머스터 스테이션에 모인 승객들의 퇴선연습 광경
대형 여객선들은 머스터 스테이션을 주로 보트갑판에 두고 있다. (사진출처: Debby & Olson's Travel Notes)

1.6 센트럼(Centrum) / 아트리엄(Atrium)

크루즈 선의 승객들이 승선하게 되면 가장 먼저 만나게 되는, 배 위에서 가장 크고 가장 중심이 되는 큰 홀(Hall)이 바로 이 센트럼 또는 아트리엄 이다. 어떤 크루즈 선에서는 이 중앙 홀을 센트럼이라 부르고 또 다른 크루즈 선에서는 아트리엄이라 부른다. 간혹 이 홀을 그랜드 포이어(Grand Foyer, 큰 현관이란 뜻임) 또는 그랜드 로비(Grand Lobby)라고 부르는 크루즈 선도 있다.

크루즈 선, "그랜져 오브더 씨스"호(M.S Grandeur of the Seas) 센트럼의 휘황찬란한 야간의 모습

이 센트럼은 6층 높이의 천장을 가진다. 8대의 엘리베이터와 두 곳의 그랜드 실내계단을 가지며 1층부터 6층까지 약 6,000㎡(약 1,820평)의 연면적으로 되어 있다. (사진출처: M.S Grandeur of the Seas 소개책자)

호화 크루즈 선, "브리티니아"호 (M.S Britannia)의 아트리엄의 모습

이탈리아의 판칸티에리 조선소에서 건조되고 2015년 3월에 신규 취항한 총톤수 143,730톤의 4성급의 최신예 호화 크루즈 선이다. 아트리엄은 3층 구조로 되어 있으며 한 층의 면적이 약 1,760㎡(약 533평)이다.

(사진출처: M.S Britannia 소개책자)

승객들이 크루즈 선에 승선을 하게 되면 이곳에서 자기에게 배정된 객실로 안내를 받게 되고 또, 크루즈 승객이 크루즈 승선을 마치고 하선할 때 그간 배 위에서 사용한 비용의 정산 및 하선수속을 밟는 곳이기도 하다. 따라서 센트럼 또는 아트리엄은 승객이 크루즈 선에서 가장 먼저 만나게 되는 장소이며 항해 중에는 승객들의 만남의 광장이 된다. 그래서 센트럼은 크루즈 선의 인테리어를 대표하며 크루즈 선에서 가장 신경을 쓰는 설비가 된다.

오늘날의 크루즈 선은 누가 가장 큰 센트럼을 보여주느냐, 누가 가장 높은 천장의 센트럼을 가지고 있느냐 또는 누가 가장 아름다운 센트럼을 가지고 있느냐 등에서 치열한 경쟁을 하는 것 같다. 따라서 크루즈 선들마다 개성적이고 독창적인 설계의 인테리어를 여기에 펼친다. 통상적으로 15만 톤급의 초대형 크루즈 선의 경우, 센트럼을 만드는데 소요되는 공사비는 대략 400만~500만 달러 정도로 알려져 있다.

1.7 구상선수(球狀船首, Bulbous bow)

선박이 전진할 때, 생기는 선체의 저항에는 선체와 물의 마찰에 의해서 생기는 마찰저항과 선체가 전진하면서 만들어지는 파도에 의한 저항 즉, 조파(造波)저항, 항진하는 배의 선미에서 생기는 와류(渦流, 소용돌이)로 인한 저항 곧 와류저항 및 수면 위의 선체와 공기 마찰에 의한 공기저항이 있다. 그러나 네 가지의 선체 저항에 있어 가장 큰 값을 가지는 것이 파도에 의한 저항 즉, 조파저항이다. 다시 말해서 조파저항을 적게 하면 적게 할수록 그만큼 배는 잘 나가고 연료비도 절감하게 된다. 그래서 이 조파저항 감소를 목적으로 개발된 것이 곧 구상선수이다.

선수(船首)의 수면 아랫부분이 앞으로 돌출된 형상의 선수를 구상선수라 한다. 이 돌출된 선수 부분은 선박이 앞으로 나아갈 때, 물의 저항을 줄이기 위해서 돌출된 부분을 공처럼 둥글게 유선형으로 만들게 된다. 따라서 그 형상이 둥글게 공처럼 생겼다하여 공의 형상 즉, 구상(球狀) 선수라 부르게 된 것이다.

구상선수를 가진 배는 그렇지 않은 배에 비해서 배가 전진할 때 만들어지는 조파저항이 한층 더 감소된다. 따라서 구상선수를 가진 선박은 이것을 가지지 않은 선박에 비해서 추

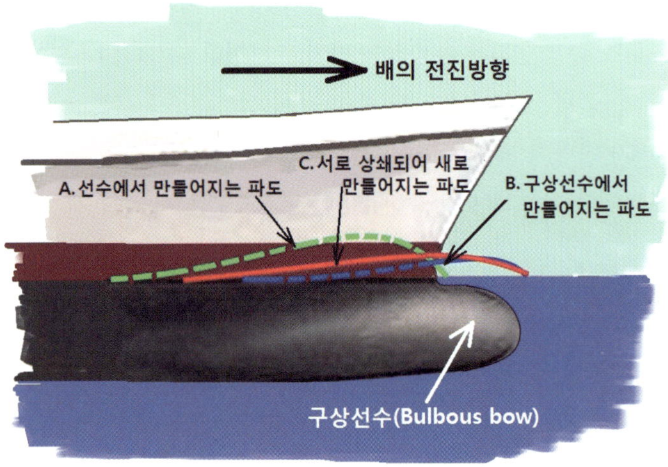

구상선수와 선수파(船首波)의 감소효과

(A 파도는 선수의 전면이 전진하면서 만드는 파도, B 파도는 수면 아래의 구상선수가 전진하면서 만들어 내는 파도, C 파도는 녹색파도와 청색파도가 서로 상충되어 만들어 내는 파도로 A파도나 B파도 보다 작다. 즉, 배가 전진할 때 만들어지는 선수파도는 구상선수에서 만들어지는 파도와 서로 상쇄되어 작아짐을 알 수 있다. 선수파도가 작아진다는 것은 곧 선체저항이 작아지고 배도 잘 나간다는 뜻이 된다)

진엔진의 연료가 적게 들고 속도도 증가하게 된다.

그러나 구상선수가 모든 선박에서 그 효과를 얻을 수 있는 것이 아니고 선체의 길이가 짧은 선박, 특히 15m 이하의 작은 선박에서는 구상선수의 효과를 기대할 수 없다. 따라서 소형 요트, 모터보트, 소형 어선 및 예인선 등과 같이 비교적 선체길이가 짧은 선박에서는 구상선수에서 별 효과를 얻지 못한다.

선수 전면으로 돌출되는 구상선수 혹의 길이(Length of Bulb)는 배의 속도와 배의 길이(정확히는 배의 수선(水線)의 길이)에 의하여 결정된다.

참고로, 고대 그리스와 로마시대는 물론, 19세기 말에서 20세기 초의 함정에서도 구상선수와 비슷한 선수형상을 채택하고 있었다. 그러나 그것은 선수의 수면 하부에 뿔처럼 튀어나온 단단한 부분으로 상대방 적함의 측면을 충격하여 선체를 파손시키고자 하는 목적을 가지고 있었다. 따라서 그것은 램바우(Ram bow, 우리말로는 충각선수, 衝角船首라고 부른다)라고 부르며 구상선수와 전혀 다른 개념과 목적을 가진 별개의 선수형상이다.

선박의 구상선수는 1928년에 미국의 대양 여객선, "매로로우"호(S.S Malolo)에서 처음으로 소개된 후, 1년 뒤에는 독일의 대양 여객선 "브레멘"호(S.S Bremen), 그다음 해에는 "브레멘"호의 동형자매선인 "오이로파"호(S.S Europa)가 구상선수를 가지면서 오늘날의 구상선수의 이론은 이때부터 선박설계에 채택되기 시작하였으며, 구상선수를 가진 배는 구상선수를 가지지 아니한 배에 비해서 대략 12~15%의 연료절감 효과를 가진다.

참고

선박의 구상선수를 일본 동경대학교의 다카오 이누이(Takao Inui) 박사가 처음으로 개발한 것으로 말하는 사람들도 있다. 그러나 구상선수는 1910년대에 이미 미국의 데이비드 테일러와 러시아에서 망명한 독일의 블라디미르 유르케비치(Vladimir Ivanovich Yurkevich)에 의해 개발되었으며 일본의 다카오 이누이(Takao Inui) 박사는 위의 두 사람의 이론을 오늘날의 현대이론으로 재정립하였다.

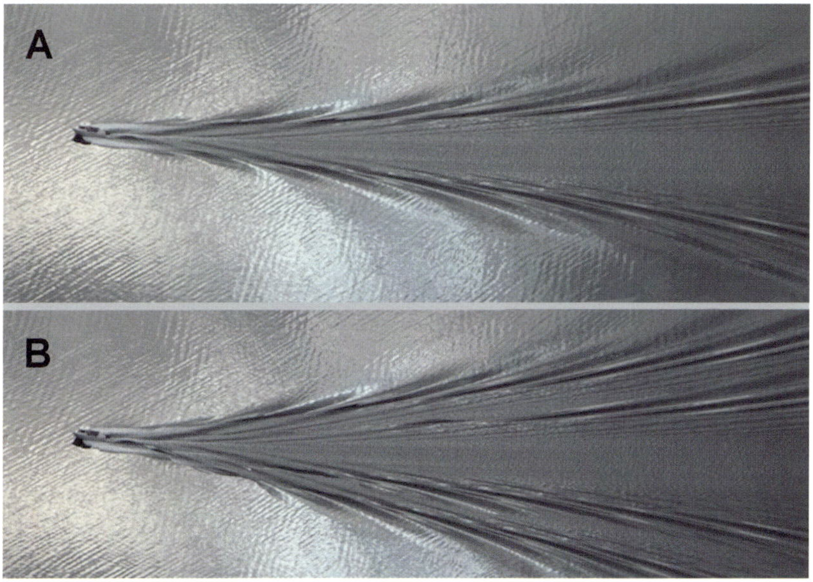

구상선수를 가진 배와 구상선수를 가지지 않은 배가 만드는 파도의 모습을 상공에서 본 모양
(A는 구상선수를 가진 고속선이 전진하면서 만들어내는 파도의 모습, B는 구상선수를 가지지 않은 고속선이 전진하면서 만들어내는 파도의 모습이다. 구상선수를 가진 고속선이 확실히 작은 파도를 만들고 있다. 이것은 구상선수를 가진 배가 전진할 때 저항을 적게 받는다는 것을 의미하고, 곧 그만큼 추진연료가 적게 든다는 것을 의미한다)

1.8 연돌(煙突, Funnel)과 가짜연돌(模造煙突, Dummy Funnel)

1) 연돌(煙突)

선박의 엔진과 보일러에서 발생되는 연기와 연소가스를 배출하는 굴뚝을 연돌(煙突, 영어로는 퍼늘, Funnel)이라 부른다. 20세기 초에 건조되었던 대형 여객선에서는 그 배의 웅장함과 위용을 연돌의 크기와 개수로 과시하고자 하였다. 증기왕복동 엔진이나 증기터빈 엔진이 요구하는 많은 양의 증기(蒸氣) 생산을 위해 많은 수의 보일러를 설치하다보니 배출하는 연기와 연소가스의 양도 많아져 당연히 크고 많은 수의 연돌이 필요하였다.

따라서 연돌은 여객선 위에서 가장 높은 구조물이 되었고 외형상으로도 가장 중요한 구조물로 자리를 잡게 되었으며 이에 따라 선주(船主)들은 이 연돌을 통해서 자기 배의 위용과 거대함을 과시하고자 하였고 또 자기들의 심볼로 사용하게 되었다.

이러한 연유로 당시의 여객선에서 연돌형상의 설계는 상당히 중요한 위치에 있었으며 오늘날에도 각 해운회사들은 연돌에서 자기들 고유의 형상과 도색을 가지는 것이 일반적이다. 따라서 오늘날에도 대형 여객선의 외형설계에서 연돌의 설계는 매우 중요하게 취급이 되며, 따라서 대형 여객선의 대표적인 연돌 몇 종류를 추려보면 다음과 같다.

먼저, 오늘날 대형 여객선에서 가장 우수한 연돌설계는 큐나드 해운(Cunard Line)의 브랜드 마크이자 특허등록이 된, 윈드스쿠프(Wind Scoop, 바람을 위로 불어 올리는 판)를 가진 붉은 색 도장의 연돌이 뽑힌다.

1969년에 스코틀랜드의 크라이드뱅크(Clyde Bank)에 있는 존 브라운(John Brown) 조선소에서 건조된 큐나드 해운의 총톤수 65,863톤의 호화 대형 여객선 "퀸 엘리자베스-2"호(S.S Queen Elizabeth-2)가 이 형상의 연돌을 최초로 선보이며 크게 인기를 끌었다(취항 당시에는 총톤수가 65,863톤이었고 1987년의 대규모 개조공사에서 선체가 커져서 총톤수는 70,327톤으로 바뀌고 추진기관도 증기터빈에서 디젤엔진으로 바뀌게 된다). 이러한 연유로 이후에 건조되는 큐나드 해운의 모든 크루즈 선들은 모두 같은 형상의 이 연돌을 전통적으로 가지게 되었다. 큐나드 해운의 고유 연돌은 형상뿐만 아니라 기능면에서도 모든 연돌 중에서 가장 뛰어난 성능과 가장 아름다운 형상을 지닌 것으로 역대 최고의 걸작품으로 인정받고 있다.

"퀸 엘리자베스-2"호의 독창적인 연돌과 당시 다른 여객선들의 일반적인 연돌의 형상비교

참고

"퀸 엘리자베스-2"호는 1969년에 취항한 이후, 노후로 퇴역한 2008년까지 40년의 긴 운항기간 동안 가장 유명했었던 크루즈 선이며 가장 아름다웠던 크루즈 선, 가장 빨랐던 크루즈 선, 가장 많이 인기를 모았던 크루즈 선으로 기록된다.

큐나드 해운의 브랜드 마크인 붉은 색 연돌을 가진 "퀸 메리 -2"호의 연돌
(큐나드 해운의 상징으로 큐나드 해운의 선박들만이 가질 수 있다)

다음에는 1962년에 건조된 프랑스 해운(French Line)의 북대서양 호화여객선, "프랑스"호는 여태까지 볼 수 없었던 날개를 가진 연돌, 곧 독특하고 기발한 형상의 새로운 날개연돌(Wing Funnel, 윙 퍼늘)을 탑재하여 한 동안 큰 주목을 받았고 인기 또한 굉장하였다.

이 연돌의 양측에 날개를 달아서 배가 앞으로 나아갈 때 연돌의 날개 주위로 흐르는 공기가 연돌에서 배출되는 검은 연기와 그을음을 멀리 날아가게 하여 선미갑판 위로 떨어지지 않도록 설계한 것으로 이것 역시 획기적인 새로운 개념으로 설계가 된 것이었다. 이 연돌은 "프랑스-2호"의 취항과 동시에 일약 유명한 연돌로 부상되어 프랑스 해운의 심볼이 되었다. 독창적인 이 연돌의 특이함과 아름다움은 크게 인정받았으나 그 성능은 처음에 기대했던 것만큼 별로 높지 않아 이 배를 끝으로 이 날개연돌은 더 이상 채택되지 않고 있다.

프랑스 해운의 호화여객선 "프랑스-2"호의 아름답고 독창적인 날개연돌의 모습

"프랑스-2"호의 날개연돌에서 영감을 얻은 카니발크루즈 해운(Carnival Cruise Line, 약칭하여 CCL)은 1982년에 건조된 그들의 총톤수 36,674톤급의 크루즈 선, "트로피케일"호(M.S Tropicale)에 종전에 볼 수 없었던 전혀 새로운 형상의 연돌을 탑재하여 일반에 소개하였다. 특히 "트로피케일"호는 카니발크루즈 해운이 새로 건조한 최초의 크루즈 선으로(사실, 이 배 이전의 카니발크루즈 해운의 크루즈 선들은 모두가 중고선 이었다) 큰 주목을 받고 있던 차에 이 크루즈 선이 최초로 보여준 혁신적인 모습의 이 연돌은 크루즈 해운계에 매우 신선한 충격을 주었다. 곧 독창적인 설계의 새로운 연돌은 연돌의 양측에 속이 빈 날개형상의 폐기관(廢氣管)을 설치하고 그 두 날개의 중심부에는 외부

공기주입구를 두어 이 외기주입구를 통해 들어온 공기가 연돌에서 배출되는 매연을 강하게 밀어서 양 날개를 통해 빠른 속도로 배출하도록 함으로써 매연을 보다 멀리 날려 보내는 효과를 거두었다.

그런데 이 연돌의 형상이 고래꼬리를 닮았다하여 고래꼬리 연돌(Whale tail funnel)로 부르게 되었으며 이 배로부터 카니발크루즈 해운의 심볼(Symbol, 상징)이 되어 이후에 건조되는 카니발크루즈 해운의 모든 크루즈 선들은 모두 이 고래꼬리 형의 연돌을 탑재하고 있다.

1982년에 취항한 크루즈 선, "트로피케일"호를 선미쪽으로 본 모양

(덴마크의 알보그(Aarborg) 조선소에서 건조된 크루즈 선으로 덴마크 조선소에서 건조된 유일한 크루즈 선이 된다. 연들을 보면 고래의 꼬리와 흡사하게 생겼으며 다른 형상의 연돌에 비해 매연을 멀리 배출하는 것으로 인정받고 있다. 이 배의 선주사인 카니발 크루즈 해운의 모든 크루즈 선들은 이 고래꼬리 연돌을 탑재하고 있다)

(사진출처: shipspotting.com)

이탈리아의 해운이 프랑스의 호화여객선 "프랑스-2"호(S.S France-II)와 경쟁하기 위해서 1962년에 건조한 총톤수 45,900톤급의 대서양 호화 정기여객선 "미켈란젤로"호(S.S Michelangelo)와 그 이듬해에 건조된 이 배의 동형자매선 "라파엘로"호(S.S Raffaello)는 사진에서 보는 것과 같이 아주 독창적이고 전혀 새로운 모습의 연돌을 탑재하고 있었는데 그 모양이 마치 새집처럼 생겼다하여 새장형 연돌(Caged funnel)이라 불

리게 되었다. 이 연돌은 종래의 연돌들이 천편일률적으로 모두가 강철판으로 제작하였던 것과 달리 이것은 기관실에서 나오는 폐기관(廢氣管, Exhaust Duct)을 외부에 그대로 노출시키고 그 주위를 앵글로 새장처럼 막은 형태의 것이었다.

이 기상천외한 연돌은 한때 조선업계에 큰 화젯거리가 되었으며 이 기묘한 형상의 연돌을 놓고 신문에서는 연일 큰 기사로 떠들었다. 이 배와 더불어 동형자매선인 “라파엘로”호를 가리켜 사람들은 아름다운 두 자매(Two beautiful sisters)로 부를 정도로 내부의 인테리어가 아주 현대적이고 또 무척 세련되어 있어 이후에 건조되는 크루즈 선들의 인테리어 설계에 지대한 영향을 미치게 된다.

그러나 아쉽게도 이 아름다운 두 자매선이 취항한 그 시기는 대형 제트 여객기의 출현하여 북대서양의 정기여객선의 시장이 급속하게 무너져가는 시점이었다. 결국, 이 두 척의 호화 여객선은 승객감소로 인한 적자운항을 견디지 못하고 취항 후 8년 만에 모두 퇴역하는 불행한 운명을 맞이하였다. 여기에서 우리는 이 두 척의 호화 여객선들이 다른 여객선들처럼 대양 정기여객선에서 크루즈 선으로 개조되어 운항하지 못하고 왜 그냥 퇴역하게 되었는 가에 대하여 의문을 가지게 된다.

그 이유는 이탈리아 해운이 이 여객선들을 설계할 때에 향후 크루즈 선으로 개조할 것을 염두에 두지 않고 정기여객선의 운항만을 목적으로 설계가 되었기 때문에 크루즈 선으로 개조를 하는 데에는 생각 이상으로 막대한 비용이 소요되어 결국 개조공사를 포기할 수밖에 없었던 것이다. 아름다운 이 두 척의 동형자매선들이 폐선으로 사라진 뒤에도 이 여객선들이 가졌던 새장형의 독창적인 연돌은 그 특이하고 독창적인 형상 때문에 배는 사라져도 연돌의 인기는 계속 남아서 배보다도 연돌이 더 유명해진 결과를 낳게 되었다.

이탈리아의 북대서양 항로 정기여객선, “미켈란젤로”호의 새집처럼 생긴 연돌을 가까이에서 본 모습

(이러한 형상의 연돌을 가진 대형 여객선은 이 배와 동형자매선인 “라파엘로”호, 두 척이 유일하다)

2) 가짜 연돌(模造煙突, 더미퍼늘)

과거의 대형 여객선에서는 많은 수의 큰 연돌들을 배치하다보니 배의 외형상으로 균형미를 맞추기 위해서 부득이 실제로는 연돌의 기능을 하지 않고 모양만을 갖춘 연돌을 한 개 또는 두 개를 더 탑재하였는데 이러한 목적으로 탑재된 연돌을 모조연돌(模造煙突), 영어로는 더미퍼늘(Dummy Funnel)이라 부른다.

그 예로 유명한 “타이타닉”호(RMS Titanic)와 동형자매선(同型姉妹船, 같은 설계와 같은 크기로 건조된 같은 회사 소속의 배를 말함) 두 척인 “올림픽”호(RMS Olympic)와 “브리타닉”호(RMS Britannic)는 선미에 위치한 네 번째의 연돌이 모두 모조연돌이었다. 따라서 20세기 초에 건조된 4개의 연돌을 가진 대양(大洋)여객선들의 대부분은 모조연돌을 가지고 있었다. 또 세 개의 연돌을 가진 대양여객선들 중에서도 모조연돌을 가진 것들이 많이 있는데 그 대표적인 것이 유명한 프랑스의 호화여객선인 “노르망디”호(S.S Normandie)호로 세 개의 연돌 중에 선미 끝에 위치한 연돌이 가짜연돌 곧 더미퍼늘이다.

심지어 두 개의 연돌을 가진 대양여객선에도 모조연돌을 가진 것들이 있었다. 그 예로, 1921년부터 1923년 사이에 건조된 홀란드아메리카 해운(Holland America Line)의 “마스담-3”호(S.S Massdam-III)와 그 동형자매선 세 척 모두가 두 개의 연돌 중에서 한 개의 모조연돌을 가지고 있었다.

“타이타닉”호의 동형자매선인 “올림픽”호의 출항모습

(4개의 연돌 중, 네 번째에 위치한 연돌이 바로 더미퍼늘(가짜연돌)이다. 이 사진에서도 네 번째에 위치한 가짜연돌에서는 전혀 연기가 배출되지 않음을 알 수 있다)

참고

모조연돌을 가졌던 대형 여객선인 “타이타닉”호나 “올림픽”호 등을 묘사한 그림 중에는 연돌 모두에서 검은 연기가 뿜어져 나오는 모습을 그린 것들이 종종 있다. 그것은 그 배를 그린 화가들이 모조연돌이 탑재되어 잇는 것을 몰랐기 때문이다. 1910~1930년대 사이의 대형 여객선에서 많은 배들이 이 모조연돌을 탑재하고 있었으나 1940년대에 들어와서 모조연돌은 자취를 감추게 되었다.

1.9 승객침실(객실, State room)

여객선, 특히 크루즈 선에서는 승객침실을 객실, 즉 스테이트 룸(State room)이라 부른다. 반면에 선원거주갑판의 선실들의 침실은 캐빈(Cabin)으로 불러 구별을 한다. 크루즈 선의 객실은 가족 스위트 룸(Family Suite room)을 제외하고 일반적으로 1실 2명을 기준으로 한다. 그러나 실제로는 크루즈 승객의 15% 이상이 2인이 아닌, 혼자 사용하는 독실(Single room) 이다. 가족용 스위트룸이나 스위트 급 이상의 최고급 객실에서는 두 개 또는 세 개 이상의 침실을 가지고 있어 한 객실에 최대 4명까지 사용할 수 있다. 또한,

“보이저 오브더 씨즈”호(M.S Voyager of the Seas)의 스위트 객실의 모습

(사진출처: M.S Voyager of the Seas 소개책자)

세계최대의 크루즈 선 "하모니 오브더 씨즈"호의 가장 넓은 객실인 로얄 로프트스위트(Royal loft suite) 객실의 내부

아래층은 식당과 미니 빠가 딸린 넓은 거실, 2층에는 3개의 욕실과 3개의 침실이 있으며 또 2개의 객실전용 베란다를 가지고 있다. (사진출처: M.S Harmony of the Seas 소개책자)

크루즈 선의 객실은 모두 객실전용 욕실을 가지는 것이 페리 여객선들과 다른 점이다.

객실의 등급은 일반적으로 크게는 호화 스위트룸(Luxury suite room), 스탠다드 스위트룸(Standard suite room), 외부객실(바다가 보이는 객실, Ocean view stateroom), 내부객실(바다가 보이지 않는 객실, Inside stateroom)로 네 등급으로 나뉘지만 객실의 위치와 설비기준에 따라 등급이 더 세부적으로 분류가 된다. 따라서 객실을 42등급 이상으로 분류하는 초대형 크루즈 선도 있다.

또 객실에 객실전용 베란다(또는 발코니라고도 한다)의 유무에 따라 객실의 등급이 달라진다. 4성급 이상의 호화 크루즈 선인 경우, 전체객실 중에서 베란다를 가진 객실의 비율이 최소 70% 이상이 되며 어떤 초특급 호화 크루즈 선은 객실 모두를 스위트 급의 객실로 하기도 한다. 다시 말해서 전체객실 중에서 스위트 급의 객실의 수가 많을수록 고급 크루즈 선이 된다.

또 크루즈 선의 객실배치에서 상부갑판으로 올라갈수록 고급객실이 되며 선미와 선수에 위치한 객실이 배의 중앙에 위치한 객실보다 더 고급객실이 된다. 로팩스나 카팩스 페리 선에서는 선원들의 선실이 조타실이 있는 최상부 갑판에 위치하는 것이 일반적이지만 크루즈 선에서는 선장을 위시한 몇 명의 최고급 사관 이외에 나머지 모든 선원들의 선실은 가장 아래 갑판에 있는 선원거주갑판(Crew Accommodation Deck, 크루 어코모데이션 덱크)에 위치하게 된다. 이것이 또한 크루즈 선과 페리 선의 다른 점이다. 따라서 그 선원거주갑판 바로 위의 갑판에 있는 객실이 가장 저렴한 객실이 된다.

표준 객실의 경우 전용면적 객실전용욕실을 포함해서 18㎡(약 5.5평)인 경우가 많고 가장 넓은 고급객실의 경우, 실내가 2층 구조인 객실로 가장 큰 것은 전용면적이 240㎡(약 73평)도 있다. 이런 2층 구조의 고급객실을 로프트 스위트룸(Loft suite room)이라 부른다.

1.10 다이닝룸(Dining room)

다이닝룸(Dining room)은 과거의 대양(大洋)여객선이나 오늘날의 크루즈 선에서 승객들의 만찬식당을 뜻하며 종종 다이닝살롱(Dining Salon)이라고도 부른다. 반면에 선원들의 식당은 메스룸(Messroom)이라 부르는 것이 일반적이다.

같은 대형 여객선이지만 비교적 짧은 항해거리의 로팩스나 카팩스 또는 크루즈 페리의 승객들은 승선요금에 식사비가 포함되어 있지 않아 승객들이 자비로 식사를 해결한다. 그러므로 페리에서는 승객들의 만찬식당인 다이닝룸 대신에 레스토랑과 카페테리아(Cafeteria)등을 가지게 된다.

다이닝룸의 설계는 과거의 대양(大洋)여객선에서부터 오늘날의 크루즈 선에 이르기까지 승객구역의 인테리어 설계 중에서 가장 중요하고 어려운 설계로 인정되고 있다. 즉, 승객구역의 인테리어 중에서 가장 신경이 쓰이는 설계가 바로 이 다이닝룸의 설계이다. 다시 말해서 다이닝룸을 보면 그 여객선의 인테리어 수준을 가늠할 수 있을 정도로 훌륭한 다이닝룸의 설계는 수준 높은 설계기술이 뒷받침되어야만 가능하다.

크루즈 선의 경우, 대체적으로 만찬식당 곧 다이닝룸은 아트리엄(Atrium 또는 센트럼)이 있는 갑판에 위치한다. 왜냐하면, 아트리엄이 있는 갑판이 비교적 하부갑판에 속하고 또 이 갑판이 다이닝룸 이외에도 각종 공실이 많이 배치되며 객실이 없거나 있어도 약간

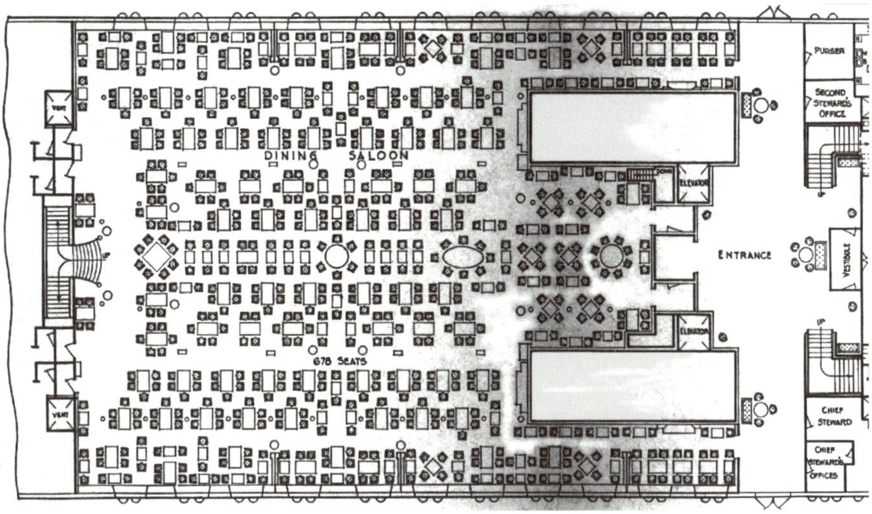

1912년에 설계된 독일의 대서양 정기여객선, "비스마르크"호(S.S Bismarck)의 676석의 1등 승객 다이닝사롱(Dining Salon)의 오리지널 설계도면

(100여 년 전의 설계로는 감탄스러울 정도로 아주 훌륭한 설계이다. 좋지 못한 설계는 공간배치가 복잡하고 혼란스러우며 좌석수도 불충분해진다. 따라서 실력이 좋은 디자이너만이 훌륭한 다이닝룸을 설계할 수 있다)

(그림출처: The book "The Great Ocean liners")

밖에 없어 넓은 공간을 얻기가 쉽기 때문이다.

크루즈 선에서는 승객수가 워낙 많다 보니 다이닝룸의 좌석수는 승객정원수의 60% 정도로 하며 2 shift meal time(2번의 식사시간 배정)으로 운영하는 것이 보통이다. 5성급 이상의 고급 크루즈 선의 경우에는 다이닝룸의 크기를 승객정원수의 70-80% 정도의 좌석수로 설계를 한다. 또 어떤 6성급의 호화 크루즈 선에서는 승객정원수보다 더 많은 좌석수를 가지는 다이닝룸을 설치하기도 한다. 이것은 각종 연회 때에 승객전원의 머릿수에 그 배의 선장을 비롯한 고급사관들의 합석까지를 고려하기 때문이다. 따라서 승객정원수에 따른 다이닝룸의 좌석수를 보면 그 크루즈 선의 고급수준을 가늠할 수도 있다.

대형 여객선의 다이닝룸 설계는 아이엠오(IMO, 국제해상기구) 및 솔라스(SOLAS, 국제해상인명안전규정)가 정하는 거주구의 방화규정과 항상 충돌을 한다. 그것은 규정에서 A급의 방화벽 간의 거리는 배의 길이방향으로 40m를 넘지 못하게 하고 있으며 이 규정을 지키자니 다이닝룸의 크기가 도저히 요구되는 좌석수를 충족시키지 못하기 때문이다. 그래서 찾은 해결방안이 다이닝룸의 내부를 2층 또는 3층으로 만들어 길이가 긴 식당보다는

높이가 높은 식당으로 만드는 것이다. 이것을 모르는 사람들은 그 크루즈 선에서 다이닝 룸을 아름답게 보이고 또 크게 보이도록 하기 위해서 내부를 2층 또는 3층으로 만든 것으로 알고 있지만, 내면의 이유는 다른 데에 있다.

또 어떤 크루즈 선에서는 다이닝룸의 길이가 40m을 넘는 경우도 있다. 이것은 최대길이 40m에서 20%가 증가된 48m까지를 최대한 이용할 수 있다는 예외규정을 적용한 것으로 그때는 다이닝룸의 설계에서 보다 강화된 방화(放火)규정과 소방(消防)규정을 적용하는 것이다.

초대형 크루즈 선, "익스프롤러 오브더 씨즈"호(M.S Explorer of the Seas)의 1,800석 다이닝 룸의 모습
(내부는 3개 갑판에 걸쳐 3층으로 되어 있으며 굉장히 아름다운 만찬식당으로 유명 하다)
(사진출처; M.S Explorer of the Seas 소개책자)

크루즈 선의 다이닝 룸 안의 좌석은 승객들이 본선에 승선을 할 때, 이미 배정이 된다. 다시 말해서 마음에 드는 자리를 승객이 임의로 선택할 수 없으며 자기에게 지정된 다이닝 룸의 좌석을 임의로 변경할 수 없다. 지정된 좌석을 다른 좌석으로 변경코자 할 때에는 다이닝룸의 매니저의 동의를 얻어야 한다. 그 이유는 승객들이 임의로 좌석을 옮길 경우, 테이블 담당 웨이터들이 자기 테이블 승객의 식사취향을 파악하지 못해 제대로 서빙을 할 수 없기 때문이다.

또 식사시간에는 정장차림으로 다이닝 룸을 이용해야 한다. 정장이 없는 사람은 캐주얼 차림이 허용되는 다른 식당을 이용해야 한다. 그래서 사람들이 크루즈 선을 탈 때, 정장 한 벌 정도는 꼭 챙겨가는 이유가 여기에 있다.

초대형 크루즈 선 "카니발 데스티니"호(M.S Carnival Destiny)의 다이닝 룸의 모습
(선미 끝단에 위치하여 펼쳐진 멋진 바다 풍광과 함께 식사를 즐기는 1,400석의 넓은 만찬식당 이다)
(사진출처: M.S Carnival Destiny 소개책자)

1.11 올터너티브 레스토랑(Alternative restaurant)

대형 여객선에서 올터너티브 레스토랑이란 별도의 식사비를 추가로 지불하지 않는 만찬식당이나 뷔페식당 및 각종 간이식당과 달리, 예약에 의해 좌석을 배정받고 특정 메뉴의 식사를 선택할 수 있으며 별도의 추가비용을 지불하는 고급의 주문식 식당을 말한다. 따라서 크루즈 선에서는 만찬식당인 다이닝 룸과 24시간 운영되는 각종 간이식당 이외에도 여러 종류의 올터너티브 레스토랑을 갖추고 있다. 초대형의 고급 크루즈 선의 경우, 7~10개 정도의 올터너티브 레스토랑을 설치하고 있으며 배마다 조금씩 차이가 있지만 대체적으로 이 올터너티브 레스토랑의 이용에는 일인당 20~50달러의 추가요금이 별도로 청구된다.

따라서 올터너티브 레스토랑의 좌석수는 100-200석 정도가 보통이고 인테리어와 모든 설비가 다이닝 룸보다 한층 더 고급스럽고 호화롭게 되어 있다. 대개가 다이닝룸과는 다른 갑판에 위치해 있으며 선수부나 선미부에 위치하는 것이 보통이다. 또 이용에는 정장차림이 엄격하게 지켜져 캐주얼 복장으로는 입장을 할 수 없는 것이 일반적이다.

어떤 크루즈 선에서는 크루즈 선의 운영수익을 고려하여 다이닝룸의 좌석수를 줄이고 올터너티브 레스토랑의 좌석수를 키우기도 하지만, 다이닝룸의 좌석수와 올터너티브 레스토랑의 좌석수를 합친 값이 승객정원수의 120% 이상이 되게 하는 것이 일반적이다. 또 올터너티브 레스토랑의 좌석수는 다이닝룸 좌석수의 25~30% 정도가 되는 것이 일반적

위는 총톤수 86, 270톤 급의 크루즈 선 “유로담”호(M.S Eurodam)의 160석의 올터너티브 레스토랑의 모습

(사진출처; M.S Eurodam 소개책자),

아래는 총톤수 66,000톤의 크루즈 선 “마리나“호(M.S Marina)이 200석의 올터너티브 레스토랑의 모습

(사진출처; M.S Marina 소개책자)

이다. 6성급의 최고급 크루즈 선의 경우에는 다이닝룸과 올터너티브 레스토랑의 전체 좌석수는 승객정원수의 150~160%가 되기도 한다. 이것은 승객들이 어느 때, 어떤 식당을 이용하더라도 항상 여유가 있는 좌석을 제공하기 위함에 있다.

1.12 픽처윈도(Picture window)

한 장의 유리로 제작된 넓은 전망의 큰 창문을 픽처윈도(Picture Window)라고 부르며 대형 여객선 특히, 크루즈 선에서 많이 설치한다. 일반의 소형 여객선에서는 설치하지 않으며 대형 페리선의 경우에도 최상부 갑판의 공실구역에만 설치할 뿐이다.

최근에 건조되는 신형 크루즈 선에서는 상갑판 위쪽의 객실과 대부분의 공실구역에 이 픽처윈도를 설치하며 대부분이 0.9㎡ 이상의 크기를 가지고 있다. 큰 것은 1.5㎡의 크기도 있다. 형상으로는 사각형의 픽처윈도와 원형의 픽처윈도가 대부분을 차지한다.

따라서 사각형 픽처윈도의 경우. 폭은 800~1,800mm, 높이는 1,000~1,400mm 정도가 되며, 원형의 픽처윈도는 직경이 800~1,400mm 정도가 된다. 픽처윈도는 강풍과 세찬 물보라는 물론, 어떤 때에는 강한 파도의 직접적인 충격을 받기도 하므로 이러한 외력에도 충분히 이길만한 튼튼한 프레임(Frame, 틀)과 10mm 두께 이상의 안전 강화 유리로 만들어진다. 큰 규격의 픽처윈도의 경우, 창문의 강도(强度) 향상을 위하여 유리는 한 장으로 되어 있어도 창문의 가운데에 중간 프레임(Frame)을 넣어주기도 한다.

참 고

작은 원형 창문을 환창(丸窓) 또는 현창(舷窓)이라 부른다. 환창은 일본사람들이 붙인 명칭으로 우리는 환창보다 현창이라고 부름이 좋겠다. 영어로는 Side scuttle(사이드스커틀), Porthole(포트홀) 또는 Port light(포트라이트)라 부른다. 현창 즉, Side scuttle은 대개 직경 350mm 이하의 크기를 가진다. 대형 여객선의 경우, 배의 상부구조물인 슈퍼스트락춰(Superstructure, 제 1장. 여객선들의 종류를 참조)에는 사각창을 설치하고 수면에 가까운 현측에는 현창을 설치하며 현창 및 사각창의 설치위치와 크기 및 창문의 유지(維持)강도는 국제만재흘수선규정에 따른다.

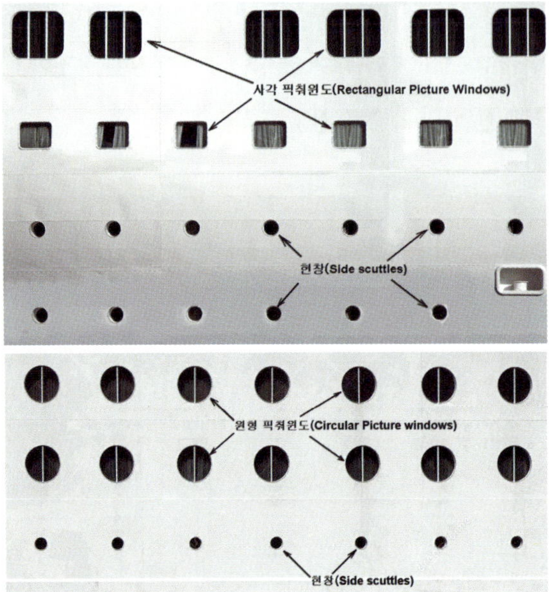

사각형의 픽춰윈도를 가진 크루즈 선의 현측 모습(상)과 원형의 픽춰윈도를 가진 크루즈 선의 현측 모습(하)
(위의 사진에서 큰 사각 픽춰윈도는 공실의 윈도로 높이 1,500mm, 폭 1,800mm 크기이다. 작은 사각 픽춰윈도는 객실의 윈도로 높이 800mm, 폭 1,000mm의 크기이다. 아래 사진의 큰 원형 픽춰윈도는 공실의 윈도로 직경 1,400mm의 크기이고 그 아래의 작은 현창은 객실의 것으로 직경 350mmm의 크기이다)

1.13 글라스 커튼월(Glass curtain wall)

글라스 커튼월은 쉽게 말해서 유리로 된 외벽이다. 건축과 달리, 크루즈 선에서는 해상에서의 안전과 강도(强度) 상의 문제로 최근에 와서야 비로소 이 글라스 커튼월을 설치하기 시작하였다.

오늘날에는 이 글라스 커튼월이 없는 크루즈 선은 상상할 수도 없을 정도로 글라스 커튼월은 크루즈 선의 건조에서 절대적인 위치에 있다. 다시 말해서 오늘날의 크루즈 선에서는 글라스 커튼월을 얼마나 많이 설치했는가에 따라서 크루즈 선의 외형상의 성공과 실패가 결정될 정도로 글라스 커튼월은 중요한 위치에 있게 되었다.

글라스 커튼월은 보통 12mm 두께 이상의 안전강화유리로 만들어지나 그 면적이 큰 경우, 25mm 두께의 방열성 글라스 커튼월(Insulating glass curtain wall)을 설치한

2001년에 취항한 총톤수 91,000톤의 대형 크루즈 선, "시레브러티 인피너티"호(M.S Celebrity Infinity)의 글라스 커튼월과 글라스 윈드스크린의 모습

다. 25mm 두께의 방열성 글라스 커튼월은 6mm 두께 안전강화유리 두 장과 가운데에 13mm 넓이의 공기층(Air space)으로 구성된 것이다. 때로는 6mm 안전강화유리 두 장에 8mm 넓이의 공기층을 가진 20mm 두께의 글라스 커튼월을 설치하기도 한다.

크루즈 선의 글라스 커튼월은 허리케인 정도의 강풍에도 충분히 견디는 강도, 거센 파도

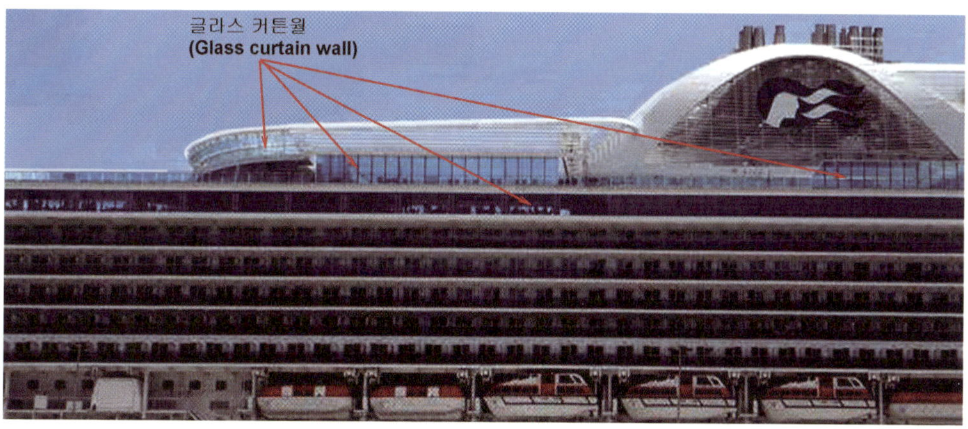

2008년에 취항한 총톤수 113,000톤의 초대형 크루즈 선, "루비 프린세스"호(M.S Ruby Princess)의 글라스 커튼월의 위치와 그 모습
(약 5,200㎡ 넓이의 글라스 커튼월을 설치하고 있고 이 배의 건조에서 글라스 커튼월의 설치공사비는 약 250만 달러 이상인 것으로 알려지고 있다)

의 충격이 있을 때 그 진동과 압력파(壓力波)에도 견디는 강도, 배의 엔진과 파도의 진동에 따른 오랜 시간의 피로도(疲勞度)에도 견디는 강도, 해수의 염분성 환경에도 이겨내는 강한 내식성(耐蝕性) 등을 바탕으로 설계가 된다. 즉, 대부분의 선박용 글라스 커튼월은 알루미늄 합금 프레임(Frame, 골조)에 스텐레스 재질의 피팅(Fitting, 설치부품)을 사용한다.

1.14 윈드스크린(Wind screen)

외부갑판에 설치되는 방풍막(防風幕)을 윈드스크린이라고 부른다. 오늘날 크루즈 선의 윈드스크린은 대부분이 필름코팅의 안전강화유리와 알루미늄 프레임으로 만들어진다. 로팩스나 카팩스 페리에서는 글라스 윈드스크린을 보기가 어려우나 크루즈 페리나 크루즈 선에서는 빠질 수 없는 의장품으로 취급되어 리도덱크(Lido Deck)나 썬덱크(Sun Deck), 스포츠덱크(Sport Deck) 등에 많이 설치되며 또한 배의 외형의 아름다움을 높여주는 중요 설비가 된다.

크루즈 선 "인첸트먼트 오브더 씨즈"호의 11층 폭로갑판에 있는 글라스 윈드스크린의 모습
(유리 한 장의 크기는 높이 1,900mm, 폭 1,700mm이다. 11.5mm 두께의 적층강화안전유리로 되어 있으며 프레임은 강철과 알루미늄의 두 가지 재질이 있으나 요즘은 알루미늄 재질이 선호된다) (사진출처: SOMEC Marine)

상부갑판의 폭로갑판(暴露甲板, Exposed deck, 천장이 없고 주위가 벽으로 막히지 아니한 갑판)에 설치가 되므로 매우 튼튼한 구조로 설계된다. 무게를 감안하여 주로 알루미늄 프레임(Frame, 틀)을 사용하며 유리는 6mm 두께의 열처리 안전강화유리 두 장을 적층한 적층안전강화유리(Laminated Tempered Safety glass)를 사용한다.

참 고

크루즈 선의 의장설계에서 가장 중요한 기본사항은 가능한 가벼운 재질을 사용하는 것과 보다 가벼운 구조로 요구되는 강도를 충족하는 것이다.

윈드스크린의 높이가 높은 것은 2,200mm, 보통은 1,900mm 내외이며 난간을 대신하는 낮은 것은 1,200mm 정도의 높이로 하며 대개 200kg/㎡의 외력을 이겨낼 수 있는 구조로 설계가 된다.

1.15 스카이 워크스(Sky Walks, 공중 산책로)

2013년 6월에 이탈리아의 핀칸티에리 몬팔꼬네(Monfalcone) 조선소에서 건조되고 그다음 달에 취항한 총톤수 142,714톤, 전장 330m, 선폭 38.4m, 최대폭 47m를 가진 최신의 초대형 크루즈 선, "로얄 프린세스"호(M.S Royal Princess)는 최상부 갑판에 유리벽과 유리바닥을 가진 공중 산책로 즉, 스카이 워크스를 처음으로 소개하였다. 이어서 다음 해인 2014년에 취항한 이 배의 동형자매선, "리갈 프린세스"호(M.S Regal Princess)도 역시 이 스카이 워크스를 가졌음은 물론이다.

위에서 언급한 "로얄 프린세스"호는 1984년에 건조된 총톤수 44,348톤의 "로얄 프린세스"호(현재 "알타니아"호로 운항 중임)와 2001년에 건조된 총톤수 30,277톤의 "로얄 프린세스"호(현재 "아도나아"호로 운항 중임)에 이어서 또다시 "로얄 프린세스"호의 선명으로 취항하였으므로 정확한 선명은 "로얄 프린세스-3"호(M.S Royal Princess-3)가 된다.

전체 17개 층의 거주갑판 중에서 하부 2개 층의 갑판이 선원들의 거주갑판이 되고 그 위의 15개 층의 갑판이 승객갑판으로 설계되어 있다. 15층의 승객갑판은 다시 8개 층의 객실갑판과 7개 층의 공실(公室) 갑판으로 되어 있는 이 배는 1,780개의 객실로 3,560명의 승객을 정원으로 한다.

최상부 폭로갑판(暴露甲板)인 썬덱크(Sun Deck)의 선체 중앙부에 위치한 이 스카이 워크스는 배의 현측 밖으로 약 7m 정도 배의 바깥으로 돌출되어 있어 허공에 떠있는 유리 산책로가 된다. 따라서 이곳에서 승객들은 선체에 부서지는 흰 파도 위를 걷는 황홀한 기분을 만끽하게 된다. 스카이 워크스의 폭은 약 2.7m, 길이는 27m로 좌현 및 우현에 각각 한 곳씩 있으며 스카이 워크스의 높이는 수면으로부터 약 45m이다.

"로얄 프린세스"호와 "리갈 프린세스"호에 이어서 스카이 워커스의 인기 속에 2016년에 취항한 "아이다 프리마"호(M.S Aida Prima)와 2017년에 취항하는 동형자매선 "아이다 페리아"호(M.S Aida Peria)도 역시 최상부 갑판의 선미에 약간 변형된 모양의 스카이 워크스를 설치하고 있어 이 스카이 워크스를 설치하는 크루즈 선들은 점차 많아지고 있다.

그러나 이 스카이 워크스는 유리 바닥을 통해서 그 아래 갑판에 위치한 객실전용 베란다들이 훤히 보임에 따라 승객들의 프라이버시와 상충되는 새로운 문제점을 만들게 되었다. 따라서 2016년에 일본에서 건조된 총톤수 125,000톤급의 "아이다 프리마"호(M.S

"로얄 프린세스"호의 벽과 바닥이 유리로 된 스커이 워크의 내부 모습

(내부의 폭이 2.2m인 완전히 공중에 뜬 유리산책로 이다. 그러나 이 유리바닥을 통해서 아래 갑판의 객실 베란다의 내부가 그대로 노출되는 문제가 새로 생겼다)

스카이 워크
(배의 현측으로부터
약 7m 정도 돌출되어
있는 허공의 유리벽,
유리바닥 산책로이다)

"로얄 프린세스"호의 스카이 워크를 배 옆에서 선수방향으로 본 모습

"아이다 프리마"호의 선미 끝단에 위치한 스카이 워크에서, 스카이 워크에서 바로 아래의 해수면을 내려다 본 모양

(사진출처: special-reisen.de)

Aida Prima)와 동형자매선 "아이다 펠라"호(M.S Aida Perla)는 이 스카이 워크스를 배의 현측이 아닌, 선미갑판의 끝단에 설치를 하여 이 문제를 해결하고 있다.

1.16 그랜드 실내계단(Grand stairway 또는 Grand staircase)

그랜드 실내계단은 대형 여객선에서 엘리베이터와 함께 갑판 간을 연결하는 가장 중요한 교통설비가 된다. 특히 호화 크루즈 선에서는 이것의 설계와 제작에 각별한 신경을 쓴다. 그랜드 실내계단은 대개 센트럼(또는 아트리엄)에서 출발하여 최상층의 갑판과 연속

참고

일반 상선의 거주구의 경우에는 일반적으로 실내계단은 40~45°의 구배각도(경사각도)와 0.9~1.1m의 계단폭 및 200~220mm의 계단발판높이를 가진다. 그러나 크루즈 선에서는 그랜드 계단의 구배각도를 35° 이하로 하고 계단의 폭은 3m 이상으로 하며(5m의 폭을 가진 것도 있다) 계단발판의 높이는 170~180mm 정도가 되도록 설계를 한다.

2010년에 취항한 총톤수 66,000톤 급의 크루즈 선 "마리나"호(M.S Marina)호의 그랜드 실내계단(상)과 2000년에 취항한 총톤수 91,000톤 급의 크루즈 선 "시레브러티 밀레니엄"호(M.S Celebrity Millennium)의 대리석으로 된 그랜드 실내계단(하)

("마리나"호의 것은 폭 3m와 35°의 구배각도를 가진 양방향의 계단으로 되어 있고 "시레브러티 밀레니엄"호는 폭 6.4m, 구배각도 25°를 가져 크루즈 선의 그랜드 실내계단 중에서 가장 넓고 가장 완만하며 가장 호화로운 계단이다)

(사진출처: M.S Marina 소개책자 및 Celebrity Cruises의 소개책자)

으로 연결이 되며 많은 승객들이 왕래하는 선내극장이나 쇼핑몰, 만찬식당 등이 센트럼(또는 아트리엄)과 다른 갑판에 위치할 경우에는 승객들의 원활한 교통을 위해 별도의 그랜드 실내계단이 설비되기도 한다.

대형 여객선의 인테리어를 대표하며 승객이 승선할 때, 센트럼(또는 아트리엄)과 더불어 가장 먼저 만나게 되는 설비이므로 최고급의 자재와 최상의 품질로 제작되고 설치된다.

계단발판에는 비상시에 계단발판을 표시해주고 탈출경로를 알려주는 LLL(Low Location Light의 약칭으로 낮은 위치의 조명장치의 뜻)이 설치된다. 특히 크루즈 선에서는 배의 길이방향으로 60~70m 거리 이내마다 그랜드 실내계단을 설치하고 있다. 따라서 크루즈 선의 전장(全長, 배의 전체 선체길이)이 240m인 경우, 배의 길이방향으로 세 곳 이상에 그랜드 실내계단이 설치되는 것이 일반적이다.

또한 크루즈 선들마다 각자 독창적인 설계의 그랜드 실내계단을 자랑하고 있으며 9만 톤급의 크루즈 선인 경우, 그랜드 실내계단의 설계와 제작 및 설치에 대략 200~300만 달러 정도가 공사비가 소요된다.

1.17 엘리베이터(Elevator)와 에스컬레이터(Escalator)

크루즈 선에서 엘리베이터는 갑판 간을 연결해주는 교통수단 가운데 가장 중요하고 가장 효과적인 설비이다. 크루즈 선의 엘리베이터에는 그 용도에 따라 승객의 교통을 위한 승객용 엘리베이터(Passenger Elevator), 좋은 전망(展望)을 볼 수 있게 만든 씨닉 엘리베이터(Scenic Elevator), 승객들의 소화물 운반과 일용소모품의 운반 및 선원들의 교통용으로 사용되는 서비스 엘리베이터(Service Elevator), 사람은 타지 않고 음식물이나 식자재의 운반에만 쓰이는 덤웨이터(Dumb Waiter) 등이 있다.

크루즈 선에서 승객용 엘리베이터는 승객갑판에만 설치가 되며 그 규격에는 8인승과 12인승, 15인승 및 18인승 등이 있다. 그중에서 가장 많이 설치되는 것은 12인승과 15인승이다. 따라서 승객용 엘리베이터로는 하부갑판에 있는 선원거주갑판과는 직접 연결이 되지 않는다. 일반적으로 승객정원이 1,000명인 경우 승객 250명에 12인승 엘리베

크루즈 선 "카니발 엑스터시"호(M.S Carnival Ecstasy)의 8층 갑판 승객용 엘리베이터 로비의 모습

이터 1대, 승객정원이 3,000명인 경우 승객 300명에 12인승 엘리베이터 1대, 승객정원이 5,000명인 경우 330명에 12인승 1대를 설치하고 있으나 최근에 건조되는 최신형 크루즈 선에서는 이 설계기준보다 더 많은 수의 엘리베이터를 설치하고 있다.

전망 엘리베이터 즉, 씨닉(Scenic) 엘리베이터는 주로 센트럼(또는 아트리엄) 등, 배의 중앙 홀에 설치가 되며 최상부 갑판까지 연결이 된다. 최근에는 이 씨닉 엘리베이터가 없으면 최신형 크루즈 선으로 인정받기 어려울 정도가 그 인기가 아주 높다. 따라서 최신의 크루즈 선에서는 이 씨닉 엘리베이터를 현측에 설치하여 오르내리는 엘리베이터 안에서 바다전망을 한 눈에 볼 수 있게 만든다.

서비스 엘리베이터는 승객용이 아닌, 선원들의 작업용 엘리베이터로 선원들의 거주갑판이 있는 하부갑판에서부터 최상부 갑판까지 연결이 된다. 선원들과 함께 음식물이 운반되기도 하므로 스테인리스 스틸의 재질로 제작이 되고 위생청결을 철저히 한다. 따라서 일반 승객들은 이 엘리베이터를 사용하지 못한다.

덤웨이터(Dumb Waiter)는 하부갑판에 위치한 식품 냉동창고에서부터 그 위의 갑판에 있는 취사장(겔리, Galley)이나 팬츠리(Pantry, 주방에서 만들어진 음식물을 제공하는 방) 및 제빵공장(Bakery) 사이에 설치되는 무인(無人) 승강기이다. 역시 스테인리스 스틸의 재질로 제작이 되고 철저한 위생검열을 받는 설비이다.

크루즈 선, "오아시스 오브더 씨즈"호의 아트리엄에 설치되어 있는 씨닉 엘리베이터의 모습

크루즈 선을 비롯한 크루즈 페리, 카팩스 페리 등의 승객용 엘리베이터는 보통 초속 1.6m 정도의 승강속도를 가지며 배의 심한 좌우롤링에 대한 가동중단장치와 과다유격가동중단장치(엘리베이터와 출입구 사이의 간격이 너무 벌어지면 가동이 중단되는 장치)를 비롯한 이중, 삼중의 안전장치를 가지는 최고급의 사양으로 제작이 된다.

총톤수 77,700톤 급의 대형 호화 크루즈 선, "메인쉬프-2"호(M.S Mein Schiff-2, 2011년에 "세러브러티 머큐리"호에서 선명이 바뀌었음)의 카페로 내려가는 에스컬레이터의 모습

에스컬레이터는 크루즈 선만 아니라 크루즈 페리에도 설치가 되며 엘리베이터보다 승객들의 유동효과(流動効果, Flow Effect, 흐름의 효과)가 약 30~40% 정도 더 큰 것으로 알려져 있다. 그러나 종종 발생하는 선상의 에스켈레이트 안전사고 때문에 이것의 설치를 주저하는 크루즈 선들도 많음도 사실이다.

또, 에스컬레이터에서 파생된 무빙워크웨이(Moving Walkway 또는 Moving Walks, 공항 등에서 설치하고 있는 움직이는 보행로)는 최근에 건조된 초대형 크루즈 선에서 처음으로 소개되고 있으나 아직 본격적으로 설치가 되고 있지 않다.

대형 여객선용의 엘리베이터와 에스컬레이터의 세계적 지명도를 가진 전문업체로는 핀란드의 코네(KONE), 미국의 오티스(OTIS), 이탈리아의 쉰들러(Schindler) 등이 있다.

1.18 프로머네이드 덱크(Promenade deck, 산책갑판)

프라머네이드 덱크는 우리말로 산책갑판 또는 유보(遊步)갑판이라 한다. 크루즈 선을 위시한 대형 여객선에는 승객들의 편의를 위한 시설로 이 프라머네이드 덱크를 설치한다. 이 덱크가 외부갑판인 경우에는 일반적으로 나무로 덮는 목갑판(木甲板)으로 만드는데 나무의 재질은 완전하게 건조된 양질의 티크목재를 주로 사용하며 대부분이 50~60mm의 두께를 사용한다. 중소형 크루즈 선에서는 이 갑판이 구명정과 텐더보트가 탑재되어 있는 보트덱크(Boat Deck)가 되는 경우가 많으나 대부분의 대형 크루즈 선에서는 보트덱크 상부에 이 갑판을 별도로 두고 있다. 또 일부의 초대형 크루즈 선에서는 이 갑판을 실내에 배치하여 쇼핑몰(Shopping Mall)이나 선상(船上) 번화가(Shopping street)로 만

총톤수 113,000톤 급의 초대형 크루즈 선, "크라운 프린세스"호(M.S Crown Princess)의 7층 갑판에 있는 프라머네이드 덱크의 모습
(좌, 우현갑판에 설치되어 있고 각각 약 220m의 길이를 가지고 있다)

참고

어떤 자료에서는 "보이저 오브더 씨즈"호의 로얄 프라머네이드(Royal Promenade)가 세계 최초의 선상번화가로 기술하고 있으나 그것은 잘못된 것이다. 세계 최초의 선상번화가는 "보이저 오브더 씨즈"호보다 9년이나 앞서 1990년에 건조된 크루즈 페리 "실야 세러네이드"호(M.F Silja Serenade)가 최초로 소개하였다. "실야 세러네이드"호의 선상번화가의 전체길이는 160m나 되어 "보이저 오브더 씨즈"호보다 20m나 더 길었다. 아직 발트해에서 운항 중인 이 크루즈 페리의 세계최초 선상번화가는 지금도 많은 사람들로부터 큰 인기를 끌고 있다.

들기도 한다. 이때는 나무로 덮는 목갑판 보다는 대리석 또는 내마모성, 내화성의 최고급 타일로 바닥을 덮는다. 1999년에 취항한 초대형 크루즈 선 "보이저 오브더 씨즈"호(M.S Voyager of the Seas)가 크루즈 선에서 최초로 이 실내 프로머네이드 갑판을 소개하고 로얄 프라머네이드(Royal Promenade)라고 이름을 붙였는데 이것은 길이 120m에 폭 10m 및 5층 갑판(약 16m)의 높은 천장을 가진 거대한 선상 번화가로 배 안에 약 19,200입방미터(㎥)의 용적을 가진 거대한 동공(洞空, 빈 공간)을 설치한 것이었다.

"보이저 오브더 씨즈"호의 길이 140m의 로얄 프라머네이드(Royal promenade), 선상 번화가의 모습
(길 양쪽으로 면세품 상가, 각종 음식점, 카페, 바(Bar) 등이 즐비하게 배열되어 있어 배 안의 만남의 광장이 된다)
(사진출처; M.S Voyager of The Seas 소개책자)

1.19 리도덱크(Lido Deck)와 썬덱크(Sun Deck)

리도덱크는 실외수영장(Outdoor Swimming pool)과 이에 관련된 설비들 즉, 일광욕 벤치와 물놀이 설비 등을 갖추고 있는 폭로갑판(暴露甲板, 지붕과 벽이 없는 열린 갑판)의 호칭이며 또 썬덱크는 일광욕 설비를 갖춘 폭로갑판을 말한다. 따라서 리도덱크와 썬덱크는 거의 같은 용도의 갑판들로 리도덱크에서 실외수영장이 없는 갑판이 썬덱크라고 보면 된다. 그러므로 자연히 최상부 갑판에 위치하게 되며 로팩스나 팩스카와 같은 대형 페리 선에서도 썬덱크를 가지기도 하지만 리도덱크는 설치되지 않는다.

따라서 리도덱크와 썬덱크는 크루즈 선에서 승객들이 즐겨 찾는 설비로 가장 중요한 갑판의장설비가 된다. 지난날의 대양(大洋) 여객선에서도 썬덱크를 가진 배들이 있었지만 리도덱크를 갖춘 배들은 없었다. 즉, 리도덱크는 1970년대 이후, 현대식 크루즈의 출현과 더불어 생겨난 새로운 갑판의 명칭이다. 간혹 어떤 크루즈 선에서는 리도덱크를 풀덱크(Pool Deck)라고 부르기도 한다.

또 많은 수의 크루즈 선에서는 리도덱크에 개폐식의 자동 유리천장(상품명으로 매그로돔, Magro Dome, 이라 부른다)을 설치하여 추운 날씨나 비 오는 날에는 이 개폐식의 유리천장을 닫음으로써 열린 갑판을 닫힌 갑판으로 전환시킨다. 초대형 급 이상의 크루즈 선에서는 배의 폭이 워낙 넓기 때문에 리도덱크에 매그로돔을 설치하는 데에 무리가 있어 거의 설치를 하지 않았다. 그러나 2013년 6월에 취항한 총톤수 142,700톤의 최신형 크루즈 선 "로얄 프린세스"호(M.S Royal Princess)는 초대형 크루즈 최초로 리도갑판에 이 매그로돔을 설치하고 있다.

1.20 승객공간비(乘客空間比, Passenger's Space Ratio)

크루즈 선에서 그 배의 총톤수를 승객정원의 수로 나눈 값을 승객공간비라고 한다. 이 값은 크루즈 선에서 그 배의 고급 수준을 가늠하는 중요한 척도 중의 하나가 된다. 예를 들어 총톤수가 12만 톤급인 어떤 크루즈 선이 3,000명의 승객정원수를 가지고 있다면 그 크루즈 선의 승객공간비는 120,000/3,000 즉, 40이 된다. 다시 말해서 이 40은 총톤수 40톤급의 여객선에 혼자 타고 있는 것 같은 공간의 여유로움을 가진다는 뜻이 된다.

초대형 크루즈 선, "카니발 프리덤"호(M.S Carnival Freedom)의 리도덱크의 모습

총톤수 110,000톤, 승객정원 2,974명의 "카니발 프리덤"호의 리도덱크는 500개의 일광욕 벤치, 40m 길이의 물미끄럼틀, 두 개의 실외 수영장, 3m의 대형 스크린 등을 갖추고 있는 약 6,400㎡(1,940평) 면적의 넓은 갑판이다.

(사진출처: M.S Carnival Freedom 및 M.S Royal Princess 소개책자)

초대형 크루즈 선, "로얄 프린세스"호(M.S Royal Princess)의 매그로돔을 갖춘 리도덱크의 모습

"로얄 프린세스"호의 실내수영장은 천장의 매그로돔과 좌우의 유리외벽을 열면 바로 실외수영장으로 전환이 된다.

(사진출처: M.S Carnival Freedom 및 M.S Royal Princess 소개책자)

크루즈 선 이외의 여객선들 즉, 로팩스나 팩스카 및 크루즈 페리에서는 크루즈 선에 비하여 이 값이 매우 적고 별 의미가 없으므로 적용하지 않는다.

5성급 이상의 호화 크루즈 선에서는 이 값이 대개 50 이상이 되며 6성급의 최고급 호화 크루즈 선(Super luxury cruise ship)인 경우에는 이 값이 대개 65가 넘으며 때로는 이 값이 73을 넘는 초호화급 크루즈 선들도 있다. 4성급의 고급 크루즈 선의 경우에는 이 값이 대개 40 이상, 3성급의 수준급 크루즈 선의 경우 30 이상이 된다. 따라서 이 값이 30 이하인 경우, 승선요금이 비교적 싼 2성급 이하의 크루즈 선으로 보면 된다.

참고

6성급 및 5성급 이상의 크루즈 선을 럭서리(Luxury) 급, 5성급의 크루즈 선을 디럭스(Deluxe) 급, 4성급의 크루즈 선을 프리미엄 급(Premium Class), 3성급의 크루즈 선을 스탠다드 급(Standard Class), 2성급 이하의 크루즈 선을 버짓트 급(Budget Class)의 크루즈 선이라 부른다. 쉽게 말하면 버짓트 급이란 경비절약형이란 뜻으로 간신히 크루즈의 흥취를 느낄 수 있는 등급이다.

1.21 승객 대 선원의 비(Crew to Passenger Ratio)

여객선, 특히 크루즈 선에서 승객 대 선원의 비란 승객정원수와 선원(승객담당 승무원 포함) 간의 비율을 말하며 곧 승객정원의 수를 선원의 수로 나눈 값이다. 이것 역시 앞의 승객공간비와 더불어 크루즈 선의 고급수준을 정하는 가장 중요한 척도가 된다. 따라서 크루즈 선의 고급수준은 승객공간비와 승객 대 선원의 비 및 그 배의 선령 등으로 가늠해 볼 수 있다.

같은 대형 여객선이라도 크루즈 페리, 카팩스 및 로팩스페리 선에서는 승객 대 선원의 비의 값이 아주 크다. 일반적으로 로팩스페리 선에서는 이 값이 15~20 정도가 된다. 즉, 500명의 승객정원인 경우, 25~34명 정도의 선원수를 가져 선원 한 명에 15~20명의 승객들이 승선을 하게 된다. 유럽의 로팩스 페리의 경우에는 이 값이 11~14 정도가 되어 우리보다 한층 더 고급이다.

그러나 크루즈 선에서 승객 대 선원의 비를 보면 크루즈 선의 최하등급인 2성급의 경우에는 4.0 정도, 3성급의 경우에는 3.0~3.5 내외, 4성급의 경우에는 2.5 내외, 5성급의 경우에는 1.8 내외가 되며 6성급의 경우에는 1.2~1.5 정도가 된다(어떤 6성급은 1.1의 값을 가지는 것도 있다). 따라서 이 값이 1.2가 되면 선원 한 명에 1.2명 정도의 승객들이 승선한다는 뜻이 된다. 크루즈 선에서 이처럼 많은 선원들이 필요한 이유는 선원수의 약 80% 이상이 호텔부분 즉, 승객갑판을 전담하는 승무원들이기 때문이다.

또, 승객수에 비하여 많은 선원들이 승선한다는 것은 승객들에게 시간에 구애받지 않고 그만큼 더 친절한 서비스가 제공된다는 뜻이 된다.

1.22 비상퇴선장치(Emergency Evacuation System)

선박에 있어 본선의 비상퇴선장치(비상탈출장치)는 선박의 화재탐지 및 화재진압장치와 더불어 승선자들의 생명과 직결되는 가장 중요한 장치이다. 따라서 국제해사기구(IMO)와 국제해상인명안전규정 및 각 선급(船級) 규정 등에서는 여기에 대해서 상세하게 언급하고 있고 또 엄격하게 적용하고 있다.

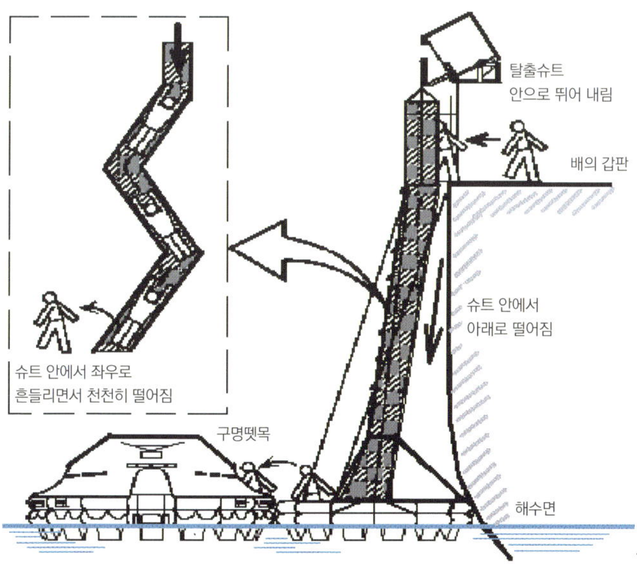

슈트(Chute)식 본선 탈출장치(MES)

슈트(Chute)식 본선 탈출장치의 모습

(그림출처: Viking 사의 소개책자)

선박의 퇴선장치 즉, 배에서 탈출을 위한 이 장치를 흔히 MES(메스, Marine Evacuation System의 약칭)라고 부른다. MES의 대표적인 형식에는 슈트(Chute) 식과 슬라이딩(Sliding) 식이 있다.

슈트(Chute) 식은 밑에서 갑판 위의 퇴선대기장소(머스터 스테이션, Muster station)와 해면에 떠있는 팽창식 구명뗏목(Inflatable Life raft)간에 연결된 홈통 속으로 사람이 뛰어내리면 사람이 뛰어내린 홈통 속에서 좌우로 흔들리면서 아래로 천천히 떨어져 홈통과 연결된 해수면의 구명뗏목(Life raft라고 한다) 속으로 사람이 안전하게 내릴 수 있도록 만든 것이다.

슈트 식에도 뛰어내리는 홈통 즉, 슈트가 한 줄인 것과 두 줄인 것이 있다. 승선하는 인원수가 큰 대형 여객선 즉, 대형 크루즈 선에서는 슈트가 두 줄인 듀얼슈트(Dual Chute) 타입을 설치한다. 이것은 1979년에 개발되어 오늘날에는 대부분의 크루즈 선들이 설치하고 있으나 소형 크루즈 선이나 페리 선에서는 이것 보다 설치비가 싸고 간단한 슬라이딩(Sliding) 탈출장치를 선호한다.

또 슬라이딩 식은 본선과 해면에 떠있는 팽창식의 뗏목(라이프 라프트, Life raft) 사이에 설치되는 팽창형의 슬라이딩 경사로를 이용하여 승선자들이 구명뗏목으로 탈출하는 장치이다. 여객기에서 사용하는 것과 거의 동일한 것으로 페리 선이나 소형 크루즈 선에서 채택이 된다. 국제해양기구(IMO)와 유럽규격(CE)에서는 MES가 보우펄트 스케일(Beaufort Scale, 우리나라에서는 보퍼트 풍력계급이라 부른다) 6등급에 해당하는 초속 17.2~20.7m의 풍속과 3~4m의 파고 속에서 실제로 그 작동여부를 점검 받을 것을 요구하고 있으며 또 MES는 최소 1~2명의 선원으로도 그 장치가 충분히 조작이 될 수 있을 것과 90초 이내에 슈트나 슬라이딩 경사로의 팽창이 완료될 것 및 분당 700명 이상의

슬라이딩 식의 본선탈출장치

(갑판의 머스터 스테이션에서 팽창식의 경사로를 타고 미끄러져 아래로 내려오면 해면에 떠있는 팽창식의 뗏목(Life raft) 속에 타게 되는 방식이다)

(사진출처: Zodiac 사의 소개책자)

승선자들이 MES를 통하여 퇴선할 수 있는 것을 요구하고 있다.

1.23 핀 스태빌라이저(Fin Stabilizer)

핀 스태빌라이저는 우리말로는 날개형 선박안정장치가 되며, 1920년대 말에 그 이론이 정립되어 1930년대 초부터 대형 여객선에 설치를 시작하여 오늘에 이른다.

선박의 좌우 흔들림 즉, 롤링(Rolling, 횡동요, 横動搖)을 감쇠하여 주는 선박의 안정장치에는 이 핀 스태빌라이저 말고도 오늘날 대부분의 선박들이 설치하고 있는 빌지킬(Bilge Keel)과 해양특수선(海洋特殊船, 오프쇼어 스페셜 베쓸, Offshore Special Vessel, 약칭하여 OSV)이나 해양조사선, 어로조사선 등의 특수선이나 페리 및 로로선(RoRo ship) 등에서 설치하고 있는 안티롤링탱크 장치(Anti-Rolling Tank System)가 있다.

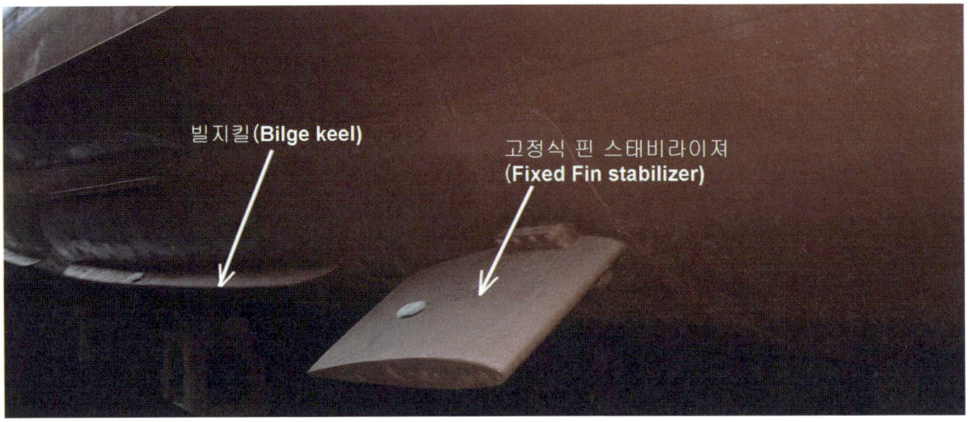

선박의 수선하부(水線下部, 수면 아래)에 설치되어 있는 빌지킬과 고정식 핀 스태비라이져의 모양

핀 스태빌라이저는 선박의 롤링감소장치 중에서 롤링감소의 효능이 가장 높아서 선체롤링을 80~90%까지 감소시켜 준다. 그러나 설치비가 비싼 것이 흠이다. 따라서 핀 스태빌라이저는 크루즈 선이나 크루즈 페리 및 대형 호화요트와 같은 고급선박이나 함정 등에 설치가 된다.

핀 스태빌라이저에는 핀(Fin) 즉, 날개를 선체 외부의 수중에 고정하여 설치한 고정형(Fixed type)과 파도가 별로 없는 평온한 해상상태에서는 이 날개를 선체내부로 집어넣을 수 있게 만든 접는 형(Retractable type)의 두 종류가 있다. 고정형은 접는 형에 비하여 설치비가 저렴한 대신에 날개가 선체외부에 항상 돌출되어 있는 관계로 손상될 위험이 있으며 평상시의 항해에서는 오히려 선체의 저항을 증가시켜 주는 결점이 있다. 그러나 접는 형의 경우에는 설치비가 비싼 것 말고는 모든 면에서 고정식보다 유리하다.

크루즈 선의 경우, 8만 톤급 이상의 대형 크루즈 선은 대개가 좌, 우현에 2세트의 핀 스태빌라이저를 가진다. 이 핀 스태빌라이저는 배가 속도가 빠를수록 롤링감소효능이 증대하는데 보통 20노트(시속 37km)의 항해속도에서 롤링을 90%까지 감쇠시킬 수 있다. 그러나 저속에서는 롤링 감소능력이 저하된다.

핀(Fin, 날개)의 크기는 작은 것이 3㎡, 큰 것은 15㎡까지 있으며 핀의 구동 모터와 펌프 등을 합친 이 장치의 무게는 세트(set)당 작은 것이 15톤 정도, 큰 것은 75톤 이상이 된다.

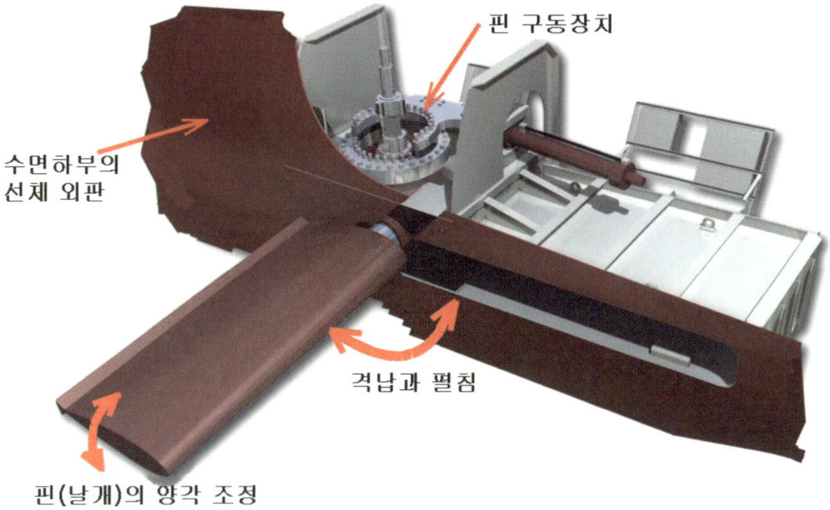

접는 식의 핀 스태비라이져의 구동방법과 각 부분의 모습

수리작업 중인 8만 톤급 크루즈 선의 접는 식 핀 스태비라이져의 실제크기 모습

핀 스태빌라이저 이외에 선박의 롤링감소장치로 안티롤링탱크(Anti-Rolling Tank) 장치가 있다. 이 장치 역시 풍랑상태에서 배의 좌, 우 롤링을 감소시키는데 큰 효력을 발휘한다. 이 안티롤링탱크를 우리말로 횡동요 감쇠탱크라 부르고 약칭하여 ART(에이알티)라고 한다.

이 ART에는 수동형(Passive type)과 능동형(Active type)이 있다. 능동형의 ART는 기울어지는 배를 바로 세우기 위해서 반대편으로 물을 옮기는데 펌프나 송풍기를 사용하는 것이다. 따라서 능동형이 수동형보다 효능이 큰 것은 당연하다. 그러나 능동형은 수동형에 비하여 설치비가 비싼 것이 결점이다. 따라서 대양의 황파상태에서 항해를 해야 하는 해양지원선, 어로지원선, 해양연구조사선 등은 능동형 ART를 많이 설치한다. 그러나 내부공간의 확보와 가벼운 자재를 중요시하는 크루즈 선이나 요트 등에서는 이 장치가 설치공간을 많이 차지하고 또 장치 자체가 무겁기 때문에 채택을 하지 않으며 이것 대신에 설치비용이 비싸지만 핀 스태빌라이저 장치, 특히 효능이 더 좋은 접는 형의 핀 스태빌라이저를 설치하고 있다(접는 형을 격납형이라고도 한다).

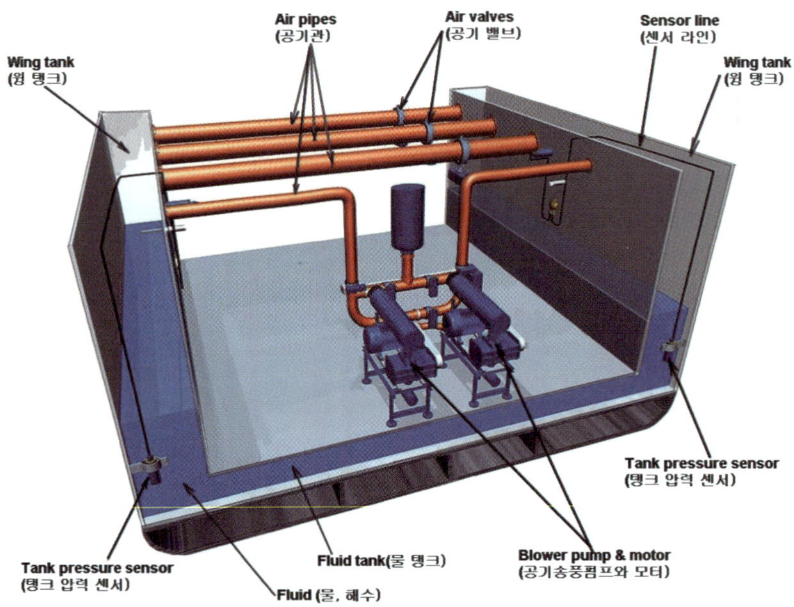

능동식(Positive) 안티롤링탱크의 구조도

1.24 조향 스러스터(Maneuvering Thruster)

배의 추진 프로펠러 외에 배의 조향성능(操向性能, 배의 방향조종성능) 향상을 위하여 설치하는 프로펠러를 조향 스러스터라고 한다. 이것은 추진 프로펠러와 달리 배의 폭방향으로 설치가 되기 때문에 사이드(Side) 스러스터라고도 부른다. 즉, 조향성능을 더욱 좋게 하기 위한 목적으로 설치하는 포로펠러로 배의 선수나 선미에 설치한다.

따라서 선수에 설치하는 것을 선수 스러스터(바우 스러스터, Bow thruster), 선미에 설치하는 것을 선미 스러스터(스턴 스러스터, Stern thruster)라고 부른다.

이 스러스터를 가진 배와 가지지 않은 배의 조향성능에는 엄청난 차이가 난다. 다시 말해서 이것을 설치하면 배의 조향성능은 크게 향상되어 복잡하고 좁은 항구 안에서 배가 안벽에 계류할 때와 항구에 입, 출항할 때에 이 스러스터의 효과는 진면목을 보여준다.

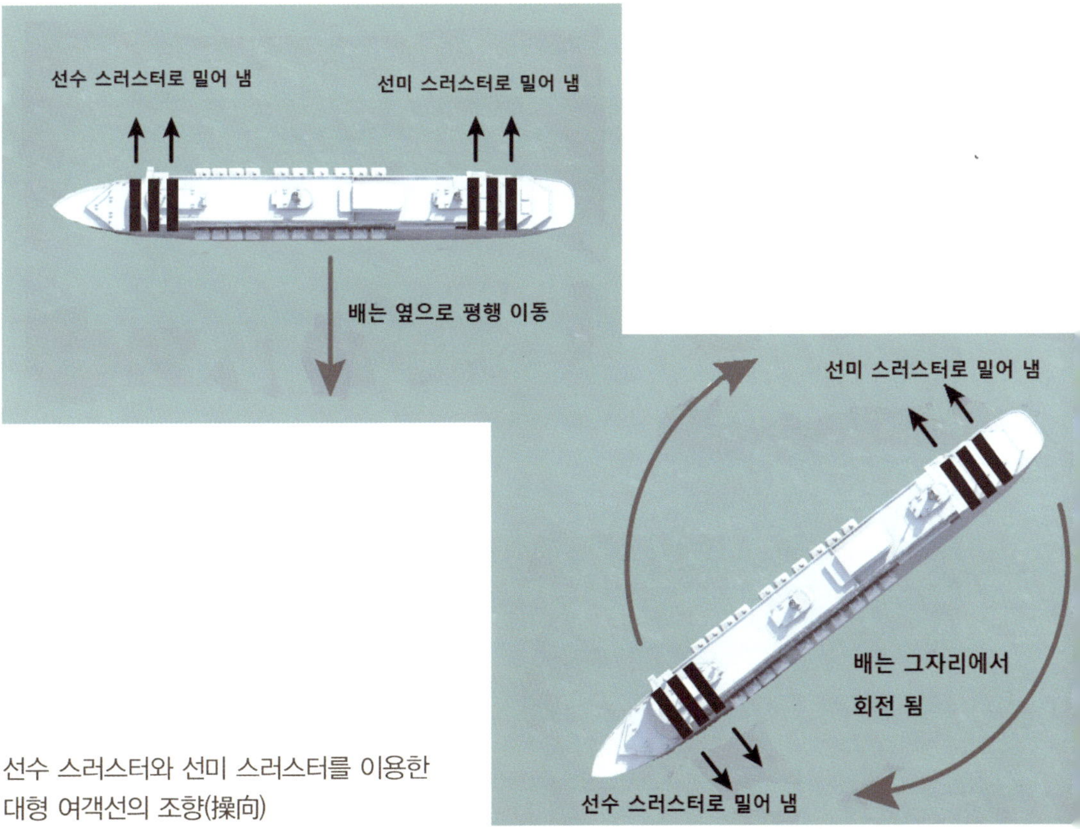

선수 스러스터와 선미 스러스터를 이용한 대형 여객선의 조향(操向)

따라서 최근에 건조되는 대부분의 크루즈 선들은 선수 스러스터를 가지고 있으며 또 일부는 선미 스터스터도 함께 가지고 있다. 예를 들면 2009년에 건조된 총톤수 155,870톤의 "노르웨지안 에픽"호(M.S Norwegian Epic)는 선미의 추진 프로펠러 이외에 조향성을 위해서 4기의 선수 스러스터와 2기의 선미 스러스터를 가지고 있으며 2014년에 건조된 총톤수 225,300톤의 "오아시스 오브 더 씨즈"호(M.S Oasis of the Seas)도 4기의 선수 스러스터를 가지고 있다(선미의 추진 프로펠러가 애저머드 프로펠러로 되어있어 이것이 선미 스러스터의 역할을 겸하기 때문에 별도로 선미 스러스터가 필요 없다).

구동형식으로 볼 때, 스러스터는 전동식(Electric type)과 전동유압식(Electro Hydraulic type)이 있고 형상으로 볼 때는 터널식(Tunnel type)과 접이식(Retractable type) 및 회전식(아저머스, Azimuth 타입이라 부른다)이 있다.

일반 상선에서는 전동식 스러스터를 많이 사용하나 전동유압식 추진 프로펠러를 구동하는 최신 크루즈 선에서는 전동유압식 스러스터를 선호한다.

총톤수 225,300톤의 세계최대 크루즈 선, "오아시스 오브더 씨즈"호의 거대한 4기의 터널식 선수 스라스터의 모습

선미에서 선수방향으로 본 모습이다. 선수 스러스터 1기의 출력은 4,500kw이며 4기의 전체 출력은 22,000kw(22MW)로 선미의 추진 프로벨러 출력의 약 35% 정도가 된다.

스러스터의 대부분은 일반적인 형상의 터널식이지만 고급 크루즈 선 및 고성능의 특수선에서는 접는 식과 회전식 스라스터를 설치하기도 한다. 그러나 접는 식과 회전식은 조향성능이 커지고 추진 프로펠러로도 사용할 수 있으나 가격이 두 배 이상 비싸지는 약점이 있다.

3기의 선수 스러스터와 4기의 파드 프로펠러를 탑재한 크루즈 선, “퀸 메리-2”호(M.S QM-2)의 측면도

스러스트의 출력은 일반적으로 선미 프로펠러 츨력의 약 30~35% 정도로 한다(선미 프로펠러 출력의 1/2, 즉 50% 정도라고 말하는 사람도 있는데 그것은 잘못 알고 있는 것이다). 또 선수 스러스터가 설치되는 위치는 가능한 선체의 아랫부분에 설치함이 좋다. 다시 말해서 수면 가까이에 설치하면 추력(밀어내는 힘)이 감소하며 또 스러스터가 손상될 위험이 커진다. 그래서 선수 스러스터나 선미 스러스터는 배의 선저 가까이에 설치가 된다(스러스터는 수면하부 0.6m 정도 깊이에 설치하는 것이 가장 좋은 위치라고 말하는 사람이 있는데 이것도 역시 잘못된 것이다). 스러스터의 프로펠러의 크기는 직경 400mm에서 4,000mm까지 다양하게 있으며 출력으로 볼 때 모터보트 등에 사용되는 40kw(53마력)의 소형에서부터 초대형 선박에 쓰이는 4,500kw(6,030마력)급의 초대형도 있다.

1.25 헬리패드(Heli-Pad) / 헬리덱크(Heli-Deck)

비행갑판(Flight deck, 플라이트 덱크)을 가진 해군의 항공모함이나 헬리콥터 모함 이외에 크루즈 선이나 오일플랫폼(Oil Platform, 해양 원유생산설비) 등에 설치된 헬리콥터 착륙장을 헬리덱크(Helideck) 또는 헬리패드(Helipad)라고 한다. 헬리패드(Helipad)는 헬리콥터 랜딩패드(Helicopter Landing Pad)의 줄인 말이고 헬리덱크는 헬리콥터 덱크(Helicopter deck)의 줄인 말이다. 따라서 헬리덱크나 헬리패드는 거의 같은 뜻을 가진 명칭이 된다.

헬리포트(Heliport)는 헬리콥터의 넓은 이착륙장은 물론이고 헬리콥터 격납고와 급유설비, 정비설비 등을 모두 갖춘 헬리콥터 전용비행장을 말하며 위의 헬리덱크나 헬리패드와는 규모나 설비면에서 격이 다르다.

헬리덱크와 헬리패드의 차이점을 보면, 헬리덱크는 헬리콥터가 착륙 및 이륙을 할 수 있는 충분한 크기의 갑판면적을 가지고 각종 항공등과 표식, 풍향표시기(윈드삭, Windsock, 우리말로는 바람자루) 및 화재진압장치 등을 모두 갖춘 갑판을 말하며 헬리패드는 갑판위에 헬리콥터가 이착륙을 할 수 있는 최소한의 전용면적을 갑판 위에 만들고 여기에 최소한의 필요설비 즉, 각종 항공등과 표식 및 풍향지시기 및 화재진압장치 등을 갖춘 것을 말한다. 다시 말해서 헬리패드는 별도로 헬리덱크를 만들 수 있는 갑판면적의 여유가 없는 선박에서 기존의 갑판 위에 헬리콥터의 이착륙장을 만든 것을 말한다. 그러나 일반적으로는 헬리덱크나 헬리패드는 일반 상선의 갑판위에 설치된 헬리콥터의 이착륙장으로 뜻을 같이한다.

일반 상선이나 상업용 해양구조물 및 여객선 등에서의 헬리패드 및 헬리덱크의 설치는 ICAO(국제민간항공기구)의 규정과 관련국가의 항공규정 즉, 미국은 FAA(미연방민간항공국), 영국이면 CAA, 유럽은 EASA(유럽항공안전기구) 등의 규정에 의하여 설계승인을 받아야 하고 또한 설치검사를 받아야 한다.

오늘날 대부분의 대형 및 초대형 급 이상의 크루즈 선들은 선수 갑판에 헬리패드를 가지고 있다. 그것은 선미갑판에는 리도(Lido) 갑판과 수영장 갑판 등으로 수영장 갑판 등으로 사용되기 때문에 헬리덱크를 설치할 여유 있는 갑판면적이 없기 때문이다. 크루즈 선에서 헬리패드는 응급환자의 수송 및 의료진의 급송 등의 용도로 이용되며 헬리패드 위의 헬리콥터의 이착륙은 안테나와 각종 전선 등의 철거작업이 병행되어야 하므로 선원들이 환영하지 않는, 번거롭고 귀찮은 일 중의 하나가 된다.

풍향을 알려주는 윈드삭(Windsock, 바람자루)의 모습
(백색과 주홍색의 줄무늬로 되어있고 크기는 작은 것이 구경 200 x 길이 600mm, 큰 것은 600 x 2,400mm 이다)

초대형 크루즈 선, "어드벤춰 오브더씨즈"호(M.S Adventure of the Seas)의 선수갑판에 있는 헬리패드의 모습

1.26 대형 여객선의 선수(船首) 형상

대형 여객선의 선수 형상에는 대략 다음과 같은 종류들이 있는데 오늘날까지 가장 많이 채택되고 있는 대표적인 선수의 형상으로는 후퇴각 선수(경사진 선수, Raked Bow), 클리퍼 선수(Clipper Bow) 및 구상선수(Bulbous Bow, 벌바우스 바우)와 같은 것들이다.

- 후퇴각 선수(Raked Bow): 대형 여객선에서 가장 일반적인 선수형상으로 20세기 초부터 오늘날까지 가장 선호되고 있는 선수형상이다. 1960년 이전의 대형 여객선들의 대부분은 이 선수형상으로 설계가 되었다. 그러나 1970년대에 들어와서는 대형 여객선에서 구상선수가 후퇴각 선수를 밀어내고 선두자리를 차지하게 되었다.

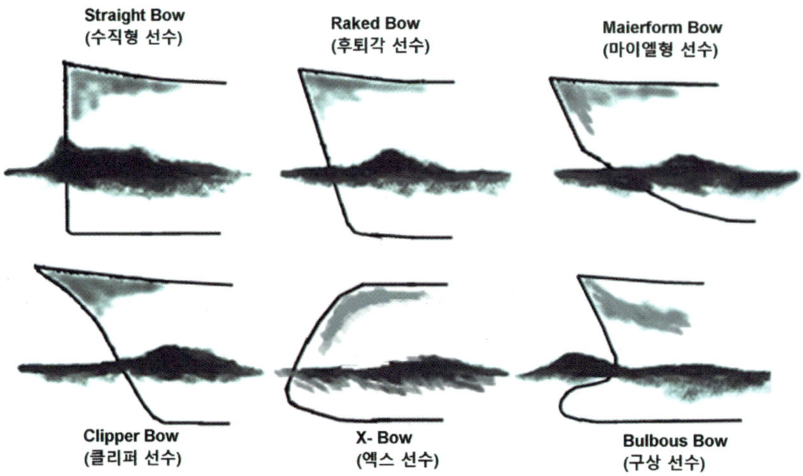

선수 형상의 종류와 생성되는 파도의 모양

- 구상선수(球狀船首, Bulbous Bow): 오늘날 건조되는 대형 여객선의 대부분은 이 선수형상을 가지고 있다. 구상선수는 조파저항(造波抵抗, 배가 진행할 때 만들어지는 파도에 의한 저항)의 감소에 유리하여 오늘날 일반 상선에서 가장 많이 채택하는 선수의 형상이다. 구상선수에서 배의 전방으로 튀어나온 혹(Bull)의 크기는 배의 수선간장(水線間長, 배 길이의 한 종류로 통상적으로 배 전체길이의 95~93% 정도의 길이가 된다)과 배의 속도에 의하여 결정된다.

- 마이어 선수(Maier Bow): 독일 발음으로는 마이엘 선수라고 한다. 오스트리아 출신의 조선공학자인 마이엘 프란츠(Maier Fritz Fanz)가 개발한 선형으로 선박에는 1930년대 초에 최초로 소개가 되었다. 일명, V형 쇄빙선수라고도 한다. 즉, 선수의 단면이 V형으로 쇄빙선에 유리하게 사용될 수 있는 선수로 동절기에 바다가 결빙되는 발트해를 운항하는 페리 선에 유효하게 적용되었다. 그러나 대서양 정기여객선과 같은 대형 여객선에는 채택되지 않는다.

- 클리퍼 선수(Clipper Bow): 18세기 중엽, 쾌속 범선에서 처음으로 나타난 선수의 형상으로 이후 빠른 속도로 범선에 널리 채택되었으며 오늘날에도 날씬한 선수형상을 원하는 쾌속 범선형의 크루스 선 등에 채택되고 있다.

1934년에 마이어 선수를 최초로 소개한 총톤수 8,460톤 급의 객화선, "유트란디아"호(M.S Jutlandia)
(선수의 수면하부는 V형으로 날카롭고 수면상부는 둥글게 생긴 선수형상이다)

- 실린더형 선수(Cylindrical Bow): 구상선수에서 진일보한 선수형상이다. 다른 말로 파라보릭 선수(Parabolic Bow)라고도 한다. 오늘날 빠른 속도가 요구되는 컨테이너 전용선을 비롯하여 일반 상선뿐만 아니라 고속 여객선에서도 이 실린더형 선수를 많이 채택하고 있다.

- X-bow 또는 Axe bow(엑스 바우): 최근에 미국해군의 차세대 구축함인 줌발트(Zumwalt) 급의 구축함이 채택한 Axe Bow(엑스 바우)와 해양특수선의 전문설계회사인 울스타인(Ulstein) 그룹이 소개하여 현재 크게 주목받고 있는 X-Bow(엑스 바우)가 있다. 서로 같은 개념의 선수형상으로 명칭이 다를 뿐이다. 이 형상의 선수는 종래의 일반적인 선수형상에 비해서 핏칭(Pitching)이나 히빙(Heaving) 및 슬래밍(Slamming) 등이 적은 것이 큰 장점이다. 특히, 기관실과 거주구역이 선수부분에 위치하는 해양특수선이나 선수부분에 극장 등의 큰 공실(公室)을 가지는 크루즈 선의 경우에는 이 엑스바우 선수를 채택함으로써 위의 장점 이외에 선수부분에 더욱 넓은 공간을 확보할 수 있다는 또 다른 장점을 중요시한다.

한편, 엑스바우를 가진 미국해군의 줌왈트(Zumwalt) 급 최신형 구축함의 경우에는 위에서 언급한 효과 이외에 함수부분에서 반사되는 상대 함정이 쏜 레이더의 전파를 공중으로 난반사함으로써 스텔스의 성능을 증가시키는 또 다른 효과를 추가로 얻고자 한다.

참고

핏칭(Pitching)은 선체의 선수와 선미가 마치 시소처럼 교대로 상하 방향으로 올라갔다, 내려갔다 하는 움직임이며 슬래밍(Slamming)은 파도에 의해 선저(배의 밑바닥)에 가해지는 충격을 말한다. 또 히빙(Heaving)은 핏칭과 다르게 선체전체가 아래, 위로 올라갔다 내려갔다 하는 움직임이다.

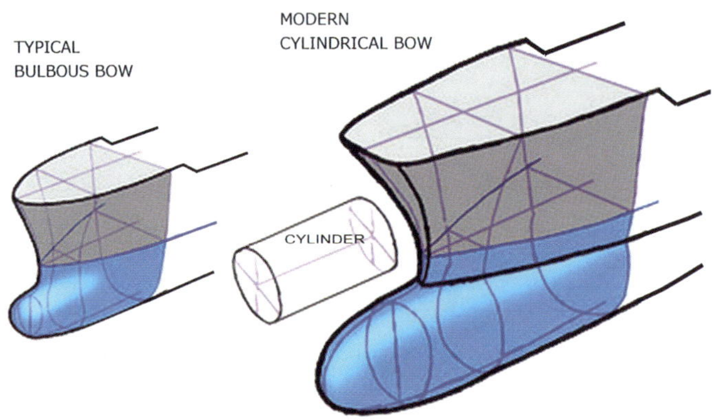

전형적인 구상선수(Bulbous bow) 형상과 실린더 형(Cylindrical Bow) 선수 형상의 비교
(왼쪽이 전형적인 구상선수의 형상, 오른쪽이 실린더 형 선수의 형상. 실린더 형 선수는 수면하부의 선수 끝부분이 원통형 즉, 실린더의 형상을 하고 있고 구상선수보다 더 많이 돌출되어 있다)

노르웨이의 울스타인(Ulstein)사가 크루즈 선의 설계시장에 새로 참여하기 위해 최근에 소개한 엑스바우를 가진 혁신적인 크루즈 선의 외형 (사진출처: Ulstein Werft의 소개책자)

The Advanced polar expedition cruise ship with X-bow of Aurora Expeditions

울스타인 회사의 설계로 2019년에 취항할 예정인 호주의 오로라 엑스퍼디션 크루즈 해운사의 엑스바우 선수를 가진 총톤수7,400톤, 전장 104.4m의 극지방 탐험 크루즈 선의 외형 (사진출처: Ulstein Werft의 소개책자)

1.27 대형 여객선의 선미(船尾) 형상

대형 여객선들이 채택하는 선미형상에는 대략 다음과 같은 종류들이 있다.

- 크루져 선미(Cruiser Stern, 순양함 선미): 순양함 등의 비교적 대형의 함정에서 많이 채택한 선미형상으로 오션라이너(Ocean Liner)라고 불렀던 대양(大洋) 정기 여객선에서도 널리 채택한 선미형상이다. 즉 1920년대에서부터 1960년대까지 건조된 대양여객선들 중에서 거의 1/3 이상이 이 크루져 선미형상을 취하고 있었다. 그러나 지난날과 달리 최근에 건조되는 대형 여객선에서는 별로 이 선미형상이 선호되지 않고 있다.

1961년에 건조된 피엔오(P&O) 해운의 대양 여객선, "칸베라"호(S.S Canberra)의 크루져 선미 형상
(선미형상 중에서 가장 보기 좋은 선미이다. 그러나 제작하는데 조금 까다롭고 공수가 많이 드는 결점이 있다)

- 트랜섬 선미(Transom stern): 선미 끝단을 싹둑 자른 것 같은 모양의 선미형상은 오늘날 상선에서 가장 많이 채택된다. 특히, 대형 여객선에서는 1970년대부터 채택되기 시작하여 오늘날 건조되는 대형 여객선들의 약 50% 이상이 트랜섬 선미로 되어있다. 선미에 넓은 갑판을 가질 수 있고 다른 선미형상에 비하여 제작하기가 비교적 쉽다는 것이 큰 장점으로 선미에 넓은 갑판을 필요로 하는 여객선의 요구조건과 서로 부합된다.

선미 끝단이 싹둑 잘린 것 같이 생긴 크루즈 선 "카니발 스프렌돌"호의 트랜섬 선미의 모습
(선미 끝단을 칼로 자른 듯한 모습의 트랜섬 선미는 오늘날 일반 상선에서 가장 많이 취하는 선미형상이다. 최근에는 대형 여객선에서도 이 선미형상을 많이 취하고 있다) (사진출처: commons.wikipedia.org)

- 콘스탄찌 선미(Constanzi Stern): 이탈리아의 깐티에리 나발레(Cantieri Navale) 조선소의 임원 출신으로 이탈리아의 조선업계를 대표했던 조선 엔지니어, "니꼴로 콘스탄찌"가 개발한 선미선형이다. 1928년에 총톤수 23,970톤급의 대서양 정기 여객선 "불까니아"호(M.V Vulcania)에서 최초로 소개되었다. 그 후, 1965년에 취항한 39,240톤급의 대양여객선 "오셔닉"호(S.S Oceanic)와 1966년에 취항한 총톤수 32,750톤급의 대양여객선 "오이제니오 코스타"호(S.S Eugenio Costa)가 이 선형을 취하여 이 선형이 널리 알려지게 되었다. 2004년에 취항한 큐나드(Cunard) 해운의 총톤수 148,530톤급의 초대형 호화 크루즈 선 "퀸 메리-2"

호(M.S Queen Mary-2)가 다시 이 콘스탄찌 선미로 건조되어 더욱 유명한 선미 형상이 되었다.

초대형 호화 크루즈 선, "퀸메리-2"호(M.S Queen Mary-2)의 콘스탄찌 선미의 모습
(수면 윗부분은 둥근 선미형상이며 수면 아래 부분은 파드 프로펠러를 설치하기 쉽도록 평평하게 만들어진 이 배의 선미형상을 두고 많은 사람들이 무슨 형의 선미형상인지 궁금해 했으나 결국 콘스탄찌 선미인 것으로 알려졌다)

- 라운드 선미(Round Stern, 둥근 선미): 크루즈 선미와 더불어 지난날의 대양 여객선에서 가장 선호되었던 선미형상이다. 오늘날의 대형 여객선에서도 종종 이 선미형상을 취하고 있으며 아름다운 외형을 갖고자하는 여객선에서는 이 선미형상을 취한다.

1952년에 건조되어 필라델피아 항구에서 1996년부터 현재까지 21년째 계류상태에 있는 미국국적 대서양 정기여객선 "유나이티드 스테이츠"호의 라운드 선미의 형상
역대 가장 빠른 대양여객선의 기록을 가지고 있는 역사적인 여객선 이다.

- 절충형 선미(캄프로마이즈 선미, Compromise stern): 라운드 선미와 트랜섬 선미가 혼합된 형상의 선미형상으로 요트 등에 많이 채택되어 왔다. 오늘날에는 대형 여객선에서도 종종 이 형상의 선미로 건조가 된다.

- 덕테일 선미(Ducktail Stern, 오리꼬리형 선미): 둥근 선미(Round Stern)에서 수선(水線, 선체가 물에 잠기는 선) 상부가 앞으로 경사가 지고 선미의 끝단에 프랩(Flap, 비행기 날개의 보조익과 같은 판)을 첨가한 새로운 선미형상을 덕테일 선미라고 부른다. 이것은 선미의 부력(浮力, 물에 뜨고자 하는 힘, 공기 중에 뜨고자 하는 힘은 양력이라 부른다)을 증가시키고 선체의 안정성을 향상시키며 선체의 수중저항을 감소시켜 연료절감의 효과가 있는 것으로 입증된 것으로 오늘날의 최신형 대형 여객선에서 가장 선호하는 선미형상이다. 특히 최근의 신형 크루즈 선에서 매우 인기가 높아서 덕테일 선미를 가지지 않았던 기존의 크루즈 선들 중에서 이미 많은 배들이 덕테일 선미로 개조하였고 앞으로도 더 많은 크루즈 선들이 덕테일 선미로 개조할 것으로 보인다.

초대형 호화 크루즈 선, "디즈니 매직"호(M.S Disney Magic)의 프랩을 가진 덕테일 선미의 모습
위의 그림에서 선미에 화살표로 표시한 것이 선미프랩이다.

- 이립티컬 선미(Elliptical Stern, 타원형 선미): 이것은 19세기 중엽에 출현하여 1930년대까지 대형 여객선에서 많이 볼 수 있었으나 그 이후부터 시들해져서 지금은 이 선미형상으로 건조되는 대형 여객선은 더 이상 찾아볼 수 없게 되었다. 이 선미형을 취한 대표적인 여객선이 1912년 빙산과의 충돌로 대형 해난사고를 일으킨 "타이타닉"호(RMS Titanic) 및 그의 동형자매선 두 척, "올림픽"호(RMS Olympic)와 "브리타닉"호(RMS Britannic) 이다.

1911년에 건조된 "올림픽"호(RMS Olympic)의 이립티컬 선미의 형상

선미 끝 부분에 심하게 경사가 지고 상갑판 부분에서 꺾이는(넉클이 되는) 형상의 선미로 상갑판의 선미갑판 끝단은 타원 또는 원형이 된다. "올림픽"호의 동형자매선인 "타이타닉"호도 이와 똑같은 선미형상을 가지고 있었다.

(사진출처: titanicbelfast.com)

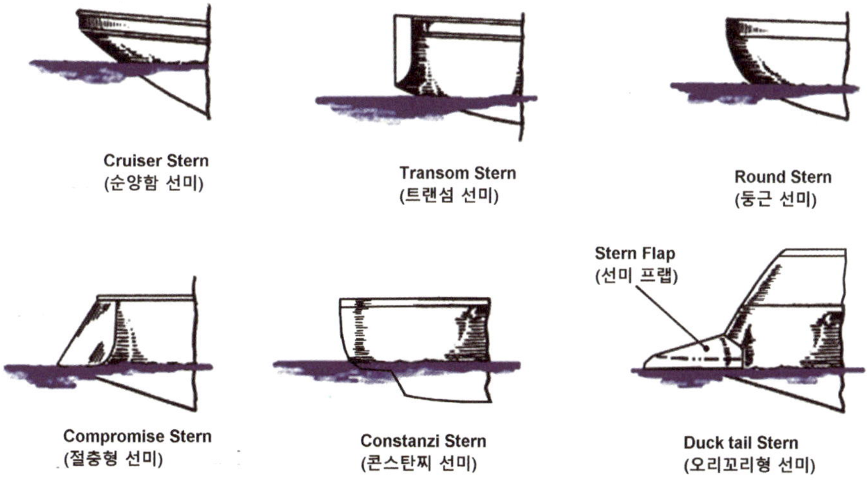

여객선의 여러 선미형상들

The Passenger ships of the World left a significant trace

The Passenger ships of the World left a significant trace

02

세계최초의 기록을 만든 여객선들

2.1 세계최초의 크루즈 선

세계최초의 크루즈 선은 1900년, 독일에서 건조된 "프린체씬 픽토리아루이제"호(S.S Prinzessin Viktoria Luise)이다. 이 배는 대양의 정기항로를 운항하는 정기여객선이 아니라 처음부터 크루즈의 운항을 목적으로 건조되었다. 외형이 호화요트 형상으로 설계된 이 배는 증기왕복동 엔진을 탑재하고 2개의 추진 프로펠러를 가지고 15노트(시속 약 27.8km)의 순항속도로 유럽에서 북미지역으로 크루즈 항해를 하였다. 선주는 함부르그 아메리카 라인(Hamburg America Line, 약칭은 HAL)으로 함부르그에 있는 브롬운트포스(Blohm und Voss) 조선소에서 건조된 이 배는 당시 프러시아의 "빌헬름" 황제의 딸인 픽토리아루이제(Viktoria Luise) 공주의 이름을 딴 여객선이다.

전장이 124.2m, 선폭이 15.9m, 총톤수가 4,409톤인 이 배는 1등 승객만으로 단지 180명의 승객정원과 승객의 머릿수와 비슷한 161명의 선원들을 태울 정도로 사치스럽고 매우 호화로운 여객선이었다. 그 당시 이 정도 크기의 여객선이면 통상적으로 800명 이상의 승객정원을 가지고 있었으나 이 배는 승객정원은 180명에 지나지 않았음을 비추어 볼 때, 이 배가 얼마나 호화롭고 고급스런 여객선이었는가를 짐작할 수 있겠다. 순백색 도장의 선체에 선수부에 하나, 선미부에 하나, 두 개의 높은 마스트와 두 개의 크고 높은 연돌을 가진 이 배는 외형부터 당시의 다른 여객선들과 크게 달랐다.

세계최초의 크루즈 선, "프린체씬 픽토리아루이제"호의 야간항해 모습

이 배의 승객정원과 선원 간의 비율, 즉 선원 1명에게 할당되는 승객수의 비율은 1.12 정도로 오늘날의 최고급 호화 크루즈 선들이 가지는 1.3~1.6 보다 훨씬 낮은 값이었으며 이 배 이후, 지금까지 이 값을 앞서는 크루즈 선은 아직 없다. 다시 말해서 이 배는 승객 1.12명당 한 명의 선원들이 승선하여 승객들에게 최고의 서비스를 제공하였다.

실내에는 내부가 2층으로 되어있는 식당을 겸한 메인 라운지, 시가(Cigar)끽연실, 체력단련실과 죠깅코스 및 독서실 이외에도 그 당시 일반인들에게는 생소하였던 무성영화(無聲映畵, 소리가 없는 영화)를 관람하는 영화관까지 구비하고 있었을 정도로 호화로웠던 이 배는 1906년 12월, 자메이카(Jamaica) 연안에서 암초해상의 등대를 미처 보지 못한 실수로 좌초되어 침몰하지만, 그 당시의 일반인들은 엄두도 내지 못할 정도로 승선료가 비쌌던, 부호들만의 최고급 호화 크루즈 선으로 여객선의 역사에서 세계 최초의 크루즈 선으로 이름을 남긴다.

2.2 세계최초의 크루즈페리 선

세계최초의 크루즈 페리 선은 1975년 핀란드의 발트실라(Wärtsila) 조선소에서 건조된 총돈수 16,330톤급의 "벨로루씨아"호(M.F Belorussia)이다. 이후 1976년까지 2

1975년에 최초로 소개된 크루즈페리 선, "벨로루씨아"호(M.F Belorussia)의 모습

년간에 걸쳐 이 배의 동형자매선(同型姉妹船) 네 척 즉, "그루지야"호(M.F Gruziya), "아제르바이쟌"호(M.F Azerbaizhan), "카자카스탄"호(M.F Kazakhastan) 및 "카레리야"호(M.F Kareliya)가 추가로 건조되어 이 다섯 척의 동형자매선들을 "벨로루씨아" 급 또는 "그루지아" 급 크루즈 페리라고 불린다. 따라서 이 다섯 척의 동형자매선들이 북유럽 항로에 크루즈 페리의 시대를 개막한 최초의 여객선이 된다.

총톤수 16,330톤으로 872명의 승객정원을 가지고 그중의 55%인 480명의 승객을 침상승객으로 나머지 392명의 승객을 좌석승객으로 배분한 것부터가 당시의 페리업계에는 큰 충격이 되었다(이 배 이전의 고급 페리 선들은 승객정원의 약 35~40% 정도가 침상승객으로 되어 있었다). 또 승객들에 대한 최고급의 서비스를 위해서 무려 216명이나 되는 선원들을 태웠는데 이것 또한 당시의 페리 선으로써는 파격적인 것이었다. 더욱이 500석의 만찬식당을 포함하여 두 곳의 라운지. 두 곳의 바(Bar)와 카페(Cafe), 한 곳의 영화관, 한 곳의 실내수영장 등, 각종 공실설비들이 기존의 페리 선들과는 완전히 수준을 달리하는 고급사양으로 만들어져 그 호화로움이 당시의 크루즈 선과 대등한 수준이었다. 따라서 이러한 페리 선을 크루즈 페리라고 호칭하게 되었다.

이 크루즈 페리가 취항할 당시, 이 배의 선주사인 발트쉽핑은 "우리 배는 페리의 항로를 운항하고 있는 크루즈 선입니다. 이웃들이 당신에게 무슨 배를 타고 왔느냐고 물으면 호화 크루즈 선을 타고 왔다고 자랑스럽게 말하세요."라는 문구로 홍보를 하였다.

크루즈 페리에서 크루즈 선으로 개조되어 "델핀"호로 아직도 운항하고 있는 "벨로루씨아"호

이 다섯 척의 동형자매선들이 취항한 지 40년이 지난 지금, 다섯 척 중에서 그 첫 번째 호선인 "벨로루씨아"호를 제외한 나머지 네 척이 이미 퇴역을 하였거나 폐선을 위한 계류상태에 있다. "벨로루씨아"호는 1986년과 1993년, 두 차례에 걸쳐 독일의 로이드벨프트(Lloyd Werft)조선소에서 대규모의 개조공사를 받고 크루즈 선인 "델핀"호(M.V Delphin)가 되어 자기의 동형자매선들이 모두 사라진 지금까지 인기 속에서 홀로 훌륭한 항해를 하고 있다.

2.3 세계최초의 콘도(Condo) 여객선

2003년 6월에 노르웨이의 포센멕크 벨크스테델(FosenMek Verksteder) 조선소에서 건조되고 2003년 10월에 취항한 총톤수 43,524톤의 "더 월드"호(M.S The World)는 세계 최초의 해상 콘도(Condo)형 여객선이다.

스웨덴의 란드스크로나(Landskrona) 조선소에서 선체가 만들어진 후에 2002년 3월에 노르웨이의 포센멕크 조선소로 이동한 뒤, 거기에서 2003년 9월에 의장공사(艤裝工事)와 시운진을 포함하여 모든 선박건조공사를 마쳤다. 처음에는 이 대형 여객선이 크루

항구에 정박 중인 콘도 선, "더 월드(M.S The World)"호의 모습
(11층의 거주갑판 중에서 7층의 갑판에 개인소유의 해상 아파트들이 배열되어 있다. 2016년에 새로 치장공사를 하여 아직 새 배와 다름없이 깨끗한 상태를 유지하고 있다) (사진출처: wordpress.com)

즈 선으로 알려졌지만, 건조가 완료된 뒤에야 크루즈 선이 아니라 지금까지 볼 수 없었던 콘도(Condo) 선임이 밝혀졌다.

노르웨이의 선박설계 및 선박 컨설턴트 전문회사인 크누트 크로스터(Knut U. Kloster)의 기획과 설계로 시작된 이 대형 여객선의 건조가 대형 여객선의 건조실적이 전무한 노르웨이의 포센멕크 조선소에서 실행되어 또 한 번 사람들을 놀라게 하였다. 그것도 크루즈 선의 건조실적이 전무한 스웨덴의 조선소와 공동으로 건조를 한다는 계획이 알려지면서 이 배의 건조기간 내내 과연 이 배의 건조가 성공할까 하는 우려 속에서 관심의 대상이 되었다.

건조가 완료된 후, 미국의 플로리다에 본사를 둔 레지던씨(ResidenSea Inc.) 사는 2003년 10월에 이 배를 인수하여 미국에서 취항을 하게 되었다.

165세대의 선상 아파트의 소유주들과 그 배를 찾은 방문객들만을 태우는 여객선으로 일반적인 크루즈 선과는 그 운영방법이 다르다. 아파트는 침실이 2개인 것과 3개인 것 두 종류가 있고 각 아파트는 개인이 소유권이 가지게 된다. 각 세대별 전용면적은 74.3㎡

(22.5평)에서부터 650㎡(197평)까지 있으며 매매가격은 2백만 달러(약 23억 원)로부터 시작된다. 입주세대는 매입가 이외에 연간 6만 달러에서 27만 달러의 선박 운영비를 별도로 지불해야 한다.

처음에 기대한 것과 달리, 취항 후에 그리 큰 인기가 없어서 이 배의 운영회사는 이 콘도선의 선상(船上)아파트들을 판매하는 데에 큰 어려움을 겪었다. 취항한 지 13년이 지난 아직까지도 양도가 안 된 선상아파트들이 상당수 있다고 한다. 그 이유는 양도가격이 너무 비싸고 또, 매년 지불하는 이 선상아파트의 관리비가 만만치 않기 때문이라 한다. 어떤 사람들은 이 선상 아파트를 구입하는 대신에 서로 돈을 모아서 공동소유로 50m 급의 대형 호화 요트를 건조했다는 이야기도 있다.

"더 월드"호의 객실베란다(상)와 객실에 딸린 거실의 모습(하)
(11층의 거주갑판 중에서 7층의 갑판에 개인소유의 해상 아파트들이 배열되어 있다. 2016년에 새로 치장공사를 하여 아직 새배와 다름없이 깨끗한 상태를 유지하고 있다)
(사진출처: wordpress.com)

2004년에는 우리나라의 삼성중공업이 미국의 또 다른 해상 레지던스 회사인 유토피아 레지던스(Utopia Residences)와 "더 월드"호보다 2배 이상이나 더 큰, 총톤수 108,000톤급의 콘도 선을 건조하기로 하고 협상이 상당히 진행되었지만, 건조자금의 조달에 문제가 생겨서 중도에 무산된 적이 있다.

또한, 이 유토피아 프로젝트 이외에도 200세대의 아파트와 265실의 스위트 급의 객실을 가지는 총톤수 10만 톤급의 "올파르스" 콘도선 프로젝트도 있었으나 이것 역시 세계적 해운 불경기의 여파로 중도에 무산되고 말았다. 따라서 콘도형의 대형 여객선은 "더 월드"호가 최초이자 지금 현재 유일하며 이 배를 뒤를 이을 새로운 콘도 선은 더 이상 건조가 되지 않고 있다.

2.4 세계최초의 쌍동(雙胴)선형 대형 여객선

쌍동선이란 동일한 형상의 선체 두 개로 이루어진 선박을 말한다. 이것을 전문용어로 카타마란(Catamaran)이라고 부른다. 이 카타마란 선형은 주로 소형 고속선에 적용되고 있었으나 1992년에 핀란드의 핀야즈(Finn Yards) 조선소에서 진일보한 카타마란 선형의 한 종류인 스와드(SWATH, Small Waterplane Area Twin Hulls의 약칭) 선형으로 된 크루즈 선, "래더썬 다이아몬드"호(M.S Radission Diamond)를 건조하였는데 이 배가 세계 최초이자 현존 세계 유일의 쌍동선형 크루즈 선인 동시에 세계 최대의 스와드 선형 여객선이 된다.

래더썬 크루즈(Radission Cruises) 해운의 소속이었던 쌍동선형 "래더썬 다이아몬드"호는 취항과 동시에 세계의 이목을 집중시켰다. 총톤수 18,400톤에 전장 131.2m, 선폭 31.96m로 총톤수에 비하여 선체의 전장은 짧았지만 반대로 선폭은 6~7만 톤급의 여객선 이상으로 넓은, 이 특이한 형상의 크루즈 선이 크루즈 업계에서 관심의 대상이 된 것은 당연하였다.

177실의 객실에 354명의 승객정원을 가진 이 크루즈 선은 52의 승객공간비(총톤수를 승객정원수로 나눈 값)에 선원들도 200명이나 승선하는 호화급의 크루즈 선으로 취항을 하였다.

쌍동선형 크루즈 선, "래더썬 다이아몬드"호(M.S Radission Diamond)를 선미에서 본 모습
(일반적인 선박들과 달리, 두 개의 선체로 되어 있고 수면에 닿는 부분의 선체가 가늘게 되어 있어 그 면적이 최소로 되어 있음을 알 수 있다. 이러한 선형을 스와드 선형이라고 부른다)

참고

스와드는 우리말로 소수면적 쌍동선체(小水面積 雙胴船體)가 된다. 카타마란 선형에서 진일보한 선형이다. 수면적(水面積) 즉, 수면에 접하는 선체의 단면적을 최소로 함으로써 배가 진행할 때 발생하는 선체저항을 최소로 하는 목적으로 개발된 선형이다.

그러나 막상 취항 후, 크루즈 선으로 부적합한 여러 가지 결점들이 나타나는데 그 대표적인 것이 선체의 특성상 라운지나 카페, 카지노 등의 주요 공실(公室)들이 배의 내부에 위치함으로써 바다로 향한 창문들이 없어 늘 조명기구에 의존하는 답답한 실내분위기가 될 수밖에 없다는 것이었다. 이외에 또 다른 문제점은 순항속도가 12노트 (시속 22.2km) 내외로 다른 크루즈 선들에 비하여 배가 무척 느리다는 것이었다.

이러한 결점들 때문에 처음의 기대와는 달리 이 크루즈 선은 별 인기를 끌지 못한 채 운항을 계속하다가 취항 10년 만인 2002년, 크루즈 선의 운항을 중단하고 홍콩항의 호텔 및 카지노 선이 된다. 그 후 2012년에 다른 중국의 크루즈 해운회사가 이 배를 매입하여 대대적인 개조공사를 실행한 뒤, 현재는 “차이나 스타”호(M.V China Star)로 중국에서 운항하고 있다.

홍콩의 카지노 호텔선, “아시아 스타”호(M.V Asia star)가 되어 운항을 하던 2003년 당시의 모습
배의 톤수에 비해 내부 공간배치가 매끄럽지 못했고 큰 특징이 없어 결과적으로는 실패한 크루즈 선이 되었다.

이 배로부터 쌍동선형은 크루즈 선으로 부적합하다는 결과 때문에 이 배 이후에 더 이상의 쌍동선형 크루즈 선은 건조되지 않고 있다.

2.5 실내수영장을 최초로 설치한 여객선

1907년 4월, 영국의 할란드엔드울프(Harland & wolff) 조선소에서 건조가 완료되고 그해 5월 8일, 첫 항해 길에 오른 화이트스타(White Star) 해운의 총톤수 24,541톤의 북대서양 정기여객선 “아드리아틱”호(RMS Adriatic)가 최초로 선상 수영장을 설치한 선박으로 인정받는다.

전장 222.7m, 선폭 22.3m로 425명의 1등 승객을 포함하여 2,825명의 승객을 태우고 17노트(시속 31.48km)의 속도로 항해하였던 이 대형 여객선은 배의 3층 갑판 중앙부에 길이 12m, 폭 4m의 실내수영장을 설치하여 큰 관심과 인기를 끌었다. 배 안에 수영장은 그 당시 사람들에게는 상상도 할 수 없었던 것이었기 때문이다. 비록 지금의 공중목욕탕보다 조금 큰 규모의 작은 실내수영장이었지만 배 안에 수영장은 그 당시 해운업에서는 그 누구도 생각하지 못했던 과히 획기적인 설비였던 것은 분명하다.

여기에는 청수(淸水) 대신에 해수(海水)를 채웠는데 그 이유는 당시에는 선박용의 청수제조기(淸水製造機, Fresh water generator)가 개발되지 않아서 항해 시에 청수의 사용이 극히 제한을 받고 있었기 때문이다.

두 개의 높은 연돌, 네 개의 마스트를 가진 외형으로 1907년에 취항한 영국의 북대서양 정기여객선 "아드리아틱"(RMS Adriatic)호, 세계최초로 실내수영장을 가졌던 여객선 이다.

취항 당시, 세계 최대크기의 여객선으로 이름을 날렸던 총톤수 24,581톤의 독일의 북대서양 정기여객선 "카이제린 오고스테 빅토리아"호(S.S Kaiserin Auguste Viktoria)와 거의 같은 총톤수였지만 배의 전장은 16m나 더 길고 실내수영장까지 갖춘 "아드리아틱"호는 인테리어도 고급스러워서 호화여객선으로 매우 인기가 높았다.

1차 대전 때는 병력수송선으로 참전하고 1차 대전이 종전되자 다시 정기여객선으로 컴백한 이 배는 1차 대전 기간 중의 무리한 운항으로 인해서 선체 노후가 심하게 발생되어 1933년, 26년의 비교적 짧은 나이에 운항을 중단하고 1935년에 일본에서 폐선처리가 된다.

한편, 실내수영장으로 인기를 크게 모은 "아드리아틱"호 보다 4년 뒤인 1911년에 건조된 "타이타닉"호의 동형자매선인 "올림픽"호(RMS Olympic)는 "아드리아틱"호보다 조금 더 큰 실내수영장을 설치하고 그 옆에는 실내 체육관과 터키식 목욕탕도 함께 설치하였다. 따라서 "올림픽"호는 실내수영장과 실내체육관 및 터키식 목욕탕을 함께 설치한 최초의 선박으로 기록된다.

여기에 추가하여, 실외수영장을 최초로 설치한 여객선은 1924년에 건조되어 1939년, 카리브해에서 영국해군에 나포되기 보다는 자폭을 택하여 자폭으로 침몰한 전설적인 이야기를 남긴 독일의 대서양 항로 호화여객선 "콜럼버스"호(S.S Columbus) 이다. 총톤수 32,851톤, 전장 236m, 1,750명의 승객정원을 가졌던 이 "콜럼버스호"는 당시 다른 대양여객선들이 생각지도 못했던 실외수영장을 상부갑판에 설치하여 대서양 항로의 정기운항 외에도 카리브해와 남미를 순회하는 크루즈 운항을 겸하기도 하였다.

"아드리아틱"호보다 4년 뒤에 취항한 "올림픽"호의 실내수영장의 모습

길이 15m, 폭 4m의 크기로 청수가 아닌 해수(海水)를 채운 수영장으로 초기 형태의 선상 수영장의 모습이다.
간혹 "타이타닉"호의 컬러판 수영장 사진을 볼 수가 있는데 그것은 실제모습이 아닌 영화의 세트장 촬영이다.

(사진출처: Museum of the City of New York)

1924년에 취항한 총톤수 32,850톤 급의 독일해운의 호화여객선, "콜럼버스"호의 항해 모습

(사진출처: www.pinterest.com)

2.6 엘리베이터를 최초로 설치한 여객선

1905년에 영국의 할란드엔드 울프(Harland & Wolff) 조선소에서 건조한 독일의 함부르그 아메리카 라인(Hamburg America Line, 약칭하여 HAL) 해운 소속의 "아메리카"호(S.S Amerika, 영어가 아닌 독일어의 선명이었다)는 종래의 다른 여객선들이 갖지 못한 새로운 설비들을 많이 소개하였는데 그중에 대표적인 것이 배 안에 엘리베이터를 설치한 것이다.

총톤수 22,225톤, 전장 213.4m, 선폭 22.7m로 1,765명의 승객정원을 가지고 있었던 이 대형 여객선은 증기왕복동 엔진을 탑재하여 17.5노트(시속 32.4km)의 항해속도로 독일의 함부르그와 뉴욕 항구 간을 정기운항 하였다. 1912년 4월 14일에 영국, 화이트스타 라인(White Star)의 대서양 정기여객선 "타이타닉"호가 처녀항해에서 빙산과 충돌하여 침몰하기 직전에 "타이타닉"호에게 두 개의 큰 빙산이 항로의 앞에 있으니 주의하여 항해를 하라고 무선으로 알려준 배가 바로 이 여객선이다. 이 배의 승객갑판은 아주 호화롭고 고급스런 인테리어로 설비가 되었는데 그 고급스런 설비 중에서 가장 인기 높고 관심을 끌었던 설비가 바로 엘리베이터이었다. 2대의 12인승 엘리베이터를 1등 승객구역에 설치를 하였는데, 배 위에서 처음 보는 이 신기한 엘리베이터를 타보려는 승객들로 엘

1905년에 건조된 독일의 북대서양 정기여객선, "아메라카"호의 모습(상)과 1900년에 건조된 영국 큐나드 해운의 북대서양 정기여객선, "삭소니아-1"호의 모습(하)의 비교

"삭소니아-1"호가 가졌던 단 한 개의 높은 연돌은 그 높이가 무려 32.4m 즉, 10층 건물의 높이로 이 높은 연돌은 시커먼 연기를 멀리 날려 보내기 위한 것과 배의 웅장함을 표시하는 것, 두 가지의 목적을 가지고 있었다.

리베이터가 있는 로비(Lobby) 근처는 늘 붐볐었다고 한다.

어떤 자료에서는 1900년에 스코틀랜드에 있는 존 브라운(John Brown) 조선소에서 건조된 영국 큐나드(Cunard) 해운의 "삭소니아-1"호(RMS Saxonia-I)가 세계 최초로 엘리베이터를 설치한 선박이라고 하지만 그것은 잘못된 것이다. "삭소니아-1호"가 처음 취항할 당시에는 엘리베이터가 설치되어 있지 않았으며 1차 대전이 끝나고 대서양 정기여객선으로 다시 컴백하면서 1920년에 대규모 개조공사를 하였는데 그때 승객구역을 대폭 업그레이드하면서 엘리베이터를 신설하게 되었다. 그래서 사람들에게 "삭소니아-1"호의 엘리베이터가 여객선 최초의 엘리베이터로 잘못 알려지게 된 것이다. 즉, "삭소니아"호는 "아메리카"호보다 건조된 시기는 분명히 5년이 앞서지만 엘리베이터의 설치는 15년이 늦은 것이다.

참고로, "삭소니아-1"호는 총톤수 14,251톤, 전장 176.8m, 선폭 19.77m로 1,964명의 승객정원을 가졌었고 증기왕복동 엔진을 탑재하고 2기의 추진 프로펠러를 구동하여 16노트(시속 29.6km)의 순항속도로 항해하였다. 한 개의 아주 높은 연돌과 네 개의 마스트를 가졌던 이 대양여객선은 6층의 승객갑판을 가지고 있었다. 당시의 대양여객선들은 승객구역에 냉방설비가 되어있지 않아서 겨울철을 제외하고 비가 오지 않는 날이면 대부분의 승객들은 폭로갑판(暴露甲板, 이슬이 내리는 갑판 즉, 천장이 없고 주위의

참고

"삭소니아-1"호는 총톤수 14,280톤, 전장 177m에 1,960명의 승객정원을 가지고 1925년, 네델란드에서 폐선처리가 될 때까지 25년간 북대서양 항로 정기여객선으로 운항하였다

영국 최고의 호화 여객선 중의 한 척이었던 "루시타니아"호가 항해 중에 연돌에서 뿜어내는 시커먼 연기의 모습을 찍은 사진

(연기를 멀리 날려 보내려고 연돌을 높이 올렸지만 갑판 위로 떨어지는 많은 매연과 그을음을 결코 피할 수 없었다)

(사진출처: meseumvictoria.com.au)

벽체가 없는 열린 갑판)에 배열되어 있는 의자나 벤치에 앉아 바닷바람을 맞으며 항해를 하였다. 이것이 겉으로 보기에는 상당히 운치가 있고 낭만적으로 보이지만 실제는 그렇지가 않았다. 낮에는 후미지고 어두운 선실보다는 탁 트인 폭로갑판에서 소일하는 것이 훨씬 나았던 3등 및 4등의 하급객실의 승객들은 연돌로부터 갑판으로 떨어지는 석탄(당시의 여객선들은 석탄연료를 사용하였다)의 그을음과 연기로 인해 저녁 무렵이 되면 모두가 새카만 얼굴이 되어 있었다고 한다. 그렇지만 덥고 후미지고 곰팡이 냄새가 나는 하부갑판의 3등, 4등 객실보다는 이 폭로갑판이 지내기에는 한결 좋았던 것이다.

또 상부 폭로갑판에 나와 있는 승객들을 위해서 많은 의자들을 배열하다 보니 지금 같으면 상상도 못 할 일이지만 의자들을 놓을 면적을 더 확보하기 위해서 편법으로 이 갑판에 설치된 구명보트들을 배의 바깥으로 내밀어 놓고 항해를 하였다고 한다.

2.7 전기조명기구를 최초로 설치한 대형 여객선

전기조명기구를 최초로 설치한 대형 여객선은 1881년에 취항한 영국 큐나드(Cunard) 해운의 총톤수 7,392톤의 북대서양 정기 여객선 "셀비아"호(RMS Servia) 이다. 영국

RMS Servia(1881)

큐나드 해운의 북대서양 항로 정기여객선, 1881년의 "셀비아"호(RMS Servia)
(돛의 힘을 전혀 이용하지 않는 순수한 최초의 동력식 대양여객선으로 136년 전의 동력선으로는 아주 세련된 외형을 가지고 있었으며 높고 쭉 뻗은 두 개의 연돌이 이 배의 외형에 강한 이미지를 심어주었다)

제이엔지 톰슨(J&G Thomson) 조선소에서 건조된 이 여객선은 한 번에 1,200명 이상의 많은 이민자들을 태우고 항해한 최초의 진정한 대양 정기여객선이 된다.

전장 157m, 선폭 15.9m로 10,300마력의 증기왕복동 엔진으로 1개의 추진 프로펠러를 구동하여 15노트(시속 27.8km)의 항해속도로 북대서양 항로를 뛰었다, 3층의 승객갑판 중 최상부갑판의 1등 승객구역에는 드레싱룸(Dressing room, 여인들의 옷치장과 화장을 하는 방)과 음악감상실 및 체육관까지 갖추고 있었을 정도로 아주 고급스러웠다. 특히 이 여객선은 만찬식당을 비롯한 라운지와 카페 및 기관실, 보일러실, 조타실 등에는 당시 토마스 에디슨이 발명한 직류형 백열조명등이 100여 개가 설치되어 있었으니 이것이 대형 여객선에 설치된 최초의 전기조명등 설비가 된다. 이 배는 취항 후, 40년간을 훌륭하게 항해를 하고 노후로 1921년에 폐선처리가 되었다.

한편, 이보다 1년 앞서 미국의 델라웨어 리버(Delaware River) 조선소에서 건조된 "콜럼비아"호(S.S Columbia, 독일 선적의 호화여객선 "콜럼비아"호와 다른 여객선이다)가 역시 에디슨의 직류형 백열전구를 설치하고 운항에 들어갔으나 이 여객선의 크기는 총톤수 2,720톤에 불과했으며 더욱이 항로도 대양이 아닌 미국의 포트란드(Portland)와 샌프란시스코 간을 운항하는 미국 연안항로였으며 또, 설치된 전기조명등의 숫자도 1등 승객 만찬식당과 기관실에 설치된 6개에 불과하여 전기 조명등기구를 설치한 진정한 대형 여객선으로 볼 수 없어 전기조명기구를 설치한 최초의 대형 여객선의 자리는 "셀비아"호가 차지하게 된다.

1880년에 건조된 미국의 2,720톤 급 연안 여객선, "콜럼비아"호(S.S Columbia)의 외형도

2.8 에스컬레이터를 최초로 설치한 여객선

승객갑판에 에스컬레이터(Escalator)를 최초로 설치한 여객선은 당대의 최고 호화 대형여객선인 "퀸 메리"호나 "퀸 엘리자베스"호도 아니고 1947년에 건조된 총톤수 21,119톤의 네덜란드 선적, "윌렘루이스"호(M.S Willem Ruys) 이다. 1939년에 건조에 착수하였으나 2차 대전으로 공사가 중지되어 건조에 착수한 지 8년만인 1947년에야 비로소 건조가 완료되었는데 취항과 동시에 네덜란드의 여객선들을 대표한 호화 여객선이었다.

승객구역은 독창적인 설계로 아주 고급스러웠는데 특히, 다른 대형 여객선들에게서 이전에 볼 수 없었던 새로운 설비가 이 배의 중앙로비(그랜드로비 Grand Lobby)에 설치가 되어 있었으니 그것이 바로 에스컬레이터이었다. 지하철이나 백화점 등에서 이 에스컬레이터가 설치되기 시작한 것도 50년이 채 되지 않는데 지금부터 무려 70여 년 전에 여객선 안에 이미 이것을 설치하였다니 실로 놀라운 일이 아닐 수 없다.

메인덱크(Main Deck, 主甲板, 주갑판)에서 어퍼덱크(Upper deck, 上部甲板)에 걸쳐 중앙로비의 선수 방향과 선미 방향으로 각각 한 대씩의 에스컬레이터가 설치가 되어 있었는데 이 배의 취항과 더불어 이 배의 에스컬레이터는 가장 인기 있는 설비가 되었다고

세계최초로 에스컬레이터를 설치했었던 호화 대양여객선, "윌렘루이스"호를 선수에서 본 모습

(그림출처: 한스브레만(Hans Breeman))

한다. 이후, 많은 대형 여객선들이 이 배를 따라 에스컬레이터를 설치하게 되었고 특히, 오늘날 크루즈 선에서는 중요한 의장설비 중의 하나로 취급되고 있다. 그러나 에스컬레이터는 운행 중에 종종 승객들의 안전사고가 발생하여 이 때문에 현재 에스컬레이터의 설치를 주저하고 있는 크루즈 선사가 많음도 사실이다.

2.9 무빙워크웨이(Moving Walkway)를 최초로 설치한 여객선

무빙사이드워크(Moving Sidewalk)라고도 불리는 무빙워크웨이(Moving Walkway) 즉, 움직이는 보행로(步行路)를 최초로 선상에 설치한 여객선은 1998년에 취항한 프린세스 크루즈 해운의 총톤수 109,000톤급의 "그랜드 프린세스"호(M.S Grand Princess) 이다.

무빙워크웨이는 1893년 시카고 박람회와 1900년 파리 만국박람회에 처음으로 소개가 된 후, 1954년에 미국의 뉴저지의 허드슨엔드 맨하탄(Hudson & Manhattan) 기차역에 처음으로 상업적인 무빙워크웨이가 설치되고 뒤이어 1958년에 텍사스의 댈러스(Dallas) 공항의 터미널에 설치가 됨으로써 이후, 1960년대 말부터 유명 공항의 터미널

크루즈 선, "그랜드 프린세스"호(M.S Grand Princess)의 외형에서 본 무빙워크웨이의 위치

을 비롯하여 기차역과 같이 많은 사람들이 바삐 움직이는 장소에 이것이 급속한 속도로 설치가 되기 시작하였으나 선박 특히, 여객선에는 불과 18년 전인 "그랜드 프린세즈"호가 처음이 된다.

"그랜드 프린세스"호는 17층 갑판인 스카이덱크(Sky deck)에 위치한 엘리베이터 로비와 선미 끝단에 수면에서부터 50m 높이의 고공에 위치하고 있는 스카이워커스(Sky walkers) 나이트클럽 간의 45m 길이에 이탈리아의 쉰들러(Schindler)사가 제작한 무빙워크웨이로 연결을 하여 큰 인기를 모았다. 이 배의 최고 높은 갑판인 17층 갑판에서 또다시 3.2m 정도 높은 곳에 위치한 고공의 나이트클럽으로 인도하는 이 무빙워크웨이는 "그랜드 프린세스"호가 취항함과 동시에 배 위에서 가장 인기 있는 설비가 되었다.

45m 길이의 유리 터널 속에 양방향으로 설치된 이 무빙워크웨이가 최초의 선상(船上) 무빙워크웨이가 됨은 더 말할 필요가 없다. "그랜드 프린세스"호의 무빙워크웨이의 설치를 출발로 이후에 건조되는 이 배의 동형자매선인 "골든 프린세스"호(M.S Golden Princess)와 "스타 프린세스"호(M.S Star Princess)에도 이 무빙워크웨이가 설치되었음은 물론이다. 현재는 처음 기대한 것만큼 많은 크루즈 선들이 무빙워크웨이를 설치하지 않고 있는데 그 이유는 설치비에 비해서 엘리베이터만큼 유동효과가 크지 않고 또 크루즈 선의 에스컬레이터에서 종종 안전사고가 발생함에 따라 에스컬레이터와 거의 같은 구조를 가진 무빙워크웨이도 에스컬레이터에 동반하여 최근에 그 효과에 대한 기대가 떨어졌기 때문이다.

그러나 크루즈 선의 경우, 오늘 현재 세계 최대형인 226,000톤급에서 2020년대에는 총톤수 30만 톤급의 초거대형 크루즈 선이 건조될 것으로 예상하고 있을 정도로 선체의 크기가 날로 커져가고 있기 때문에 이런 거대규모의 여객선에서는 무빙워크웨이가 큰 효과를 발휘할 것으로 기대된다. 따라서 무빙워크웨이의 수요도 이런 초거대 크루즈 선에서 진가를 발휘할 것으로 예상된다.

2.10 아이스링크(Ice Rink)를 최초로 설치한 여객선

1999년에 취항한 초대형 크루즈 선이자 취항 당시, 세계최대의 여객선이었던 "보이저 오브더씨즈"호(M.S Voyager of the Seas)는 3층 갑판 중앙부에 승객들의 아이스 스케이팅과 아이스 쇼 공연을 위한 아이스링크(Ice Rink)를 설치하였는데 이것이 선상(船上) 최초의 아이스링크가 된다.

3층 갑판의 선수부에 위치한 1,350석의 선상 극장, 라스카라(La Scala)와 선미부에 위치하고 내부가 3층으로 된 이 배의 사파이어 다이닝룸(Dining room, 만찬식당)과의 중간지점에 위치한 아이스링크는 폭 10m와 길이 14m의 크기로 된 인조(人造) 얼음판이다. 아이스링크 주위로 아이스 쇼를 관람할 수 있는 900석의 관람석이 마련되어 있어 이것을 스튜디오-비(Studio B)라고 부른다.

3층 갑판과 4층 갑판, 두 층의 갑판을 한 공간으로 설계한 아이스링크의 마루는 이 시설을 위해 가동되는 별도의 강력한 냉동장치로 질 좋은 얼음판이 만들어진다. 스케이트는 배에서 빌릴 수가 있으나 휴대한 개인용의 스케이트도 사용할 수 있다고 한다. 이 배의 취항 후, 기대한 것 이상으로 이 시설에 대한 인기가 높아서 이 배 이후에 건조되는 RCI(Royal Caribbean International의 약칭) 크루즈 해운의 모든 초대형 및 거대형

"보이저 오브더씨즈"호의 아이스 링크와 스튜디오-비(Studio B)
(완벽한 음향시설과 조명시설을 갖춘 이곳의 쇼 공연은 각 객실과 공실로 중계가 된다) (사진출처: RCI의 소개책자)

(巨大型) 크루즈 선들에는 빠짐없이 아이스링크가 설치되고 있어 이 아이스링크를 설치한 크루즈 선은 현재 11척에 이른다.

특히 총톤수 225,300톤의 거대형 크루즈 선, "오아시스 오브더 씨즈호"와 2척의 그 동형자매선들의 아이스링크는 앞의 "보이져 오브더씨즈"호보다 조금 더 큰, 폭 12m, 길이 15m의 크기로 되어 있다. 반면에 다른 크루즈 해운에서는 아이스링크를 설치한 크루즈 선을 아직 가지고 있지 않다.

세계최대의 크루즈 선인 "오아시스 오브더씨즈"호의 아이스링크와 스튜디오-비(Studio B)

(사진출처: RCI의 홍보책자)

2.11 안티롤링탱크(Anti-Rolling Tank)를 최초로 설치한 여객선

선박의 롤링(Rolling, 배의 좌우 흔들림)을 감소시키는 장치 중의 한 종류인 안티롤링탱크를 최초로 설치한 여객선은 1908년. 영국에서 건조된 독일의 함부르그 아메리칸(Hamburg American) 해운소속의 "위피란가"호(S.S Ypiranga)로 이 배는 독일과 남미 간의 운항하는 남대서양 정기여객선으로 총톤수 8,142톤(당시의 신문은 총톤수 12,600톤급으로 보도하고 있다), 전장 138.2m, 선폭 16.76m로 1,300명의 승객과 136명의 선원을 태우고 4,800마력의 증기왕복동 엔진 3대로 평균 14노트(시속 25.9km) 항해속도로 운항하였다.

그러나 이 여객선은 취항하면서 예상치 못한 큰 선체문제에 직면하게 된다. 그것은 다

안티롤링탱크를 최초로 설치한 남대서양 정기여객선, "위피란가"호의 항해모습을 그린 그림

름이 아닌, 배의 심한 롤링으로 인한 배멀미로 대부분의 승객들이 거의 녹초가 되어 두 번 다시 이 배를 타고 싶어 하지 않는다는 것이었다.

취항 후, 1년 만에 다시 조선소에 입거(入渠, 배가 도크에 들어가는 것)한 이 여객선은 안정성을 키워서 롤링을 감소시키는 대규모의 개선공사를 받게 된다. 이때 이 배의 가장 큰 문젯거리였던 롤링을 감소시키는 방안으로 제시된 것이 그 당시 막 이론으로 정립된 안티롤링탱크의 장치를 이 배에 설치하는 것이었다.

"위피란가"호의 상부갑판(Upper deck) 선의 중앙부에 설치되어 있던 안티롤링탱크의 모습

최초로 여객선에 설치된 인티롤링탱크의 모습이다. 좌, 우현에 각각 한 개씩의 탱크를 탑재하고(위 사진의 A 탱크와 B 탱크), 이 두 탱크를 연결하는 배관과 공기관을 설치한 구조로 되어 있었다. 갑판 위에 서있는 항해사와 비교하여 안티롤링탱크의 실제크기를 가늠해 볼 수 있다.

배의 상갑판 중앙부의 좌현과 우현 양쪽 끝단에 각각 150㎥(입방미터)의 용량을 가진 탱크를 설치하고 여기에 각각 80톤의 물을 채우고 두 탱크 간을 공기관(空氣管, 에어라인)으로 서로 연결함으로써 이 배의 안티롤링탱크는 기대했던 성능을 훌륭히 보여주었다. 그 결과 애를 먹이던 롤링문제가 개선되어 다시 인기를 모으게 된 "위피란가"호로부터 파도가 심한 해상을 항해하는 다른 여객선과 화물선에 안티롤링탱크의 설치가 급속히 전파되어 나가기 시작하였다.

2.12 개폐식 유리천장의 실외수영장을 최초로 설치한 여객선

여객선에서 실외수영장에 개폐식 유리천장을 최초로 설치한 여객선은 1965년, 이탈리아의 칸띠에리 리누아띠(Cantieri Rinuati) 조선소에서 건조된 총톤수 39,240톤급의 호화 크루즈 선, "오셔닉"호(S.S Oceanic)이다.

전장 238.44m, 선폭 29.42m에 8층의 승객갑판을 가졌던 이 대형 여객선은 그리스의 해운재벌 "오나시스"가 실소유주였던 호메라인(Home Line) 소속으로 지중해와 카리

말끔하고 단아한 모습의 외형을 가졌던 백색 선체의 크루즈 선, "오셔닉"호(S.S Oceanic)가 뉴욕 항에 입항하는 모습
("쿵스홀름-2"호의 설계자가 설계를 한 탓인지 "쿵스홀름-2"호와 어딘가 닮은 데가 많아 보이는 이 배는 취항 당시 가장 아름다운 외형을 가진 여객선 중의 하나로 선정되기도 하였다)

참고

1966년에 건조된 "쿵스홀름"호(M.V Kungsholm)가 2007년에 가졌었던 선명인 "오셔닉" 호(M.V Oceanic)와 1965년에 건조된 이 "오셔닉"호는 서로 별개의 여객선이다.

브해의 크루즈 운항을 목적으로 만들어졌다. 이 배의 건조는 이탈리아의 조선소에서 실행되었지만, 설계는 1953년에 건조되어 이름을 날린 북대서양 정기여객선, "쿵스홀름-2"호(M.S Kungsholm-II)의 설계자였던 네덜란드의 조선 엔지니어 "피텔스(Pieterse)"의 작품이다.

7층 갑판인 리도덱크(Lide Deck, 실외수영장이 있는 갑판)에 있는 두 개의 실외수영장 위에 비가 오거나 궂은 날씨에는 자동으로 닫히는 길이 48m, 폭 20m, 무게 50톤의 유리천장을 설치하였는데 이것이 바로 선박 최초의 자동개폐식 유리천장으로. 그것은 이 배가 폐선 처리될 때까지 별 고장 없이 47년간 잘 가동이 되었다고 한다.

외부온도의 감지에 의해 유리천장이 열리거나 닫히는 이 자동개폐식의 유리천장은 이탈리아의 매그로(Magro) 사가 1963년에 개발하여 매그로돔(Magrodome)이란 상품명

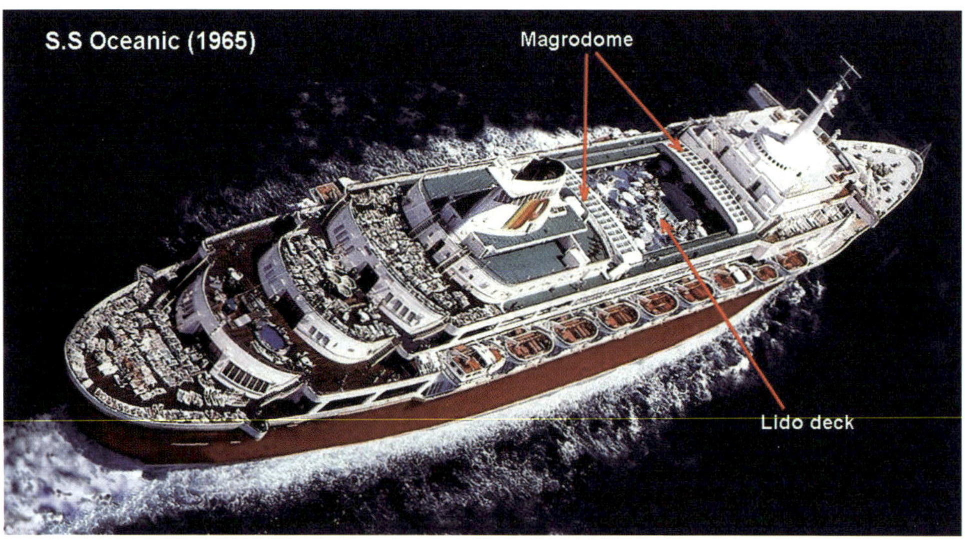

7층 갑판인 리도(Lido)덱크 중앙부에 위치한 실외수영장에 길이 48m, 무게 50톤의 마그로돔(Magrodome) 접이식 유리지붕이 설치되어 있었으며 그것은 이 배가 폐선 처리될 때까지 별 고장 없이 47년간 잘 가동이 되었다고 한다.

으로 특허등록을 하였다. 따라서 다른 여객선에서 볼 수 없었던 실외수영장의 자동개폐식 유리천장은 곧 유명세를 타게 되었고 이후 20년 만에 20여 척의 크루즈 선들이 이것을 설치하게 되었으며 오늘날에는 운항 중인 크루즈 선들의 60% 이상이 이 매그로돔 자동개폐식 유리천장을 설치할 정도로 크루즈 선의 갑판설비 중에 가장 중요한 설비 중의 하나로 인정받고 있다.

1,600명의 승객정원에 560명의 선원들을 태우고 주로 카리브해와 지중해를 운항한 이 "오셔닉"호는 965㎡(약 292평)의 넓은 리도덱크 위에 최초로 설치한 매그로돔 유리천장과 더불어 5,020㎡(약 1,520평)의 공실면적 위에 펼쳐진 700석의 다이닝룸, 400석의 영화관, 500석의 쇼 공연장 등을 갖춘 호화시설 이외에도 승객들의 편안한 항해를 위하여 당시 상품화되어 대형 여객선에서 막 설치가 되기 시작한 고성능의 롤링 감쇠장치인 접는 식의 핀 스태빌라이저(Retractable Fin Stabilizer)도 설치하여 이 배가 첫 취항에서 뉴욕항에 입항했을 때 매스컴의 집중적인 스포트라이트를 받으며 일약 유명한 크루즈 선이 되었다.

취항 이후 47년간을 훌륭하게 항해를 하고 선체와 추진장치의 노후로 인해 더 이상의 항해를 허가할 수 없다는 선급(船級)의 통보를 받은 2012년에 폐선으로 처리되어 사라져 갔다.

2.13 구상선수(球狀船首)를 최초로 채택한 대형 여객선

1927년 미국의 윌리엄 크램프엔드 선스(William Cramp and Sons) 조선소에서 건조된 총톤수 17,226톤의 대양여객선 "매로로우"호(S.S Malolo)는 세계최초로 구상선수를 가진 여객선으로 건조되었다. 1910년대 말에 구상선수의 이론이 데이비드 테일러(David Taylor)에 의해 소개된 이후, "매로로우"호가 그 새로운 이론에 의한 구상선수의 선형으로 건조되어 샌프란시스코 및 로스안젤리스와 하와이 간을 정기운항 하였다. 또한, 이 여객선은 미국이 배출한 20세기 최고의 조선 엔지니어인 윌리엄 깁스(William Gibbs)가 처음으로 설계한 선박이기도 하여 역사적으로 더 유명한 배로 인정받고 있다.

1927년의 미국 선적 대양여객선, "매로로우"호(S.S Malolo)의 모습(상), 고급스런 인테리어의 "매로로우"호 1등 승객 라운지의 모습(하)
당시 대서양 항로를 뛰던 대형 호화여객선들에 결코 뒤지지 않는 고급스런 인테리어를 갖추고 있었다.
(사진출처: Pinterest.com)

전장 177m에 당시에는 상상할 수도 없는, 수면 아래의 선수는 전면으로부터 약 1.2m 정도가 혹처럼 돌출된 이상한 형상으로 건조되어 구상선수를 몰랐던 그 당시 사람들은 "이것이 도대체 무슨 선형이냐?" 하는 호기심 속에 큰 뉴스가 되기도 하였다. 처음에는 1등 승객 457명과 2등 승객 163명 등, 객실전용 욕실을 사용하는 620명의 고급승객만을 태웠지만 1937년부터는 2등 승객구역을 없애고 아예 1등 승객만을 태움으로써 그 시대 유럽과 북미 간을 뛰는 북대서양 항로의 대형 호화여객선들에 결코 뒤지지 않는 호화 여객선으로 운항을 하였다.

실외수영장에서부터 체육관, 영화관, 카지노, 라운지, 카페 등의 각종 위락시설들을 골고루 모두 갖추고 있었던 이 여객선은 시대에 앞선 멋진 외형에서부터 당시의 다른 대양여객선들과 크게 구별이 된다(이 배의 설계자, 윌리엄 깁스의 선박설계에 대한 그의 특출한 재능이 이 배에서부터 표출되기 시작하였다고 보아도 된다).

한편, 거의 같은 시기에 유럽의 조선산업에서도 미국과 별개로 구상선수의 이론이 정립되고 있었는데 그 중심에는 러시아의 조선공학자인 "블라디미르 이바노비치 유르케비치(Vladimir Ivanovich Yurkevich)" 박사가 있었다. "블라디미르" 박사는 1917년 러시아의 10월 혁명 후, 독일로 망명하고 그곳에서 구상선수에 대한 이론을 완성하면서 1926년부터 설계가 시작되고 1929년에 건조가 완료된 당시 세계 최대의 여객선인 총톤수 51,660톤급의 독일의 "브레멘"(S.S Bremen)호와 그다음 해인 1930년에 취항한 동형자매선 "오이로파"호(S.S Europa)의 선체설계를 지휘하면서 여기에 자기가 정립한 구상선수의 이론을 전개하였다. 그래서 어떤 자료에서는 세계 최초의 구상선수의 선박으로 "브레멘"호를 지목하지만 미국의 "윌리엄 깁스"가 설계한 "매로로우"호가 독일의 "브레멘"호보다 1년 앞서 구상선수를 채택한 것은 틀림없는 사실이다.

구상선수를 가진 "브레멘"호가 첫 취항에서 평균속도 29.98노트(시속 55.52km)라는 실로 놀라운 속도로 북대서양 항로를 주파하여 블루리밴드(Blue Riband, 북대서양 항로의 횡단속도 신기록수립 선박에 주는 상패)를 쟁취함으로써 구상선수가 일약 주목받는 새로운 선형으로 자리를 잡게 된다. 이후 1935년에 건조된 세계 최고의 호화여객선이자 세계 최대의 선박이었던 프랑스의 "노르망디"호도 역시 구상선수를 가진 세계 최초의 선박 중의 한 척으로 등재된다.

북대서양 정기여객선 "브레멘"호의 측면도에서 본 구상선수의 모양
(초기형태의 구상선수로 오늘날의 구상선수보다 돌출길이가 매우 짧음을 알 수 있다)

2.14 다층(多層) 다이닝룸을 최초로 설치한 여객선

내부가 단층이 아닌 다층의 구조로 된 다이닝룸(Dining Room, 승객의 만찬식당)은 1907년에 취항한 총톤수 31,550톤급의 영국 큐나드 해운 소속의 북대서양 정기 여객선, "루시타니아"호(RMS Lusitania)에서부터 출발이 된다. "루시타니아"호와 경쟁관계에 있었던 독일의 북대서양 정기여객선인 "카이저빌헬름 데어그로제"호(S.S Kaiser Wilhelm Der Grosse)나 "도이취란트"호(S.S Deutschland)도 2층의 내부구조로 된 다이닝룸을 가지고 있었다고 하나 실제로 그것은 1층은 다이닝룸으로 2층은 라운지로 설계가 되어 1층과 2층 전체가 다이닝룸은 아니었다.

"루시타니아"호는 'F' 덱크에서 'A' 덱크까지 6층의 승객갑판을 두고 있었는데 그중에 'C' 덱크와 'D' 덱크 및 'E' 덱크의 중앙부 3층의 갑판을 한 공간으로 하여 500석의 좌석을 가진 2층의 다이닝룸을 만들고 나머지 한 층으로는 다이닝룸의 천장중앙에 높이가 2.8m, 직경이 약 9m인 큰 돔(Dome)을 만들었다. 또 아름답게 장식된 이 돔 천장의 중앙에는 스테인드글라스의 채광창을 달았으며 또 당시의 대양여객선에서 본격적으로 설치가 되기 시작한 교류전기 조명등으로 장식등을 설치하여서 아름다운 다이닝룸으로 당시의 승객들을 감탄케 하였다.

큐나드 해운이 1907년에 취항시킨 대서양 항로 정기여객선 "루시타니아"호(RMS Lusitania)
(증기터빈엔진을 설치하고 4개의 거대한 연돌을 가진 당당한 외형의 이 여객선에 승선하여 항해를 했나는 것만으로도 그 당시 사람들에게는 큰 자랑이 되었다)

"루시타니아"호와 같은 도면, 같은 크기로 영국의 스완헌터(Swan Hunter) 조선소에서 이 배보다 두 달 뒤에 인도된 동형자매선, "모리타니아"호(RMS Mauretania)도 역시 "루시타니아"호와 같은 형상의 2층 구조 다이닝룸을 가짐에 따라 당시의 대양여객선에서 다층 내부구조의 다이닝룸이 크게 유행되기 시작하였다. 그 예로, 1913년에 취항한 독일의 북대서양 정기여객선, "임페라톨"호(S.S Imperator)도 900석의 좌석을 가진 2층의 다이닝싸롱(Dining Salon)을 설치하고 있었다.

참고

10만 톤급의 총톤수를 넘어선 세계 최초의 여객선으로 1996년에 취항한 초대형 크루즈 선, "카니발 데스티니"호가 취항할 때에 이 배의 선주회사인 카니발 크루즈 해운은 이 배가 세계 최초로 내부가 다층(多層)으로 된 다이닝룸을 가졌다고 홍보를 하여 많은 사람들이 "카니발 데스티니"호의 2층 구조 다이닝룸이 세계최초의 다층 구조 다이닝룸으로 잘못 알게 되었다.

1907년의 대서양 호화 정기여객선, "루시타니아"호가 최초로 설치한, 2층 구조의 다이닝싸롱(Dining Saloon)의 아래층의 모습
(1, 2층을 합쳐서 600석의 좌석을 가지고 있는 최고급의 호화만찬식당이었다)　　(사진출처: ebay.com)

참고

다이닝룸을 다이닝 사롱(Dining Saloon 또는 Dining Salon)이라고도 하며 여객선의 승객들의 만찬식당을 말한다. 한편 선원들의 식당은 통상적으로 메스룸(Messroom)이라 부른다.

2.15 선상(船上) 번화가(繁華街)를 최초로 소개한 여객선

모든 크루즈 선과 공해상을 운항하는 대형 페리 선들은 선상에 면세상점을 운영하고 있다. 더욱이 어떤 크루즈 선과 대형 페리에서는 이 면세상점을 더욱 업그레이드하여 각종 면세상점들을 한데 모은 면세 쇼핑 가(街)를 갑판 위에 설치하고 있다. 이러한 갑판 위의 쇼핑 번화가를 최초로 설비한 여객선은 1990년, 핀란드에서 건조된 총톤수 58,376톤의 크루즈 페리, "실야 세러네이드"호 (M.S Silja Serenade)이다.

"1990년 최고의 배"로 선정되기도 한 이 여객선은 크루즈 선에 못지않은 고급스런 승객갑판과 첨단의 설비들을 갖추었고 또한 취항 당시, 세계에서 가장 많이 스포트라이트를 받은 페리 선이 되기도 하였다.

발트해를 항해하고 있는 크루즈 페리, "실야 세러네이드"호(M.S Silja Serenade)의 측면 외형
("1990년 최고의 배"로 선정된 여객선으로 독창적이며 균형이 잘 잡힌 외형을 가지고 있다)

전장 203.3m, 선폭 31.93m에 14층의 갑판으로 된 이 배는 2개 층의 차량선적갑판에 450대의 승용차와 59대의 트레일러를 선적할 수 있고 이 차량갑판 위로 10개 층의 갑판에 총 986실의 객실을 갖추고 2,850명의 승객정원을 가지며 승객 모두는 침상이 배정되는 침상승객들로 좌석에 앉아서 항해하는 승객은 한 사람도 없다. 이처럼 이 배는 최고급의 페리 선이다.

이 배가 해상 최초로 소개한 쇼핑 번화가는 폭 12m에 길이는 142m, 천장의 높이가 14.5m에 달하는 넓고 큰 거리로 "프로머네이드(Promenade)"라고 이름을 붙였다. 이 "프로머네이드" 번화가의 전체길이는 출입구 로비까지 합치면 152m가 넘는다. 즉, 152m는 15,000~17,000톤급 여객선의 선체길이와 거의 맞먹는 길이가 된다. 이 번화가는 이 배의 7층 갑판의 선수근처에서 출발하여 선미 끝부분까지 이어진다. 이 번화가의 양측에는 면세상점과 레스토랑들과 카페 및 바(Bar)들이 배열되어 있으며 이 거리의 위쪽 3개 층의 갑판에는 방 안에서 이 번화가를 훤히 내려다볼 수 있는 큰 창문을 가진 객실들이 배열되어 있다. 이 프로미네이드 번화가를 설치하기 위해서 이 배의 설계자들은 선체 안에 길이 152m, 폭 12m, 높이 14.5m의 큰 동공(洞空, 텅 비어있는 굴)을 만든 셈이다.

여태까지 볼 수 없었던 전대미문의 이 거대한 동공을 배 안에 설치한다는 것 그 자체가 실로 독창적이며 과감한 발상이 아닐 수 없었다. 이 쇼핑 번화가를 설치하기 위한 선체 안에 있는 이 거대한 동공을 놓고 선급(船級)과 조선소의 기술자들은 한동안 큰 고민에 빠졌었고, 배의 한가운데에 이처럼 거대한 동공을 가진 이 배의 선체구조가 과연 적합한 가를 놓고 검토를 하고 또 검토를 했다고 한다. 모든 연구가 다 그렇듯이 지금은 선체 안에 이와 같은 거대한 공간을 만드는 것이 별 문제가 되지 않지만, 최초로 이것을 시도했었던 당시의 핀란드 조선소 설계자들과 선급의 선체담당 검사관들의 고민은 실로 상당했었다고 한다.

이 배에 뒤이어 1991년에 취항한 이 배의 동형자매선인 "실야 심포니"호(M.S Silja Symphony)도 역시 이 선상 쇼핑 번화가를 설치함으로써 "프로머네이드(Promenade)" 쇼핑 거리는 일약 발트해의 명물이 되어 지금도 그 인기가 계속되고 있다.

"실야 세러네이드"호의 세계 최초 선상(船上) 번화가, "프로머네이드"의 모습
(이 거리의 조명빛깔이 수시로 바뀜으로 인해 보는 시간에 따라 거리의 모습이 달라 보인다. 번화가의 좌우편에 선물가게, 면세품점, 레스토랑, 빠, 카페들이 늘어서 있다. 천장의 높이가 13.5m이고 거리 위쪽의 창문들이 바로 이 거리를 내려다 볼 수 있는 객실들의 창문들이다)

1999년에 취항한 총톤수 137,300톤급의 초대형 크루즈 선, "보이져 오브 더 씨즈"호(M.S Voyager of the Seas)도 크루즈 선 최초로 이 쇼핑 거리를 설치하여 이것을 "로얄 프로머네이드(Royal Promenade)"라고 불렀다. "보이져 오브 더 씨즈"호의 취항 당시 이 배의 선주사는 해상 최초의 쇼핑 거리라고 홍보를 하여 대부분의 사람들은 "보이져 오브 더 씨즈"호가 세계 최초로 선상 쇼핑 번화가를 설치한 것으로 잘못 알게 되었다.

그러나 "보이져 오브 더 씨즈"호의 "로얄 프로머네이드"는 그 길이가 140m로 "실야 세러네이드"호의 "프로머네이드(Promenada)"보다 약간 짧으며 규모도 조금 작다. 더욱이 "보이져 오브 더 씨즈"호는 "실야 세러네이드"호보다 9년이나 늦은 1999년에 건조된 크루즈 선임을 분명히 해둔다.

2.16 증기터빈 추진기관을 최초로 탑재한 대형 여객선

증기터빈(Steam Turbine)의 추진기관을 최초로 탑재한 대형 여객선은 1905년 12월에 취항한 영국 큐나드(Cunard)해운의 북대서양 정기여객선 "칼마니아"호(RMS Carmania) 이다. 총톤수 19,520톤급의 이 여객선은 스코틀랜드의 그라스고우(Glasgow)에 있는 존 브라운(John Brown) 조선소에서 1905년 2월에 진수가 되고 그 해 11월에 건조가 완료되어 12월에 처녀항해에 들어갔다.

전장 198.2m, 선폭 22m의 선체크기로 4대의 증기터빈 엔진을 추진기관으로 하여 5층의 승객갑판에 1,440명의 승객정원을 태우고 영국의 사우샘프톤(Southampton)과 뉴욕 항구 사이를 18노트(시속 33.3km)의 순항속도로 항해한 그 당시 가장 호화로운 여객선이었다.

이 배의 동형자매선인 "카로니아"호(RMS Caronia)와 함께 같은 설계도에 의해 같은 조선소에서 건조가 되었는데, "칼마니아"호와 달리 "카로니아"호는 증기터빈이 아니고 종래와 같이 증기왕복동 엔진을 탑재하고 있었다. 이 배를 설계한 큐나드 해운의 수석 선박설계자 "레오날드 페스킷트(Leonard Peskett)"는 한 척에는 당시 최초로 개발되어 선박의 추진엔진으로 아직 그 성능이 완전히 입증되지 아니한 증기터빈 엔진을 탑재하고, 다른 한 척에는 종래와 같이 증기왕복동 엔진을 탑재하여 두 척 간에 추진성능을 실제로 비

1905년에 건조된 세계최초의 증기터빈 대형 여객선, "칼마니아"호의 항해 모습

교해보고자 하였다.

그 결과, 증기터빈의 “칼마니아”호가 증기왕복동의 “카로니아”호보다도 속도가 1노트나 더 빠르고 연료 또한 “카로니아”호에 비해서 약 10% 정도가 절감되어 증기터빈 엔진이 증기왕복동 엔진에 비하여 열효율 면에서 훨씬 뛰어남이 입증됨은 물론이고 이에 더하여 증기터빈 엔진의 정숙성이 승객들로부터 크게 환영을 받았음이 밝혀진다. 이 성능비교의 실제시험을 기점으로 하여 선박의 추진장치에서 증기왕복동 엔진이 사라지고 증기터빈 엔진이 그 자리를 대신하게 되는 계기가 된다.

세계최초로 증기터빈의 주기관을 설치한 “칼마니아”호의 기관실 모습 (사진출처: en.wikipedia.org)

이로부터 2년 뒤에 취항하는 큐나드 해운의 총톤수 31,500톤급 북대서양 정기여객선, “루시타니아”호(RMS Lusitania)와 “모리타니아”호(RMS Mauretania)에도 증기왕복동 엔진이 배제되고 증기터빈 엔진이 탑재되었음은 물론이다.

이에 추가하여, “칼마니아”호는 1차 대전 중에 영국정부의 지침에 따라 8문의 4.7인치 함포를 탑재하여 무장상선이 되어 활약을 하다가 독일의 무장상선, “카프 트라팔가”호(SMS Cap Trafalgar)와 역사상 전례가 없는 상선 간의 해상전투를 벌리게 된다. 그 결과 “카프 트리팔가”호는 격침되고 “칼마니아”호도 역시 심각한 선체손상을 입었으나 자국의 구조선에 의해 간신히 지브롤터로 예인된 후에 대대적인 수리공사를 받았다. 이것이 이름하여 "트린데이드 해전(The Battle of Trindade)" 이다(본 책의 5.2 해상전투를 전개한 두 척의 여객선을 참조).

1907년에 건조된 큐나드 해운의 31,500톤 급의 대서양 정기여객선 "모리타니아"호의 모습

2.17 디젤엔진 추진장치를 최초로 탑재한 대형 여객선

1910년에 독일의 루돌프 디젤(Rudolf Diesel) 박사가 디젤엔진을 개발하고 시제품을 소개한 지 불과 2년도 채 지나지 않은 1912년, 덴마크의 코펜하겐에 있는 비엔드불유(B&W) 조선소(지금은 영업을 하고 있지 않지만 1970년대 이전에는 북유럽에서 알아주는 조선소였다)에서 1,250마력의 디젤엔진 2대를 추진기관으로 탑재한 여객선 "셀란디아"호를 건조하는데 이 배가 바로 세계 최초의 디젤엔진 탑재의 선박임과 동시에 최초로 디젤엔진을 탑재한 여객선이 됨으로써 여객선의 역사에서 큰 획을 긋는다. "셀란디아"호는 덴마크의 EAC 해운 소속의 여객선으로 덴마크와 동남아시아 간의 항로에 정기운항을 목적으로 건조되었다. 디젤엔진의 자동차도 만들어지지 않았던 그 당시에 선박이 먼저 대형 디젤엔진을 탑재하게 된 것이다.

최초로 디젤엔진을 탑재했었던 1912년의 중형 여객선, "셀란디아"호(M.S Selandia)

(처음 취항할 때에는 디젤엔진이기 때문에 매연이 얼마 나오지 않아 연돌이 필요 없다는 생각으로 연돌을 설치하지 않았다. 그러나 취항, 얼마 후에 이것이 큰 착오였음을 깨달은 선주 해운회사는 연돌을 다시 설치하게 된다)

(사진출처: wikipedia.com)

그러나 이 여객선은 총톤수 4,964톤에 6,800톤의 재화톤수(재화중량이라고도 하며 배가 화물과 연료 등을 적재할 수 있는 톤수이다)를 가져 대형 여객선으로 보기에는 무리가 있다.

그로부터 13년이 지난 1925년, 영국의 뉴캐슬에 있는 암스트롱 조선소(Armstrong Whitworth Shipyard)에서 세계최초로 디젤엔진을 탑재한 대서양 정기여객선 "그립스홀름(Gripsholm)"호가 건조된다. 이 배는 총톤수 17,993톤급으로 전장 174.7m, 선폭 22.6m, 1등 승객 127명을 포함한 1,557명의 승객정원을 가지는 당당한 체급의 대형 호화여객선으로 스웨덴의 괴덴버그(Göthenburg) 항구와 미국의 뉴욕 항구 간의 정기 운항을 목적으로 건조되었는데 이 배가 바로 세계 최초로 디젤엔진을 주기(主機)로 탑재한 진정한 대형 여객선이 되며 선체의 중앙부에 위치한 두 개의 연돌과 참신한 모습의 슈퍼스트럭처가 서로 조화를 이룬 아름다운 외형은 이후에 건조되는 대형 여객선들의 외형설계에 큰 영향을 미치게 된다. 8,500마력의 대형 해상용 디젤엔진 2대를 탑재하고 2기의 추진 프로펠러를 구동하여 17노트(시속 31.5 km)의 순항속도를 가진 이 대형 여객선이 처음으로 소개된 후, 뒤이어 1928년에는 이탈리아에서도 총톤수 23,970톤급의 디젤엔진 탑재의 대형 호화여객선 "불까니아"호(M.V Vulcania)가 건조됨으로써 이후 40년 안에 대형 여객선에서 증기 엔진이 사라지고 그 자리를 디젤엔진이 대신하게 된다.

진정한 디젤엔진 탑재의 대형 여객선, 1925년의 "그립스홀름"호(M.S Gripsholm)
(지금으로부터 약 93년 전인 1923년의 설계로 만들어진 이 배의 외형을 오늘의 눈으로 보아도 별로 낯설지가 않는 것은 그만큼 이 배의 설계가 시대에 앞선 뛰어난 설계였음을 의미하는 것이다)

2.18 전기식 추진장치를 최초로 탑재한 대형 여객선

전기식 추진장치(Electric Propulsion System)란 증기터빈 엔진이나 디젤엔진으로 발전기를 돌려서 여기에서 생산되는 전기로 프로펠러 구동 전기모터를 돌리는 추진장치를 말한다. 따라서 전기식 장치에는 생산되는 전기로 추진장치만 돌리는 IEP(Integrated Electric Propulsion의 약자) 시스템과 생산되는 전기로 추진장치뿐만 아니라 배 안에 소요되는 모든 전기도 공급하는 FEP(Full Electric Propulsion의 약자) 시스템 등이 있다(본 책의 1.3 추진장치의 종류를 참조).

전기식 추진장치는 디젤엔진이나 증기터빈 엔진으로 직접 프로펠러를 돌리는 일반적인 기계식의 추진장치에서 필수적인 클러치(Clutch)나 감속기어(Reduction gear)를 필요로 하지 않고 또 추진효율이 높다. 그러나 이 추진장치는 우리가 일반적으로 알고 있는 것과 달리 최근에 새로 개발된 것이 아니고 지금으로부터 100년 전에 이미 실용화된 추진장치이다.

미국해군은 1910년대 말에서 1920년대 초 사이에 건조한 테네시(Tennessee) 급의 전함(戰艦)에 이 전기식 추진장치를 채택하였다. 그로부터 몇 년 후인 1928년에 미국의 PPL 해운 소속의 총톤수 17,833톤급의 북, 남미 간의 정기여객선인 "캘리포니아"호(T.S.S California)가 상선 최초로 이 전기식 추진장치를 탑재하여 북, 남미 간의 정기항로에서 매우 훌륭하게 항해를 하였다. 1928년, 미국의 버지니아에 있는 뉴포트뉴스(Newport News) 조선소에서 전장 175.1m에 선폭 24.5m의 크기로 건조된 이 "캘리포니아"호는 탑재한 새로운 전기식 추진장치로 평균 18노트(시속 33km)의 항해속도로 북남미간을 왕래하였고 뒤이어 1929년과 1930년에 이 배의 동형자매선인 "펜실바니아"호와 "버지니아"호가 추가로 건조되어 모두 세 척의 전기추진식 대형 여객선이 북, 남미 간을 왕래하였다. "캘리포니아"호로부터 꼭 7년 뒤에 취항하는 프랑스의 그 유명한 호화 여객선 "노르망디"호는 이 "캘리포니아"호와 그 동형자매선에서 수집한 전기식 추진장치에 관한 자료들을 기본으로 한 설계로 전기식 추진장치를 탑재하게 되어 최초의 전기추진

세계최초의 전기식 추진장치 여객선, 1928년의 "캘리포니아"호(T.S.S California)의 모습

식 대형 여객선 중의 한 척이 된다. 그래서 어떤 사람들은 "노르망디"호가 전기식 추진장치를 최초로 탑재한 대형 여객선으로 잘못 알고 있는 것이다.

"캘리포니아"호는 1938년에 "우루과이"호(T.S.S Uruguay)로 선명이 바뀌고, 2차 대전 때는 미국해군의 병력수송선이 되어 큰 공로를 세운 뒤에 세계대전이 끝나자 다시 본래의 항로로 돌아와 1964년까지 18년간 훌륭한 항해를 한 후, 선체노후로 폐선처리가 된다.

참 고

앞에서 기술한 "캘리포니아"호와 같은 선명을 가진 여객선으로는 1907년에 건조된 미국 선적으로 총톤수 8,660톤 급의 "캘리포니아"호와 1923년에 건조된 영국선적으로 총톤수 16,790톤 급의 "캘리포니아"호도 있다.

2.19 가스터빈(Gas Turbine) 추진기관을 최초로 탑재한 대형 여객선

가스터빈 엔진을 추진기관으로 탑재한 최초의 대형 여객선은 1977년, 핀란드의 발트실라(Wärtsila) 조선소에서 건조된 크루즈 페리 선 "핀제트"호(M.F Finnjet) 이다. 핀 라인즈(Finn Lines) 해운이 핀란드와 독일 간의 정기 항로에 취항시킨 이 배는 총톤수

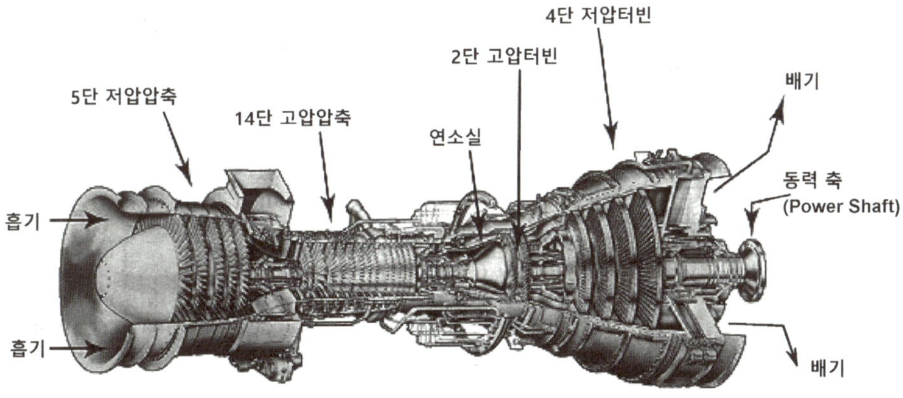

제네럴 일렉트릭(GE)의 LM 2500+형 선박용 가스터빈엔진의 세부 명칭

24,605톤, 전장 212.96m, 선폭 25.4m로 1,781명의 승객 중에 92%에 해당하는 1,630명의 침상승객(寢牀乘客, 객실의 침대를 사용하는 승객)을 가지며 325대의 승용차를 선적할 수 있으며 대형 여객선들의 일반적인 추진기관인 디젤엔진 대신에 프라트휘트니(Pratt & Whitney) 사가 제작한 27,500kw(36,860마력)의 출력의 가스터빈 엔진(즉, 제트엔진이다) 2대를 탑재하고 취항에 들어가 한동안 전 세계 조선업계와 해운업계로부터 최대의 관심사가 되었다.

취항과 동시에 가장 큰 크루즈 페리이며 가장 긴 페리 선 및 가장 빠른 페리 선이 된 이 배는 종래의 다른 페리 선들보다 30%나 더 빠른 속도에 매우 고급스런 승객갑판의 설비로 큰 인기를 모았다. 그러나 가스터빈 엔진의 최대결점인 과도한 연료소비로 인해 처음에 기대한 것만큼 수익을 올리지 못하는 것이 선주의 입장에서는 큰 불만이었으며 이것이 이 배의 빛나는 업적을 반감하게 된다.

크루즈 페리, "핀제트"호는 외형에서부터 종전의 페리 선들과 완전히 차별되는 특이한 모습. 즉 직선위주의 박스타입의 외형을 가지고 있었으며 가스터빈을 탑재한 고속의 페리로 당시의 발트해에서는 이 배의 속도를 능가하는 페리가 없었다.

2.20 코닥(CODAG) 추진장치를 최초로 탑재한 대형 여객선

가스터빈 엔진과 디젤엔진을 함께 가지는 추진장치를 코닥(CODAG) 추진장치라고 한다(본 책, 1.3 추진장치의 종류, 6)항의 코닥 추진장치를 참조). 이 장치를 최초로 탑재한 대형 여객선은 1977년에 건조된 크루즈 페리, "핀제트"호(GTS Finnjet) 이다. 따라서 "핀제트"호는 앞에서 이미 언급한 대로 최초로 가스터빈 추진기관을 탑재한 여객선이 됨과 함께 최초로 코닥 추진장치를 탑재한 여객선이 된다.

"핀제트"호는 처음부터 코닥 추진장치를 가진 대형 여객선으로 건조된 것이 아니고 처음에는 2대의 가스터빈 엔진만을 탑재하여 가스터빈 엔진을 가진 최초의 여객선이 되었다가 취항 4년 후인 1981년에 가스터빈 엔진에 의한 과도한 연료소비 문제를 해결하기 위하여 독일의 키일(Kiel)에 있는 하데베(HDW) 조선소에서 본래의 가스터빈 엔진에 추가하여 2대의 디젤엔진을 탑재함으로써 최초로 코닥 추진장치를 가진 여객선이 되었다.

따라서 "핀제트"호는 추진속도에 따라 코닥 추진장치를 다음과 같이 가동하였다.

즉, 32.5노트 이상의 최대속도에는 2대의 가스터빈 엔진과 2대의 디젤엔진을 모두 가동하고, 32노트 때는 2대의 가스터빈 엔진과 1대의 디젤엔진을 가동하며, 31노트까지는 2대의 가스터빈 엔진을 가동, 25노트까지는 1대의 가스터빈과 1대의 디젤엔진을 가동, 22노트까지는 1대의 가스터빈 엔진만 가동, 17노트까지는 2대의 디젤엔진만 가동, 그리고 12노트 이하는 1대의 디젤엔진만을 가동하여 항해를 하였다.

다시 말해서 저속에서는 디젤엔진을 가동하고 고속에서는 가스터빈 엔진을 가동하여 연료를 절감하는 새로운 추진방법을 채택하였다. 이 코닥 추진장치의 탑재로 "핀제트"호는 그간 문제꺼리였던 과도한 연료소비를 해결할 수 있었다. 곧 이것이 곧 코닥 추진장치의 운용체계이다.

또한 "핀제트"호는 운항기간 중에 가장 많은 기록을 세운 크루즈 페리로도 기록을 남겼다. "핀제트"호가 수립한 신기록의 내용을 보면,

- 1977년, 취항을 하면서 세계최초의 가스터빈 여객선이 되고
- 1977년부터 1981년 사이에는 세계에서 가장 큰 크루즈 페리, 세계에서 가장 긴 크루즈 페리 및 가장 많은 승객정원을 가진 크루즈 페리가 되며

코닥 추진장치를 가진 "핀제트"호 조타실 내부의 조종석 모습(상)과 우현에서 본 전체 외형(하)

- 1981년에는 세계최초의 코닥 추진장치의 여객선 및 세계에서 가장 빠른 크루즈 페리(33.5노트)가 되는 기록을 세웠다.

그 후, "핀제트"호는 가스터빈 엔진의 노후로 2003년부터 운항중단에 들어간 뒤에 5년간 계류상태에 있다가 2008년, 인도의 폐선처리장에서 고철로 처리되었는데 폐선작업 당시, 선체가 어찌나 단단하고 복잡하게 만들어져 있었던지 인건비가 가장 저렴한 인도의 폐선처리장에서도 이 배의 폐선작업에서 처음으로 손해를 봤다는 일화도 남겼다.

2.21 코가스(COGAS) 및 코게스(COGES)의 추진장치를 최초로 탑재한 대형 여객선

가스터빈 엔진과 증기터빈 엔진을 함께 가진 추진장치를 코가스(COGAS) 추진장치라고 하며, 한편 가스터빈에서 생산되는 동력과 스팀터빈에서 생산되는 동력으로 직접 추진 프로펠러를 돌리지 않고 발전기를 구동하여 여기에서 생산되는 전기로 프로펠러 추진 모터를 돌리고 한편 배에 소요되는 모든 전기도 공급하는 추진장치를 코게스(COGES) 추진장치라고 부른다(본 책, 1.3. 추진장치의 종류에서 5)항 및 7-3)항 참조). 따라서 오늘날 가스터빈과 증기터빈을 함께 가진 대부분의 배들은 코가스의 업그레이드 형인 코게스 추진장치로 탑재하고 있다. 다시 말해서 코게스 추진장치는 코가스 추진장치에서 진일보한 것이다.

코게스 추진장치를 최초로 탑재한 대형 여객선은 2000년 6월에 프랑스의 아트랑티크(l'Atlantique) 조선소에서 건조되고 2000년 7월에 처녀항해에 들어간 총톤수 90,963톤의 대형 크루즈 선, "셀러브러티 밀레니엄"호(GTS Celebrity Millennium)이다.

처음 취항을 할 때에는 "밀레니엄"(Millennium)의 선명을 가졌으나 2008년에 "셀러브러티 밀레니엄"호로 선명이 바뀌었다. 전장 294m, 선폭 32m에 11층의 승객구역 갑판을 두고 여기에 2,138명의 승객정원을 가지고 있으며 현재 4성급과 5성급의 중간정

4성급과 5성급의 중간정도에 위치하는 호화 크루즈 선, "셀러브러티 밀레니엄"호가 알래스카 연안을 항해하는 모습

도 즉, 4.5성급의 호화 크루즈 선으로 높은 인기 속에 운항하고 있다. 이 배는 2001년의 "인피너티"호(M.S Infinity)와 "서밋트"호(M.S Summit) 및 2002년의 "컨스텔레이션"호(M.S Constellation)와 더불어 4척의 동형자매선 관계를 이룬다.

그러나 이 배 이외에 다른 세 척의 동형 자매선들은 모두 코드락(CODLAG, Combined Diesel-eLectric And Gas turbine의 약칭, 본 책)의 추진장치를 가지고 있어 동형자매선 중에 이 배만이 유일하게 코게스 장치를 가지고 있다. 즉, 두 대의 가스터빈 엔진과 1대의 스팀터빈 엔진으로 전기를 생산하여 이것으로 19,000kw(25,470마력)의 프로펠러 구동모터 2대를 돌리고 또 배 안의 모든 소요전력을 공급한다. 스팀터빈 엔진의 증기는 사스터빈 엔진의 뜨거운 폐열(廢熱, 내버리는 열량)을 이용하여 생산이 된다. 따라서 코게스 장치의 이전의 버전인 코가스 장치를 가진 배에 비해서 약 20% 정도의 연료절감효과를 거두고 있다고 한다.

승객갑판의 인테리어도 매우 훌륭하여 9만 톤급의 크루즈 선들 중에서 가장 아름답고 고급스런 공실(公室)을 가진 크루즈 선으로 손꼽힌다. 그 예로 이 배의 그랜드 실내계단의 규모는 폭이 6.5m, 길이가 30m, 구배각도(계단의 경사속도)는 25°로 되어있고 천연대리석으로 제작되어 있어 크루즈 선의 실내계단 중에서 가장 크고 가장 아름다운 것으로 인정받고 있다. 또 이 배의 아트리엄(Atrium, 중앙회랑)의 엘리베이터는 크루즈 선 최초의 유리벽과 유리천장의 전망식(展望式) 엘리베이터이며, 15층 갑판의 쏠라리엄(Solarium, 일광욕과 수영을 하는 곳)과 예약식 레스토랑 및 메인다이닝룸(Main Dining room) 등은 인테리어 디자이너들이 꼭 보아야 하는 견학코스로 유명하다.

11층의 승객갑판 중에서 전체객실구역과 공실구역의 점유면적이 이 각각 50%의 비율로 배치되어 있으며 다른 크루즈 선에 비해 공실들이 크고 종류도 다양하다. 특히 이 배가 보여주는 최고급 펜트하우스 객실의 경우, 그 전용면적이 278.8㎡(약 84.5평)가 되어 크루즈 선 중에서 가장 넓은 객실이 된다. 또 2,323㎡(약 704평) 넓이의 스파(Aqua Spa)와 1,300㎡(약 394평) 넓이의 쇼핑몰은 해상최대의 규모를 자랑할 정도로 이 배에는 볼 것이 많다.

"시레브러트 밀레니엄"호의 14층 갑판인 Resort Deck의 중앙부 근처에 위치한 800㎡(약 242평) 넓이의 쏠라리엄(Solarium)과 9층 갑판인 Entertainment Deck의 선미 쪽 좌현에 위치한 200석의 고급스런 분위기를 풍기는 비스트로 온 파이브(Bistro on Five) 예약식 레스토랑의 모습 (사진출처: Celebrity cruises 소개책자)

2.22 연돌에 라운지(Lounge)를 최초로 설치한 여객선

라운지와 일체로 조합된 새로운 형태의 연돌을 최초로 소개한 여객선은 1970년에 건조된 "쏭오브 노르웨이"호(M.S Song of Norway)이다. 즉, 이 대형 여객선은 연돌의 뒷부분에 약 90m²의 넓이를 가진 24인석의 전망대 라운지(Lounge)를 설치하여 큰 인기를 끌었으며 이것을 이름하여 바이킹크라운 라운지(Viking Crown Lounge)라고 불렀다.

1970년에 건조된 크루즈 선, "쏭오브 노르웨이호"의 외형
(연돌의 뒷부분에 전망대 라운지를 가진 독창적인 외형의 이 여객선은 취항과 동시에 혁신적이며 매우 아름다운 외형 때문에 큰 인기를 모았다)

1969년에 노르웨이에서 설계가 되고 핀란드의 발트실라 헬싱키(Wärtsila Helsinki) 조선소에서 1970년에 건조된 이 대형 여객선은 그 이전의 크루즈 선들과 차별되는 객실의 배치와 공실의 인테리어 및 한층 더 개선된 크루즈 운항방식으로 출현하여 여객선의 역사에서 20세기 현대식 크루즈 선의 출발점이 되는 큰 이정표를 세운 위대한 여객선으로 기록을 남긴다.

총톤수 18,346톤, 전장 168.32m, 선폭 23.96m로 724명의 승객정원과 300여 명의 선원들을 태웠던 이 크루즈 선은 연돌을 조금 더 크게 하고 형상도 삼각뿔의 형태로 설계한 뒤, 연돌의 뒷면에 라운지를 설치하였으며 이 라운지에는 연돌의 뒷면에 설치된 계단을 통해서 출입을 하였다.

연돌에 라운지를 설치하는 것은 이전의 누구도 생각하지 못했던 특출한 발상으로 이것이 대중에 소개가 된 후, 크루즈 승객들에게서 의외로 큰 인기를 얻게 되자 이 배의 선주사인 로얄캐리비안 크루즈라인(Royal Caribbean Cruise Line, 약자로 RCCL)은 아예 이 배에 뒤이어 건조되는 자기들의 모든 크루즈 선에 이 바이킹라운지를 설치하기로 하

"쏭보드 노르웨이"호의 선미모습과 연돌과 일체를 이룬 전망대 라운지를 가까이에서 본 모양
(라운지가 연돌의 뒷면 높은 곳에 설치되어 있어 선미에 펼쳐지는 바다의 파노라마를 볼 수 있는 환상적인 장소였다)

고 특허등록과 동시에 자기들의 트레이드마크(Trade mark)로 정한다. 그리고 이 연돌 라운지의 명칭도 바이킹크라운 라운지로 결정한다. 그래서 로얄캐리비안 크루즈라인의 모든 크루즈 선의 연돌에는 하나같이 이 라운지가 설치되고 있고 배가 달라도 이 라운지의 명칭은 바이킹크라운 라운지로 통일되어 있다.

또, 1980년대 중반 이전에 건조된 로얄캐리비안 크루즈라인의 제2 세대 크루즈 선들의 경우에는 연돌 뒷부분에 있는 계단을 통해서 이 바이킹 크라운 라운지로 들어가야 하기 때문에 약간의 불편이 있었다, 그러나 1980년대 후반부터 건조된 "레전드오브더 씨즈"호(M.S legend of the Seas), "스프렌달오브더 씨즈"호(M.S Splendour of the Seas), "그랜져오브더 씨즈"호(M.S Grandeur of the Seas) 등의 제3 세대 크루즈 선부터는 배의 중앙 회랑인 센트럼(Centrum)에서부터 이 바이킹 라운지에 엘리베이터로 곧장 갈 수 있도록 하고 있다.

참고

"쏭오브 노르웨이"호는 1971년에 건조된 "놀딕 프린스"호(M.S Nordic Prince)와 1972년에 건조된 "썬 바이킹"호(M.S Sun Viking), 두 척의 동형자매선을 가지고 있다. 이 세 척의 동형자매선들 중에서 "쏭오브 노르웨이"호와 "놀딕 프린스"호는 1970년대 말에 각각 선체확장공사(Hull Elongation work)를 받아서 선체길이가 본래보다 26m나 길어지고 총톤수도 약 4,500톤이나 커지게 된다. 이 배의 선체확장공사는 현대 크루즈 선의 역사에서 매우 중요한 이벤트(Event)로 기록된다. 그러나 세 번째의 동형자매선인 "썬 바이킹"호는 선체확장공사를 받지 않고 본래의 크기로 수명을 마감하였다.

세계최대의 크루즈 선, "아루얼 오브더 씨즈"호(M.S Allure of the Seas)의 바이킹크라운 라운지의 모습
사방이 탁 트인, 환상적인 전망의 호화로운 라운지로 400석의 좌석을 가지고 있다)

2.23 헬리콥터 착륙장을 최초로 설치한 여객선

오늘날 대부분의 대형 크루즈 선들은 헬리콥터 착륙장 즉, 헬리패드(Heli-pad)를 가지고 있다. 긴급환자의 수송과 간혹 스케줄이 바쁜 유명 연예인들의 신속한 교통편의 제공 등에 매우 유용하게 사용된다. 따라서 대형 크루즈 선에서는 이 헬리패드가 꼭 필요한 설비 중의 하나로 취급되고 있다.

헬리패드를 최초로 갑판 위에 설치한 대형 여객선은 대형 크루즈 선이 아닌, 1965년(동, 서독의 통합 이전)에 동독의 비스말(Wismar)에 있는 마티스 테첸 조선소(Mathis Thesen Werft)에서 건조한 총톤수 22,080톤급의 소형 크루즈 선인 "알렉산드르 푸쉬킨"호(M.S Aleksandr Pushkin) 이다. 이 배는 당시 소련의 발트쉬핑(Baltic Shipping) 해운이 크루즈 페리 겸용 크루즈 선으로 건조하였고 따라서 동독에서 건조된 최초의 크루즈 선이자 마지막 그루즈 선이 된다. 진장 176.28m, 선폭 23.55m, 8층의 승객갑판을 가진 이 배는 최상부 갑판 연돌 뒤의 갑판에 당시 동독과 소련의 귀빈들을 위한 헬리콥터의 선상착륙을 위해서 헬리패드를 설치하였는데 이것이 크루즈 선에서 최초의 헬리패드로 인정받고 있다.

공중에서 본 크루즈 선, "알렉산드로 푸쉬킨"호의 모습
상당히 아름다운 외형으로 연돌 뒤편에 헬리패드(Heli-pad)가 보인다. (사진출처: cruiseraustralia.com)

"알렉산드로 푸쉬킨"호가 1993년에 "마르코 폴로"호로 선명이 바뀐 후의 모습

클래식(Classic)한 외형과 2만 톤급의 다른 여객선에서는 보기 힘든 아주 호화롭고 고급스런 인테리어를 갖추고 있었으며 650명의 승객을 정원으로 하는 크루즈 페리 겸 3성급의 크루즈 선의 다목적으로 건조가 되었다.

발트해가 추워지는 10월부터 다음 해 봄까지는 지중해와 흑해에서 크루즈 항해를 하고 나머지 계절에는 발트해에서 크루즈 페리로 운항하였다. 따라서 승객갑판에는 일반 크루즈 페리에서 볼 수 없는 다양하고 최고급의 오락, 유흥설비들로 채워져 있었다.

1993년부터 오리엔트 크루즈(Orient Cruise) 해운의 "마르코 폴로"호(M.S Marco Polo)가 되어 2008년까지 인기 높은 크루즈 선으로 이름을 날렸다. 2008년 이후, 추진 엔진과 선체의 노쇠 때문에 운항이 중단되어 계류상태에 들어갔으며 그 이후부터 이 배의 동향에 대해서 자세히 알려진 것이 없다.

2.24 1,000피트(304.8m)의 선체길이를 최초로 돌파한 여객선

1,000피트의 선체길이를 최초로 돌파한 여객선은 1936년 5월에 취항한 영국 큐나드 해운의 "퀸 메리"호(RMS Queen Mary) 이다. 이 배보다 1년 앞서 1935년 5월에 취항한 프랑스의 호화여객선 "노르망디"호(S.S Normandie)가 총톤수 79,289톤에 선체길이가 1,000피트에 조금 모자라는 전장(全長) 981.2피트(299.1m)의 거대한 선체로 취항을 하고 꼭 1년 뒤에 "퀸 메리"호가 취항하는데 이때 "퀸 메리"호는 총톤수 81,237톤에 1019.3피트(310.7m)의 전장을 가져 세계 최초로 선체길이가 1,000피트가 넘는 역사적인 테이프를 끊는다.

1920년대 말부터 시작된, 과연 누가 1,000피트의 선체길이를 돌파할 것이며 그 시기는 언제일까 하고 고대하던 사람들의 숙제가 풀린 것이다.

1930년 초에 설계가 완료되어 스코틀랜드의 크라이드뱅크(Clydebank)에 있는 존 브라운(John Brown) 조선소에서 1930년 12월에 착공하고 3년 3개월 후인 1932년 9월에 진수한 이 여객선은 12층의 갑판 중에 10층의 승객갑판을 두었고 여기에 2,139명의 승객정원을 가지고 있었다.

Atlantic ocean liner, RMS Queen Mary (1936~1969)

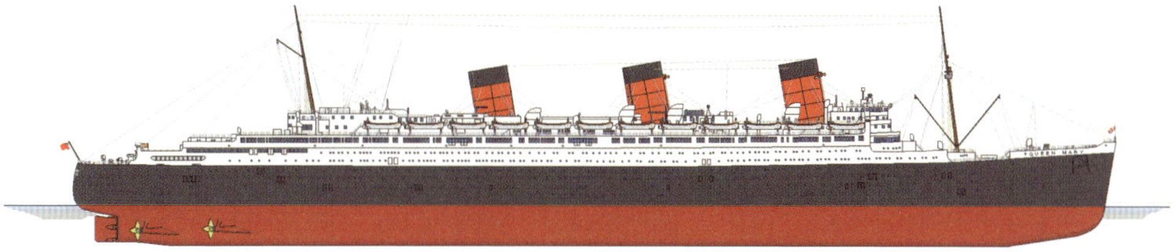

1936년에 건조된 큐나드 해운의 "퀸 메리호"의 우현 측면도

(빨간 색 도장에 흑색 띠를 돌린 3개의 거대한 연돌, 2개의 높은 마스트, 4개의 추진 프로펠러, 매끄러운 곡선의 아름다운 선수형상을 가진 이 배의 멋진 외형은 당시의 사람들은 열광케 하고도 남음이 있었다)

(그림출처: uswarships.journin.jp)

24기의 보일러에서 생산된 고압증기로 4대의 증기터빈을 돌려 33노트(시속 61km)의 최고속도와 28.5노트(시속 52.8km)의 순항속도를 가지고 있었다. 2차 대전이 발발하자 영국 해군의 병력수송선이 되어 1941년 초부터 2차 대전이 종전될 때까지 자매선 "퀸 엘리자베스"호(RMS Queen Elizabeth)와 함께 주로 미국에서 유럽으로 파병되는 미국 육군병력을 수송하는 임무를 수행하였다. 이때 독일은 이 "퀸 메리"호와 "퀸 엘리자베스"호를 격침시키고자 이 여객선들의 항로에 유-보트 잠수함을 항상 대기시키고 추격에 나섰지만 전쟁이 끝날 때까지 결코 성공할 수 없었다.

그 이유는 이 여객선들의 속도가 너무 빨라서 유-보트가 도저히 따라 잡을 수가 없었을 뿐더러 어뢰의 사정거리 안에 넣을 수가 없었던 것이다. 일단 출항을 하면 목적지의 항구에 들어갈 때까지 논스톱으로 30노트(시속 55.6km)에 가까운 놀라운 속도로 달렸기 때문이다. 더욱이 3일 동안 줄곧 30노트로 달리는 이 여객선의 항주속도에 맞추어 계속 칸보이를 해줄 수 있는 구축함이 없었기에 "퀸 메리"호와 "퀸 엘리자베스"호는 항상 단독항해를 할 수밖에 없었다고 한다.

2개의 실내수영장, 2개의 영화관, 3개의 만찬식당과 6개의 레스토랑, 8개의 카페와 바(Bar), 2개의 음악감상실, 무도장 등을 두루 갖춘 이 배는 인테리어도 매우 뛰어났었다. 그중에서도 3층 갑판의 높이의 천장을 가진 1등 승객 만찬식당(Grand salon, 그랜드 싸롱)은 1940년대 여객선의 인테리어에서 가장 뛰어난 설계로 인정받는 걸작품에 속한다.

대형 제트여객기의 발달로 북대서양 여객선 항로의 시장이 사멸됨에 따라 이 여객선은

"퀸 메리"호의 고급스럽고 화려한 1등 승객 전용라운지의 모습
(320명이 앉을 수 있는 안락의자와 소파가 놓인 1,250㎡(약 379평)의 넓은 방으로 화려하고 매우 고급스런 라운지였다)
(사진출처: www.dailymail.co.uk)

취항 31년이 되는 1967년에 운항을 중단하고 지금은 캘리포니아 롱비치 항구의 명물인 해상호텔 및 관광코스로 되어 있으며 현재까지도 선체관리가 잘 되고 있어 향후 10년 이상 해상호텔로 운영하는데 하등의 문제가 없을 것이라 한다.

2.25 최초로 선미부(船尾部) 기관실을 소개한 여객선

크루즈 선을 포함한 오늘날 대부분의 대형 여객선들은 배의 선수로부터 2/3 또는 3/4지점의 위치에 기관실을 가지는 것과 달리 1960년대 이전의 대형 여객선들은 기관실을 배의 중앙부 근처에 두고 있었다. 그러나 1955년에 영국의 할란드엔드 울프 조선소(Harland & Wolff shipyard, 1912년에 "타이타닉"호를 건조한 조선소로 유명하다)에서 건조되고 지금의 엘리자베스 여왕이 공주 시절에 스폰서가 되어 명명(命名, 배에 선명을 부여하

선미 끝단에 기관실과 연돌을 가진 특이한 외형의 "서더른 크로스"호
(기존의 여객선들과는 전혀 다른 독창적이고 생소한 외형에 다른 여객선 해운회사들은 실로 큰 충격을 받았다)

는 것)한 것으로 유명한 총톤수 20,204톤의 영국과 호주 간의 정기여객선 "서더른 크로스"호는 종전의 생각을 완전히 탈피하여 선미끝단에 기관실과 연돌이 위치하는 기상천외한 외형으로 건조됨으로써 이 배의 특이한 외형은 한동안 큰 뉴스거리가 되었다.

이 배의 선주인 샤우사빌(Shaw Savill) 해운의 "배실 샌더선(Basil Sanderson)" 회장은 조선소와 이 배의 건조계약을 체결할 때에 배의 중앙부에 보다 넓은 공간을 확보할 수 있도록 기관실과 연돌을 선미 끝단에 바짝 당겨서 설치해달라는 황당한 조건을 제시하였다.

이 황당한 조건에 대하여 할란드엔드 울프(Harland & Wolff) 조선소의 설계 엔지니어들은 선주의 요구조건에 대해 고심을 한 끝에 사진에서 보는 것과 같은, 당시로써는 전혀 소개된 적도 없고 본 적도 없는 특이하고도 독창적인 외형을 가진 여객선 설계도를 완성하게 된다. 전장 184.5m에 선폭이 24m인 이 배는 특이한 외형 덕분에 4만 톤급의 여객선들도 가질 수 없는 넓은 공간을 배의 중앙부에 가지게 되었다.

1등 승객과 3등 승객구역도 없애고 1,160명의 2등 승객만을 태우는 유일한 정기여객선으로, 또 화물창을 전혀 가지지 않은 정기여객선이었던 이 배는 승객구역도 상당히 호화로워서 실내가 2층으로 된 영화관과 두 개의 실외수영장 및 한 개의 실내수영장, 두 개의 넓고 아름다운 라운지, 두 개의 다이닝룸, 한 개의 스모킹 룸, 한 개의 도서실, 두 개의 카페 등을 가지고 있었다.

"서더른 크로스"호의 중앙부에 위치한 스포츠 갑판의 배구 경기장
(2만 톤급의 여객선으로 배의 중앙부에 이렇게 넓은 스포츠 경기장을 만드는 것은 매우 어렵다)

"꼭 아름답다고는 할 수 없지만 가장 실용적으로 설계된 여객선"이란 평을 받은 이 여객선은 1972년에 대양 정기운항을 끝내고 그 다음 해부터 1,000명의 승객정원을 가진 크루즈 선으로 개조되어 선명이 "칼립소"호(S.S Calypso)로 바뀌게 된다. 1981년에는 다시 "아주얼 씨즈"호(S.S Azure Seas)로, 1992년에는 "오션 브리즈"호(S.S Ocean Breeze)가 된 후, 선체노후로 운항이 중단되는 2002년까지 47년의 긴 세월을 훌륭히 항해하고 2003년에 벵글라데쉬에서 폐선처리로 사라져갔다.

2.26 알루미늄의 슈퍼스트럭처(Superstructure)를 최초로 탑재한 대형 여객선

오늘날에는 많은 대형 여객선들이 알루미늄으로 제작된 슈퍼스트럭처를 탑재하고 있으며 속도를 중시하는 고속선에서도 알루미늄으로 제작된 슈퍼스트럭처를 당연한 듯이 탑재하고 있지만 1950년대 이전에는 알루미늄으로 선체의 일부를 제작한다는 것 그 자체를 생각지도 못하고 있었다.

알루미늄으로 제작된 슈퍼스트럭처를 최초로 탑재한 대형 여객선은 1947년에 취항한 총톤수 21,119톤의 네덜란드 선적의 북대서양 정기여객선인 "윌렘루이스"호(M.S

참고

슈퍼스트락춰란 배의 상갑판 위에 설치된 갑판구조물 중에서 가장 크고 주(主)가 되는 구조물을 말한다. 다시 말해서 일반적으로 갑판 위의 구조물을 덱크하우스(Deck house)라 부르는데 이 덱크하우스 중에서 가장 크고 주(主)가 되는 덱크하우스를 슈퍼스트락춰라고 부른다.

한스 브레만(Hans Breeman)이 그린 "윌렘루이스"호(M.S Willem Ruys)의 항해모습
(1937년의 설계로는 아주 독창적이고 시대에 앞선 외형을 가진 대형 여객선이었다)
(그림출처: Koninklijke Rotterdam Lloyd Museum)

참고

윌렘루이스"호는 최초로 알루미늄 슈퍼스트락춰 설치한 것 이외에도 여객선으로써 최초로 에스컬레이트를 설치하였다(본 책의 2.8 참조).

Willem Ruys) 이다.

혹자는 1952년에 취항한 미국선적의 대서양 정기여객선 "유나이티드 스테이츠"호(S.S United States)가 최초로 알루미늄 슈퍼스트럭처를 최초로 탑재한 여객선으로 말하고 있으나 사실은 이 "윌렘루이스"호의 알루미늄 슈퍼스트럭처 탑재가 "유나이티드 스테이츠"호 보다 5년이나 앞선다. 더욱이 "유나이티드 스테이츠"호의 설계자이자 건조책임자이며 당대 미국의 대표적인 선박설계 전문가였던 "윌리엄 깁스(William F. Gibbs)"도

1948년에 뉴욕 항구에 입항한 이 배를 실제로 방문하여 이 배의 알루미늄 슈퍼스트럭처를 견학한 뒤에 자기가 설계 중인 "유나이티드 스테이츠"호에 알루미늄 슈퍼스트럭처를 탑재하기로 계획한 자기의 구상을 굳혔다는 이야기가 있다. "유나이티드 스테이츠"호가 세계에서 가장 빠른 대형 여객선이 될 수 있었던 것도 바로 이 알루미늄 슈퍼스트럭처를 탑재함으로써 선체의 무게가 무려 5,000톤 이상이나 가벼워진 것에 있었다고 하여도 결코 과언이 아니다.

이 배는 1937년에 설계가 시작되고 1939년에 건조에 착수했으나 2차 대전으로 건조 중에 공사가 중단됨에 따라 결국, 공사착수 8년만인 1947년에 가서야 건조가 완료된 대형 여객선이다. 이 배의 건조과정에서 이 배의 선체중량이 처음에 예상한 것보다 무려 400톤 이상이 초과되는 것을 알게 된 선주사와 조선소는 심각한 고민에 빠지게 되었다. 그 해결방안을 모색하던 끝에 슈퍼스트럭처를 강철 대신에 무게가 가벼운 알루미늄으로 제작하자는, 실로 획기적인 방안이 제시된다.

이것은 그 당시로써는 콜럼버스의 아메리카 대륙의 발견과 같은 실로 극히 모험적이고 위험천만한 발상이었다. 다시 말해서 알루미늄으로 제작되는 슈퍼스트럭처가 강도(强度)상의 문제와 내구성(耐久性)의 문제로 인해 실패할 경우, 배를 포기해야 하는 극히 모험적인 시도가 아닐 수 없었다.

6mm 두께의 합금 알루미늄판으로 제작된 이 배의 슈퍼스트럭처는 처음에 기대하였던 400톤의 무게 감소효과를 훨씬 초과하여 700톤이나 선체중량을 감소시켜주는 실로 기대 이상의 결과를 안겨다 주었다. 다시 말해서 이 배의 알루미늄 슈퍼스트럭처는 주기(主機)의 마력수를 키우지 않고도 처음에 계산한 속도보다 0.5노트(시속 0.93km) 이상이 더 나오게 되어 결과적으로 선주사는 10% 이상의 연료절감 효과를 얻게 되는 큰 이득(利得)을 보게 되어 이것으로 선박건조에서 알루미늄 구조물의 선택이 유리하다는 것을 최초로 증명한 사례가 되었다.

따라서 "윌렘루이스"호와 그 뒤를 이은 "유나이티드 스테이츠"호를 기점으로 하여 강철 무게의 35% 정도의 무게를 가지는 알루미늄으로 제작되는 경량(輕量) 알루미늄 구조물이 선박건조에서 확실한 위치를 확보하게 되었다.

참 고

알루미늄은 지구의 금속자원 중에서 가장 풍족한 매장량의 자원 중의 하나이며, 알루미늄 구조물의 내식성(耐蝕性)은 아주 뛰어나다. 더구나 해양의 특성에 맞는 새로운 알루미늄 합금의 개발로 조선해양산업에서 알루미늄의 수요는 점점 더 증대되어 갈 것으로 예상된다.

2.27 최초로 선수(船首) 스러스터(Bow Thruster)를 탑재한 여객선

선수(船首) 스러스터 즉, 선수의 조향(操向, 방향조종) 스러스터를 최초로 설치한 대형 여객선은 1962년에 노르웨이 설계팀이 설계하여 프랑스의 FCM 조선소에서 건조된 노르웨이 해운(NAL)의 "사가피욜드"호(M.S Saga Fjord) 이다.

FCM 조선소에서 1963년 6월부터 건조에 착수한 이 배는 1년 뒤인 1964년 6월에 진수가 되었고 다시 1년 뒤인 1965년 9월, 선주에게 인도가 되었다. 착공 2년 3개월 만에 완성된 이 배는 건조공정도 매우 순조로웠고 또한 인도하기 전에 2개월에 걸친 각종 시운전에서도 매우 만족한 결과를 얻어 아주 잘 만들어진 여객선임을 증명하였다.

1965년, 처녀항해에 오르는 "사가피욜드"호의 모습
(비록 선체크기는 24,500톤 급으로 대형 여객선에 속하지 못했지만 갖출 것은 모두 갖추고 있는 최고급 호화 여객선이었다)

세계 최대의 크루즈 선, "오아시스 오브더 씨즈"호의 거대한 크기의 선수 스러스터를 선주검사관이 검사하고 있는 모습
(이 스러스터 프로펠러는 직경 4m의 크기로 15,000톤급 선박의 추진 프로펠러보다 더 크다)

1962년 초, 데이비드 테일러(David Taylor) 선형(船形) 연구소에서 배수톤수 3,800톤에 전장이 85.3m인 해양조사선의 설계를 위한 선형 개발과정에서 구경 1.8m인 스라스터(Thruster, 프로펠러)를 선수에 설치하여 이 배의 조향성을 대폭 향상시켰는데 이것이 선박에 설치한 최초의 선수 스러스터가 된다. 곧이어 "사가피욜드"호의 노르웨이 설계팀도 데이비드 테일러 연구소의 기술자료를 토대로 하여 그 이전의 어느 여객선도 생각하지 못했던 프로펠러 직경 2.4m의 스러스터를 "사가피욜드"호의 선수부분에 설치하였는데 이것이 또한 여객선에 설치한 최초의 선수 스러스트가 된다. 또 "사가피욜드"호보다 7년 뒤에 건조된 동형자매선, "비스타피욜드"호(M.S Vista Fjord)도 역시 이 선수 스러스터를 설치한 것은 물론이다.

이후부터 대형 여객선에서는 너도나도 선수 스러스터를 설치하게 되어 지금은 선수 스러스터를 가지지 아니한 것이 오히려 이상할 정도로 대부분의 대형 여객선들은 모두 선수 스러스터를 가지게 되었다.

2.28 최초로 파드(Pod)형 프로펠러를 탑재한 여객선

아저파드(Azipod)는 아저머스 파드(Azimuth Pod)의 줄인 말로 아저머스는 전방위 즉, 360°의 선회를 뜻하고 파드(Pod)는 단지처럼 생긴 것을 뜻한다. 따라서 아저머스 파드 프로펠러는 360°를 선회할 수 있는 단지같이 생긴 프로펠러를 말하며 이렇게 생긴 프로펠러를 간단히 파드 형 프로펠러라고 부른다. 아저파드는 특허된 상품명으로 핀란드의 ABB 그룹이 크베르너 마사 조선소와 공동협력으로 개발한 새로운 형태의 추진 프로펠러이다.

선박의 일반적인 추진 프로펠러(추진 추진 프로펠러)와 달리, 이것은 프로펠러를 회전시키는 프로펠러 샤프트(Shaft, 축)가 없이 수중에 프로펠러와 이 프로펠러를 구동하는 전동 모터를 일체로 하는 단지형의 몸체로 되어 있다. 프로펠러와 모터 일체가 수중에서 선회를 하므로 그 자체가 러더(Rudder, 방향타)가 되어 별도의 러더(Rudder)가 필요 없게 된다. 또 프로펠러를 돌리는 샤프트가 필요 없게 되므로 샤프트가 설치되는 샤프트 턴널(Tunnel)과 같은 공간이 필요하지 않게 된다.

이러한 새로운 개념의 파드형 프로펠러에는 핀란드의 ABB 사의 아저파드(Azipod), 롤스로이스(Rolls Royce)사의 머메이드 파드(Mermaid Pod) 및 독일 지멘스(Siemens)사의 SPP(Siemens-Schottel Propulsor의 약자) 등으로 각 제작회사들이 각기 다른 상품명으로 부르고 있으며 오늘날 이 세 회사가 파드 프로펠러의 세계시장을 석권하고 있다.

여객선에서 최초로 파드(Pod)형 프로펠러를 탑재한 것은 1997년 12월에 핀란드의 크베르너 마사(Kvaerner Masa) 조선소에서 건조가 완료되고 1998년 1월에 취항한 대형 크루즈 선, "카니발 일레이션"호(M.S Carnival Elation)가 된다. 카니발 크루즈 해운이 핀란드의 크베르너 마사 조선소에 발주한 8척의 판타지(Fantasy) 급 크루즈 선의 마지막 호선으로 여기에서 선주인 카니발 해운은 약 1,000만 달러의 추가비용을 감수하고 이 배에 앞서 취항한 동형자매선 일곱 척과 달리 당시 처음으로 소개된 대형의 파드 프로펠러를 야심차게 이 배에 탑재할 것을 결정한다.

총톤수 70,367톤으로 2,052명의 승객정원을 가진 4성급의 크루즈 선으로 건조된 "카니발 일레이션"호는 이 파드 프로펠러의 설치로 일반 선박들이 필수적으로 설치하는 러더(Rudder)와 프로펠러 샤프트를 없애고 또 조향성(操向性, 방향을 조종하는 성능)을 높이기 위해 대형 여객선들이 일반적으로 설치해오던 2개 내지 3개의 선미 스러스터(Thruster, 조향을 위한 프로펠러)마져도 설치하지 않고 배의 추진과 조향을 겸하는 2개

1998년 1월에 취항한 총톤수 7만 톤급의 대형 크루즈 선, "카니발 일레이션"호(M.S Carnival Elation)의 외형
(여객선 최초로 파드형 프로펠러를 탑재하였고 카니발 크루즈 사의 심볼인 고래꼬리형의 연돌을 가졌다)

의 파드형 프로펠러만을 설치하고 취항함으로써 세계의 해운업계와 조선업계로부터 비상한 관심을 끌었다.

이 파드형 프로펠러의 설치한 "카니발 일레이션"호는 그의 다른 동형자매선들에 비하여 약 8% 정도 향상된 추진효율을 얻을 수 있었고 이로 인해 일주일에 약 40톤의 연료절감 효과를 볼 스 있게 되었다. 또한 선회성(旋回性)도 무척 좋아져 종전의 프로펠러에 비하여 회전반경이 30%나 줄어들게 되었다. 이 배의 파드형 프로펠러의 우수성이 입증되자 대형 여객선에서 너도나도 이 파드형 프로펠러를 탑재하게 되었다.

2.29 최초로 스위트(Suite) 급의 고급객실만을 설치한 여객선

2001년에 프랑스의 아트랑티크(l'Atlantique) 조선소에서 건조된 래더선세븐씨스 크루즈(Radisson Seven Seas) 해운의 총톤수 48,080톤급의 6성급 최고급 호화 크루즈선, "세븐씨스 마리너"호(M.S Seven seas mariner)는 설치한 350실의 객실 모두를 전용 발코니를 가진 고급의 스위트(Suite) 객실로 함으로써 스위트 급의 고급 객실만을 가진 최초의 여객선이자 크루즈 선이 되었다.

"세븐씨스 마리너"호(M.S Seven seas mariner)의 모습

전장 216.1m, 선폭 28.84m에 4번 갑판에서 12번 갑판까지 9층의 승객갑판을 가진 이 크루즈 선은 9층의 승객갑판 중에서 4개 층의 갑판에 350실의 스위트 객실을 배열하고 나머지 5개 층의 갑판을 승객들의 각종 위락 시설 및 휴게시설이 들어가는 공실(公室) 구역으로 하였다. 따라서 전체 승객갑판의 면적 중에서 45%를 객실의 면적으로 하고 나머지 55%의 면적을 공실의 면적으로 배분하여 객실 대비 가장 넓은 공실면적을 가진 크루즈 선이 되었다.

총톤수가 48,080톤인데도 승객의 수를 700명으로 한정함으로써 승객공간비(乘客空間比, Passenger space ratio, 본 책의 1.20 참조)는 무려 68.7이나 되고 445명의 선원이 승선하여 승객 대 선원의 비는 1.57이 되었다. 이 배가 취항할 당시에 이 승객공간비와 승객 대 선원의 비를 따라올 크루즈 선이 없었으며 이 배의 이러한 특출한 고급사양이 곧 최고급 호화 크루즈 선의 새로운 기준이 되었다.

또 이 배의 건조가격은 2001년 당시 2억 4,000만 달러로 2017년 시세로는 약 3억 3000만 달러에 상당하므로 2017년을 기준으로 볼 때, 한 명의 승객을 태우기 위한 선박건조비 즉, 곧 침상당건조비(寢牀当建造費, 건조선가를 승객정원수로 나눈 값)은 무려 471,400달러가 된다.

“세븐씨스 마리너”호의 12층 갑판의 선수에 위치한 전망대 라운지(observation Lounge) (상)과 마스터 스위트 객실(Master suite room)의 내부 모습(하)

(사진출처: M.S Seven seas mariner의 소개책자)

2개의 다이닝룸(만찬식당)과 7개의 올터너티브 레스토랑(예약식 식당), 8개의 바(Bar)와 카페, 4개의 라운지, 1개의 나이트클럽 및 500인 좌석의 극장 겸 쇼 공연장 등, 모든 공실들이 최고급의 사양으로 만들어져 있다.

객실은 가장 작은 것이 발코니를 포함하여 23.4㎡(7.1평)이고 가장 넓은 것이 마스터 스위트(Master suite)로 침실 2개, 욕실 2개, 빠가 딸린 거실 1개 및 객실전용 발코니를 포함하여 180㎡(54.5평)로 되어있다. 쇼 공연장(쇼룸, Show room)을 비롯한 모든 공실 또한 최고의 설비로 되어 있다.

2.30 최초로 총톤수 10만 톤을 돌파한 여객선

세계 최초로 총톤수 10만 톤을 넘어선 여객선은 1996년에 건조된 카니발 크루즈 해운의 "카니발 데스터니"호(M.S Carnival Destiny)이다. 이탈리아의 핀칸티에리 몬팔꼬네 조선소에서 1994년부터 건조에 들어간 이 초대형 크루즈 선의 취항을 앞두고 이 배는 한동안 전 세계 크루즈 업계로부터 집중조명을 받았다.

1980년부터 끊임없이 이야기가 되어오던, 누가 제일 먼저 총톤수 10만 톤을 돌파하느냐 하는 관심사에서 이 배가 드디어 그 첫 테이프를 끊은 것은 물론이고 혁신적이고 독창적인 새로운 외형과 종래의 다른 크루즈 선에서는 감히 볼 수 없었던 거대한 스케일의 각종 위락설비 등이 최초로 소개가 되면서 세간의 이목은 이 초대형 여객선으로 쏠렸다.

1969년, 총톤수 70,327톤의 큐나드(Cunard) 해운의 "퀸 엘리자베스-2"호(M.S Queen Elizabeth-II)가 취항한 이후 거의 20년간 크루즈 선의 선체크기에는 이렇다 할 큰 변화가 없었다. 그러나 1988년에 "퀸 엘리지베스-2"호의 크기를 능가하는 로얄 캐리비안 크루즈 해운의 총톤수 73,192톤의 "소버라이언 오브 더 씨즈"호(M.S Sovereign of the Seas)가 취항함으로서 세계의 크루즈 선단에는 갑자기 대형 크루즈 선의 건조 붐이 일어나며 더불어 언제 총톤수 10만 톤급의 크루즈 선이 건조될 것인가를 놓고 초미의 관심사가 되었다. 그러다가 드디어 1996년 11월, 10만 톤급을 넘어선 총톤

"카니발 데스터니"호에 이어서 같은 조선소, 같은 도면, 같은 크기로 건조된 동형자매선 "카니발 트라이엄프"호(M.S Carnival Triumph)의 모습

(종래의 크루즈 선들과는 완전히 달라진 독창적이며 현대적인 감각의 외형이 사람들을 사로잡았다)

"카니발 데스터니"호의 선수부분에 위치한 로툰다 아트리엄(Rotunda Atrium)의 모습
(이 르툰다 아트리엄은 3층의 갑판을 한 공간으로 만든 거대한 크기의 중앙 로비로 이전의 어떤 여객선의 중앙로비보다 큰 규모를 자랑하였다) (사진출처: M.S Carnival Destiny의 소개책자)

수 102,853톤의 "카니발 데스터니"호가 취항을 하면서 세계의 크루즈 해운은 총톤수 10만 톤급의 시대로 본격적으로 돌입하게 되었다.

즉, 전장 272.3m, 선폭 35.5m, 11층의 승객갑판에 2,642명의 승객정원을 가진 이 초대형 크루즈 선의 출현으로 세계의 크루즈 선단은 르네상스와 같은 큰 개혁의 새로운 시대를 맞이하게 된 것이다.

10만 톤급 이상의 초대형 크루즈 선들만이 보여줄 수 있는 각종 위락설비들의 거대한 규모에 사람들은 그저 놀랄 수밖에 없었다. 그 예가 선수부분의 3층 갑판과 4층 갑판 및 5층 갑판을 한 공간으로 하여 만든 960석의 3층 구조의 선내극장, 팔라다움 메인라운지(Palladium Main Lounge)와 4층과 5층 갑판의 중앙부와 선미에 각각 따로 위치한 두 곳의 2층 구조 다이닝룸 및 3층 갑판에서 5층 갑판에까지 이어지는 거대한 규모의 선내(船內) 중앙광장 즉, 아트리엄(Atrium) 등은 다른 크루즈 선에서 일찍이 볼 수 없었던 거대한 규모였으며 또한 그 아름다움은 승객들을 감탄시키기에 충분하였다.

이 배의 거대 스케일의 각종 공실설비들이 승객들에게 던져 준 깊은 인상은 이 배에 뒤를 이어 1998년에 건조된 총톤수 109,000톤급의 두 번째의 초대형 크루즈 선, "그랜드

선미에 위치한 유니버스 다이닝룸(Universe Dining room)의 모습
(이 다이닝룸은 크루즈 선 최초로 소개된 2층 구조의 대형 만찬식당으로 4층과 5층 갑판의 선미 끝단에 위치해 있어 멋진 바다풍광이 함께 펼쳐졌다) (사진출처: M.S Carnival Destiny의 소개책자)

프린세스"호(M.S Grand Princess)와 1999년에 취항하는 총톤수 137,300톤급의 "보이저 오브 더 씨즈"호(M.S Voyager of the Seas)에서 더욱 그 빛을 발하게 된다.

2.31 최초로 총톤수 20만 톤을 돌파한 여객선

총톤수 20만 톤급을 넘어선 최초의 대형 여객선은 2009년에 건조된 총톤수 225,300톤급의 거대형(巨大型) 크루즈 선 "오아시스 오브 더 씨즈"호(M.S Oasis of the Seas)이다. 총톤수 8만 톤급의 시대를 개막한 1935년의 "노르망디"호에서 1996년에 취항한 총톤수 102,850톤급의 "카니발 데스터니"호(M.S Carnival Destiny)가 총톤수 10만 톤급의 시대를 개막하는 데에는 61년이 걸렸고, 10만 톤급의 시대를 개막한 "카니발 데스터니"호에서 총톤수 20만 톤급의 시대를 개막한 "오아시스 오브 더 씨즈"호까지는 13년이 걸린 셈이다.

1999년에 "보이저 오브 더 씨즈"호가 취항하면서 총톤수 20만 톤급의 크루즈 선의 시대는 언제 개막될 것인가를 두고 여러 추측들이 많았다. 그때 대부분의 전문가들은 2010

20만 톤급의 거대형 크루즈선 시대를 개막한 "오아시스 오브더씨즈"호

년 후반기에 총톤수 20만 톤급의 시대가 도래(到來)할 것으로 내다보았지만 실제는 그보다 10년이나 더 빨라진 2009년에 20만 톤급의 시대가 열린 것이다.

전장 360.2m, 선폭 47m의 거대 선체에 5,400명의 승객을 표준으로 하고 최대 6,300명까지 태울 수 있는 이 거대형의 크루즈 선은 선체의 길이가 워낙 길기 때문에 급속선회를 위해서는 강력한 선수 스러스터(Bow Thruster)의 도움을 받아야 한다. 그래서 이 배는 선수에 5,500kw(7,370마력)의 강력한 선수 스러스터를 4기나 장착하고 있다. 즉 이 배의 선회에 가동되는 4기의 선수 스러스터가 내는 출력은 22,000kw나 되어 이것은 3만 톤급 여객선이 가지는 추진동력과 맞 먹는 값이 된다. 또 선미에는 22노트의 순항속도를 위해 20,000kw(26,800마력)의 아저파드(Azipod) 프로펠러 3기가 설치되어 있다.

배가 워낙 크고 높기 때문에 큰 다리 밑을 통과할 경우에 대비하여 배의 연돌은 아래로 내려서 높이를 낮출 수 있는 텔레스코프(Telescope) 식 즉, 잠수함의 잠망경처럼 아래로 내릴 수 있는 구조로 되어 있다.

3층 갑판에서 5층 갑판까지 3개 층의 갑판을 한 공간으로 활용한 선수에 있는 1,650석의 선내극장과 5층 갑판에 위치한 120m 길이의 선상 번화가인 로얄 프로머네이드(Royal Promenade), 8층 갑판에 위지한 56수의 수목과 12,000점의 화초로 가꾸어진 선상공원인 센트럴 파크(Central park) 및 선상 최초인 수중 쇼 공연장인 750좌석의 아쿠아시어터(Aqua Theatre) 등, 많은 종류의 위락시설들을 갖추고 있어 이 거대 크루즈선 위에는 볼거리도 많고 먹거리도 많으며 놀이거리도 많다.

"오아시스 오브더씨즈"호의 15층 갑판, 선수에 위치한 쏠라리움 카페(Solarium cafe)의 모습

(그림출처: RCI 해운사의 소개책자)

The Passenger ships of the World left a significant trace

The Passenger ships of the World left a significant trace

3

역대 최대규모 해난사고의 여객선들

여객선의 해난사고라고 하면 사람들은 가장 먼저 "타이타닉"호를 떠올리게 되고 "타이타닉"호의 침몰사고가 가장 큰 해난사고인 것으로 알고 있으나 사실은 그렇지 않다. 희생자의 수로 볼 때, "타이타닉"호의 사고규모는 여객선 부분에서 12위에 간신히 랭크될 정도로, 우리가 모르고 있는 여객선들의 큰 해난사고들이 많이 있다.

또 여객선이 아닌 화물선에 의한 초대형 해난사고들도 많이 있는데 예를 들면, 1945년의 5,000명 이상 사망의 "고야"호(S.S Goya), 1917년의 2,000명 이상 사망의 "몽블랑"호(Mont-Blanc), 1942년의 4,145명 사망의 "오리아"호(S.S Oria), 1945년의 5,400명 사망의 "토야마" 마루(Toyama Maru)와 4,000명 이상 사망의 "타마츄" 마루(Tamatsu Maru) 및 5,620명 사망의 "준요" 마루(Junyo Maru) 등이 있다. 이러한 화물선에 의한 큰 해난사고들도 모두 포함시킬 경우, "타이타닉"호의 해난사고 규모는 희생자들의 수로 볼 때 20위 안에도 들지 못할 정도로 우리가 모르고 있는 초대형의 해난사고들이 많이 있다.

3.1 9,300명 이상 사망의 "빌헬름 구스트로프"호(M.S Wilhelm Gustloff)의 침몰사고

"빌헬름 구스트로프"호는 대양 정기여객선으로 설계되어 독일, 함부르그 항구의 엘베 강가에 위치한 브롬운트포스(Blohm und Voss) 조선소의 기술진에 의해 1937년 5월에 진수가 되고 1938년 3월에 건조가 완료되었다. 총톤수 25,484톤, 전장 208.5m, 선폭 23.59m로 8층의 갑판에 489실의 객실을 두고 1,465명의 승객정원을 가지고 있었다.

대양의 정기운항 외에도 크루즈 운항도 겸할 수 있는 이중 목적의 호화여객선으로 건조되었지만, 취항과 동시에 독일해군의 병원선으로 먼저 차출된다.

운항을 개시한 1940년부터 수명이 끝나는 1945년 1월까지 겉으로는 단순한 병원선이었지만 실제로는 약 5년간에 걸쳐 독일의 나치당 직속의 특수 병력수송선이었다. 여객선으로 건조가 되었으나 상업적으로 운항을 하지는 못했지만 그래도 이 배는 1930년대의 대형 여객선 중에서 가장 설계가 잘된 여객선 중 하나로 인정받고 있다.

2차 대전이 막바지로 치닫던 1945년 1월 30일, 폴란드 북부의 코텐하텐 항구(현재는 폴란드의 그다니아 항구임)에서 소련군을 피해 본국으로 돌아가는 독일인 피난민과 철수

역대 해난사고 중에서 가장 큰 사고로 기록되는 독일의 대형 여객선, "빌헬름 구스트로프"호

구(舊) 소련의 S-13 잠수함의 측면도(상)와 "빌헬름 구스트로프"호의 측면 외형(하)

(사진출처; www.sotrmfront.org)

하는 독일군인 및 군속, 독일군 부상병 등 10,570여 명을 태우고 독일로 항해하던 중, 소련 해군의 "이바노비치 마리네스코" 함장이 지휘하던 S-13호 잠수함에게 탐지된다. S-13호 잠수함이 700m의 거리까지 접근하여 발사한 세 발의 어뢰는 배의 중앙과 선미 부분에 각각 명중되어 정신을 차릴 사이도 없이 한순간에 이 배는 침몰되고 말았다.

"빌헬름 구스트로프"호가 어뢰에 피격된 시각은 그날 밤 9시 16분경이었고 침몰한 시각은 9시 25분으로 어뢰에 피격되고 배가 완전히 침몰하는 데에는 불과 9분도 채 걸리지 않았다. 어뢰에 명중되어 선체에 생긴 세 군데의 큰 구멍으로 거세게 밀려드는 해수로 인해 구명정들을 미처 내릴 사이도 없이 순식간에 침몰해버린 이 배에서 구조된 사람의 수는 10,573명의 승선자 중에서 단지 1,230명에 불과하였다. 나머지 승선자들은 모두가 사망 또는 실종이 되어 공식적인 이 해난사고의 희생자의 수는 9,343명으로 최종 보고가 되고 있다. 따라서 이것이 역대 해난사고 중에서 가장 많은 희생자를 만들어낸 사고로 인정되고 있다.

3.2 5,000~7,000명 사망의 "아르메니아"호(S.S Armenia)의 침몰 사고

이것은 1941년 11월 6일 밤에 흑해에서 발생한 구(舊) 소련의 병원선 "아르메니아"호의 해난사고이다.

"아르메니아"호는 1928년에 레닌그라드에 있는 발트(Baltic)에서 건조된 객화선으로 총톤수 4,730톤급, 전장 112m, 선폭 15.5m에 550명의 승객과 1,000톤의 화물을 실을 수가 있었다. 취항 초기에는 발트해에서 운항이 되었으나 1941년 초에 소련 해군에 징발되어 부상병과 의료진을 실어 나르는 소련 해군의 병원선이 되었다.

현측과 연돌에 큰 적십자 마크를 그려 넣은 이 배는 소련 당국의 지시에 따라 흑해에서 피난민들의 철수작전에 들어가게 된다. 1941년 11월 6일 밤, 크리미아반도에 있는 세바스토폴(Sevastopol) 항구에서 수천 명의 부상병을 태운 이 배는 중도에 다시 인근에 있는 얄타(Yalta) 항에 잠시 들려 다시 수천 명의 피난민과 부상병들을 추가하여 태우고 그 다음날 아침에 얄타 항구를 출항하여 우크라이나의 구르주프(Gurzuf)로 향했다. 이 해난 사건이 발생한 후, 처음에는 이 배에 약 5천 명의 부상병과 피난민들이 승선한 것으로 알려졌으나 추후에 얄타 항에서 출항 직전에 의사들의 요구에 의해서 2,000여 명의 부상병

7,000명이 수장된 참담한 해난사고를 담은 "아르메니아"호의 외형

들이 추가로 승선된 것이 밝혀짐에 따라 결국 이 배에는 최종적으로 7,000명의 부상병들과 피난민들이 승선하고 있었던 것으로 밝혀지게 되었다.

얄타 항을 출항하여 두 시간 정도 항해한 오전 11시 30분경, "아르메니아"호가 크리미아반도로부터 21해리(약 38.9km) 정도 떨어진 해상을 지나칠 무렵, 부근 상공을 비행하던 독일공군의 하인켈(Heinkel) He-111형 뇌격기(雷擊機, 어뢰공격기의 줄인 호칭으로 어뢰로 수상함정을 공격하는 것을 주임무로 하는 폭격기)에 포착되어 이 하인켈 뇌격기로부터 2발의 어뢰공격을 받았다.

당시 이 하인켈 뇌격기는 "아르메니아"호에 그려진 적십자 마크를 무시하고 어뢰공격을 한 것이다. 발사된 2발의 어뢰 중에 한 발이 배의 중앙부에 명중되어 큰 물기둥과 함께 배는 순식간에 두 쪽으로 갈라지고 불과 4분 만에 해저바닥으로 가라앉고 말았다. 어뢰의 폭발과 동시에 많은 사람들이 그 자리에서 폭사를 당하고 나머지 사람들은 정신을 차릴 사이도 없이 그대로 배와 함께 수장되어 버린 것이다.

이 해난사고에서 살아난 사람은 단지 8명뿐이었다. 즉, 승선자들 중에서 겨우 8명만이 살아남고 나머지는 모두 희생된 정말로 참혹한 해난사고였던 것이다. 역대 해난사고에

7,000명의 부상병과 피난민들을 태우고 얄타 항구를 출항하는 "아르메니아"호의 마지막 모습

서 승선자의 대부분이 죽어간 이처럼 참혹한 해난사고는 일찍이 없었다. 이 해난사고 희생자의 수는 처음에는 5,000명 이상으로 집계되었다가 7,000명으로 다시 수정되었다. 하여튼 "아르메니아"호에 승선을 했던 사람들의 숫자는 불분명하나 최종 사건보고서는 5,000~7,000명으로 보고를 하고 있다.

이 해난사고는 희생자들의 숫자로 볼 때, 1945년의 9,300명 이상이 사망한 "빌헬름 구스트로프"호의 해난사고와 1945년의 7,000명 이상이 사망한 화물선 "고야"호(M.V Goya)의 해난사고에 이어 세 번째로 큰 해난사고이지만 "고야"호는 여객선이 아닌 총톤수 5,230톤급의 화물선이었던 관계로 여객선의 해난사고로 볼 때, 이 배의 사고는 여객선에서 두 번째로 큰 해난사고가 된다. 또 역대 해난사고에서 이 배처럼 승선자의 대부분이 사망하고 극소수의 사람들만이 살아남은 이렇게 참혹한 예는 두 번 다시없었다.

3.3 5,000명 이상 사망의 "카프 알코나"호(Cap Arcona)의 침몰 사고

1927년 5월에 진수되고 그해 10월에 건조가 완료되어 취항에 들어간 "카프 알코나"호는 당시 독일 최고의 호화여객선으로 함부르그에 있는 보롬운트포스(Blohm und Voss) 조선소에서 당시 독일 최고의 조선기술진들에 의해 건조가 되었다. 취항 초기에는 독일과 남미 간을 정기 운항하여 남미로 이민을 가는 북유럽의 이민자들에게는 널리 알려진 여객선이었다.

총톤수 27,560톤, 전장 205.9m, 선폭 25.78m에 5층의 승객갑판을 두고 1,300명의 승객정원을 가져 같은 크기의 다른 정기여객선에 비하여 월등히 적은 수의 승객정원수를 가진 만큼 실내는 아주 고급스럽고 호화로웠다. 1937년에는 승객정원수를 850명으로 다시 줄이는 대규모 개장공사를 통하여 당시 남대서양 항로에서 가장 고급스럽고 호화로운 여객선 중의 하나로 유명세를 날렸다.

정기운항을 중단하고 폴란드에서 철수하는 독일군대 및 독일 피난민들을 태우고 독일로 돌아오는 수송작전에 참가하라는 나치 정부의 명령에 따라 1945년 5월 3일, "카프 알코나"호는 선원을 포함하여 피난민과 철수하는 독일군 병력, 약 5,000명 이상(정확한 승선

함부르그 항구를 출항하여 처녀항해에 오르는 독일의 호화 여객선, "카프 알코나"호의 모습
(3개의 연돌을 가진 호화 여객선으로 당시 유럽과 남미 사이를 운항하는 여객선 중에서 가장 고급이었고 가장 비싼 승선료를 받았다) (사진출처; WW2 in Color)

인원수는 당시 체크되지 않았으나 5,000명 이상인 것만은 확실하다)을 태우고 폴란드를 떠나 독일로 항해에 들어갔다. 그날은 히틀러가 베를린의 지하 벙커에서 자살한 지 3일이 지난 뒤였으며 독일군이 베를린 공방전에서 소련군에게 항복한 바로 그다음 날이었으며 영국의 몽고메리 원수에게 항복을 선언하기 바로 하루 전이었다(모든 독일군의 무조건 항복 공식선언은 5월 7일임).

참고

영국 공군의 호커타이푼(Hawker Typhoon) 전투폭격기는 1940년에 처음 소개되어 2차 대전에서 3,300대 이상이나 생산될 정도로 성능이 뛰어났고 또 인기도 높았다. 무장으로는 20mm 기관포 4문과 500파운드(227Kg) 급의 폭탄 2발 및 지상공격용 로켓탄을 장착하고 있었다.

"카프 알코나"호의 1등 승객 다이닝 싸롱(만찬식당)의 모습
(이 여객선은 1925년에 설계되고 1927년에 건조되었지만 이 배보다 10년 뒤에 건조되는, 당시 세계 최고의 호화여객선인 "노르망디"호나 "퀸 메리"호에 결코 뒤지지 않는 고급스럽고 우아한 인테리어로 되어 있었다)
(사진출처: www.pinterest.com)

5월 3일의 자정에서 두 시간이 넘어선 새벽 2시 30분경, 발트해를 항해하던 "카프 알코나"호는 영국 공군의 호커타이푼(Hawker Typhoon) 전투폭격기 편대의 공격을 받게 된다. 호커타이푼 전투폭격기로부터 로켓탄과 20mm 기관포의 집중사격을 받은 이 배는 회피도 하지도 못한 채 갑판의 곳곳에서 화재가 발생하며 순식간에 배 전체는 거대한 화염에 휩싸이게 된다.

구명보트를 내리거나 또 바다에 뛰어들 짬도 없이 갑판 위에서와 배 안에서 승선자들은 연기에 질식되어 죽거나 화염 속에 타들어 갔다. 바다에 뛰어들어 표류하다가 간신히 구조된 사람의 수는 5,000명 이상의 승선자들 중에서 단지 350명에 불과하였다. 이와 관련한 다른 보고서에서는 승선자들의 수를 최소 6,000명으로 집계하고 사망자들의 수를 5,600명 이상으로 보고하고 있다. 여하튼 이 해난사고에서 희생자들의 수는 최소 5,000명 이상인 것만은 확실하다. 이 침몰사고 후, 몇 주에 걸쳐서 이 해난사고에서 희생된 사망자들의 수많은 시체들이 폴란드의 해안으로 떠밀려 왔었다고 한다.

참고

"카프 알코나"호의 침몰 당시. 전쟁포로들과 피난민들을 태우고 나란히 같이 항해하던 독일의 2,820톤 급 화물선인 "틸벡"호(S.S Thielbek)도 같은 시간, 같은 장소에서 영국 폭격기의 공격을 받아 부근에서 침몰을 당하였다. 이때 "틸벡"호에도 약 2.800명의 사람들이 타고 있었는데 그 중에 50여 명만이 간신히 살아남았고 나머지 2,750여 명이 모두 사망하는 참담한 해난사고로 기록된다. 그러나 "틸벡"호는 여객선이 아니므로 본 문단의 기술에서 제외된다.

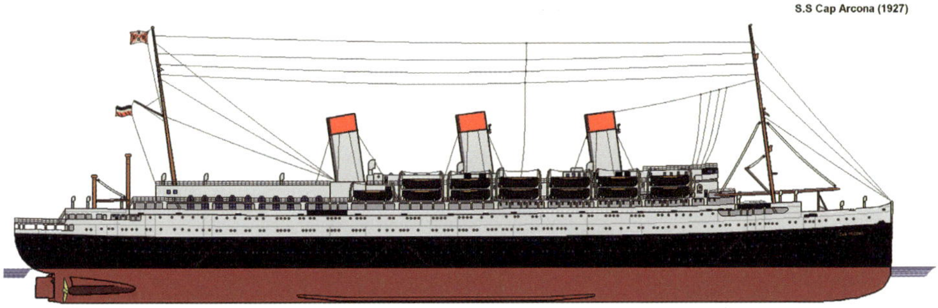

독일과 남미 간을 정기 운항한 호화여객선 "카프 알코나"호의 측면도
(3개의 연돌, 2개의 마스트를 가진 외형으로 1920년대 여객선 중에서 가장 뛰어난 설계의 여객선 이었다)

3.4 4,368명 사망의 "도나파즈"호(M.V Dona Paz)의 침몰사고

1987년의 크리스마스를 5일 앞둔 12월 20일, 필리핀의 레이테(Leyte) 섬을 출항하여 마닐라 항구로 항해하던 필리핀의 연안 페리선 "도나파즈"호(M.V Dona Paz)의 해난사고는 여객선의 사고에서 희생자들의 규모로 볼 때, 역대 네 번째로 큰 사고로 기록되고 비전쟁(非戰爭)시기의 해난사고로는 역대 최대 규모의 해난사고로 기록이 된다.

이 여객선은 1963년에 일본의 히로시마 조선소에서 "히메유리"마루(M.V Himeyuri Maru)의 선명으로 건조된 일본의 연안용 페리선으로 총톤수 2,602톤, 전장 93.1m, 선폭 13.6m의 크기를 가졌었다. 1975년에 필리핀의 설피키오(Sulpicio) 해운회사가 이 배를 매입하여 "돈 설피키오"호(M.V Don Sulpicio)로 선명을 바꾸고 필리핀의 도서간을 운항하는 페리선으로 운항시켰다.

몇 년 후에 다시 "도나파즈"호로 선명이 바뀐 이 여객선은 1987년 12월 20일, 아침 6시 30분에 레이테(Leyte) 섬을 떠나 4,300명 이상의 승객들을 태우고 다음 날 새벽에 마닐라 항구에 도착하는 24시간의 항해에 들어갔다. 이때 이 여객선에는 본선의 선원 59명과 4,300명의 승객들이 타고 있었다. 이것은 사고 후에 극적으로 구조된 사람들의 증언에 의하여 승선 정원수를 훨씬 넘는 수의 많은 승객들이 승선권을 구입하지 않고 배를 탄 뒤에 선원들에게 별도로 승선료를 지불했다는 증언에 의하여 관계기관에서 세밀한 조사를 다시 함으로써 모두 사실임이 밝혀졌다. 그 예로 극적으로 구조가 된 24명의 "도나파즈"호의 승객들 중에 단 6명만이 정상적으로 승선권을 구입하여 승선명단에 이름이 올라와 있는 사람들이었고 나머지 사람들은 승선자 명단에도 없이 나중에 배 위에서 선원에게 승선료를 지불했었던 사람들로서 아예 승선자의 명단에도 없었던 것이다.

그날 "도나파즈"호에 그처럼 많은 사람들이 승선했던 것은 "도나파즈"호가 크리스마스

사고규모로 볼 때 4위에 랭크되는 대형 해상참사를 일으킨 필리핀의 "도나파즈"호의 모습

(사진출처: terrific-top10.com)

를 앞두고 마닐라로 가는 마지막 선편이었던 관계로 마닐라에서 크리스마스를 지내려는 사람들은 꼭 이 배를 타야만할 처지에 있었기 때문이다.

다음 날 아침 일찍 마닐라 항구의 도착을 앞두고 입추의 여지없이 빼곡하게 승선한 대부분의 승객들이 지친 몸으로 객실의 복도와 폭로갑판(暴露甲板, 지붕과 벽이 없는 열린 갑판)의 철판 위에 모포나 옷가지들을 펼쳐 놓고 그 위에서 곤히 잠든 밤 10시 30분경, 같은 항로를 따라 바탄(Bataan) 항구에서 마스베이트(Masbate) 항구로 가던 1,200톤급의 정유운반선 "벡터"호(M.T Vector)와 서로 충돌하게 된다. 이때 "벡터"호에는 8,800바렐(약 1,400㎥)의 휘발유와 디젤유가 실려 있었는데 충돌과 동시에 불길이 솟아오르고 그 불길은 삽시간에 "도나파즈"호로 옮겨 붙었다. 또 "벡터"호로부터 흘러나온 기름으로 두 배 주위의 해수면을 완전히 불바다로 만들어 "도나파즈"호의 승객들은 꼼짝없이 배 안에 갇혀 죽어가는 수밖에 별도리가 없었다.

지옥과 같은 불길 속에서 배를 탈출할 구명정도 없고 구명조끼도 없는 상황에서 선실과 갑판 위에서 배 안의 사람들은 꼼짝없이 죽어들 갔다. 해상 충돌, 2시간 뒤에 "도나파즈"호는 해저로 그 모습을 완전히 감추어 버렸고 또 "도나파즈"호와 충돌한 유조선 "벡터"호

뼈대만 앙상하게 남고 완전히 불타버린 "도나파즈호"의 침몰직전의 처참한 모습
(침몰되어 해저로 사라질 때까지 배 안에는 계속해서 불길이 솟아오르고 있었다) (사진출처: padresteve.com)

역시 13명의 선원들 중에서 2명만이 살아남고 나머지 11명의 선원들은 배와 함께 충돌 4시간 뒤에 배와 함께 해저로 사라져 갔다. 다시 말해서 "도나파즈"호에는 4,412명의 승선자들 중에서 24명만이 살아남았고 유조선 "벡터"호에서는 13명의 선원들 중에서 2명만이 살아남아 두 배에서 26명이 살아남고 4,386명의 목숨이 이 해난사고로 사라진 것이다.

따라서 "도나파즈"호의 해난사고는 역대 여객선의 해난사고에서 희생자들의 수로 볼 때, 네 번째로 큰 사고이며 전쟁기간이 아닌 평상시의 사고로는 역대 최대 규모의 해난사고로 기록이 된다.

이 해난사고의 희생자들의 숫자는 책임을 면하려는 선주사의 엉터리 승선인원수 보고 때문에 매번 조사 때마다 거짓으로 밝혀져 그 희생자들의 수가 계속 늘어만 갔다. 사건 5년 후에 작성된 최종 보고서에 의하면 4,386명의 희생자가 발생한 것으로 되어 있다.

이 해난사건은 정당하지 못한 여러 가지 부정의 요소들이 서로 합쳐져서 발생한 인재(人災)였던 것이다. "도나파즈"호의 과도한 승객초과와 전무(全無)한 구명설비 및 불성실한 선원들의 근무의식뿐만 아니라 충돌을 야기한 유조선 "벡터"호의 경우에는 이것보다 더 심하여 이 배는 항로운항에 정식허가도 받지 않았고 또 선장조차도 무면허 선장임이 밝혀졌다.

3.5 3,840명 이상 사망의 "요시프 스탈린"호(T.S Iosif Stalin)의 침몰사고

구(舊) 소련의 여객선 "요시프 스탈린"호는 침몰사고에서 3,800명 이상의 희생자들을 만들어 여객선의 해양참사에서 제 5위를 마크한다.

"요시프 스탈린"호는 발트해(Baltic sea) 여객선 해운이 네덜란드의 네덜란드쉐(Nederlandsche) 조선소에서 1940년에 건조한 여객선으로 총톤수 8,945톤, 전장 135.6m, 선폭 18.3m의 선체크기를 가지고 있었으며 스탈린의 이름을 따서 "요시프 스탈린"호로 선명이 정해졌다. 독일이 네덜란드를 침공하기 바로 일주일 전인 1940년 3월 1일, 암스테르담 항구를 출항하여 아슬아슬하게 독일에 나포되는 것을 면하기도 하였다. 귀국 즉시, 소비에트 연방(소련) 붉은 군대(Red Army)의 VT-521호 병력수송선이 되어 발트해에서 큰 활약을 하였다.

구(舊) 소련의 여객선 "요시프 스탈린"호의 항해 모습

붉은 군대 총사령부의 명령에 따라 1941년 12월 3일 밤, 한코(Hanko) 항에서 5,589명의 소련 병력을 싣고 소련 해군 구축함의 칸보이(Convoy, 호송)를 받으며 발트해를 항해하던 중, 무슨 이유에서인지 갑자기 진로를 바꾼 "요시프 스탈린"호는 안전항로를 벗어나 기뢰(機雷, Mine)밭으로 들어가게 된다.

잠시 뒤, 한 발의 기뢰가 "요시프 스탈린"호의 선미부근에서 터지면서 "요시프 스탈린"호는 조타불능(操舵不能) 상태에 빠지게 되어 그냥 떠내려가면서 두 번째 및 세 번째의 기뢰가 연이어 터지게 된다. 이 세 번의 기뢰저촉으로 인하여 "요시프 스탈린"호는 선미부분이 완전히 뜯겨져 날아가 버린 처참한 형상으로 변하고 말았다.

승선정원 560명의 8,950톤급 여객선의 배 안에 5,500명 이상의 군인들이 빽빽하게 탄 상태에서 세 번의 연이은 기뢰폭발로 하부갑판은 이미 형언할 수 없는 처참한 상황으로 변하고 있었다. 살아남은 사람들은 모두 배의 상층갑판으로 몰려들 올라갔지만, 이 배에는 구명정 설비가 제대로 되어있지 않았고 그나마 탑재되어 있는 몇 척의 구명정들도 보트 데빗(Boat Davit, 구명정 진수장치)이 이미 손상되어 작동불능 상태에 있었다.

발트해의 3월 초는 아직 유빙이 떠다닐 정도로 아주 춥기로 유명하다. 살을 물어뜯는 것 같은 매서운 바람을 맞으며 서서히 침몰해가는 갑판 위의 조난자들은 모두 공황상태에 빠져들어 갔다. 엎친 데 덮친 격으로 그때 부근에 있던 핀란드 해군의 연안 포함(砲艦)에서 조난당한 "요시프 스탈린"호를 향하여 12인치(구경 305mm) 함포로 포격을 가해 왔다. 12인치 포탄은 선수에 있는 탄약고에 명중되면서 거대한 폭발이 일어나고 선수부분은 공중으로 뜯겨져 날아가 버렸다. 그때까지 서서히 침몰해가던 "요시프 스탈린"호는 이제 급격히 침몰이 시작되어 잠깐사이에 해저로 모습을 감추어 버렸다.

여기에서 조금 떨어져 항해를 하던 소련 구축함이 이 광경을 목격하고 급히 달려와서 핀란드의 연안 포함을 구축하고 소련 소해정들은 기뢰의 위험을 무릅쓰고 구조현장으로 달려와서 필사적인 구조 활동을 펼쳤지만 선원을 포함하여 5,589명의 승선자들 중에서 1,740명만을 간신히 구출할 수가 있었다. 나머지 3,840명 이상의 생명은 이 배와 함께 얼음같이 차가운 발트해의 바다 속으로 사라진 것이다.

"요시프 스탈린"호는 비교적 얕은 바다에 침몰한 관계로 침몰된 후에 조류로 떠내려가서 6개월 뒤, 에스토니아의 해안으로 밀려온 것을 사건 후 1년 4개월이 지난 1945년 7월에 에스토니아 정부가 이것을 분해하여 고철로 처리하였다.

선미부분이 완전히 날아간 처참한 상태로 침몰되어 가는 "요시프 스탈린"호와 갑판 위에서 구조를 기다리는 승선자들의 처절한 모습

(사진출처: Wikipedia.com)

또한 2차 대전이 끝나고도 한 동안, 소련 정부는 "요시프 스탈린"호의 침몰사건에 대해 일체 언급이 없어 "스탈린 요시프"호는 한동안 잊혀진 배(The Forgotten ship)로 남아 있었으며 정확한 사고경위와 사망자들의 규모 역시 사고 후, 10여 년이 지나고서야 대략적으로 밝혀지게 된 것이다.

3.6 3,600명 이상 사망의 "슈토이벤"호(S.S Steuben)의 침몰사고

이것은 1945년 2월 9일, 발트해에서 소련의 S-13호 잠수함의 어뢰에 피격되어 침몰한 독일해군의 병력수송선 "슈토이벤"호에서 무려 4,300명 이상의 희생자가 발생한 끔직한 해난사고이다. 이 배는 1930년, 슈테틴(Stettin, 당시는 독일영토에 속해 있었으나 지금은 폴란드의 영토로 되어 있다)에 있는 풀칸(Vulcan) 조선소에서 건조된 여객선으로 처음 취항당시의 선명은 "뮌헨(S.S München)"호 이었다.

총톤수 14,660톤에 전장 168m, 선폭 19.8m, 6층의 승객갑판에 970명의 승객을 태울 수 있는 호화 여객선이었던 이 배는 1939년에 독일해군에 징발되어 병력수송선이 되었다. 두 개의 연돌과 두 개의 마스트를 가진 아름다운 외형에 승객구역의 설비도 매우 뛰어나서 병력수송선이 되기 전까지 약 9년간 북대서양 항로에서 호화 여객선으로 이름을 날렸다.

1930년, 첫 항해에서 뉴욕 항을 출항하여 목적지인 독일의 브레멘(Bremen) 항구에 도착하여 모든 승객들을 막 하선시킨 직후, 갑판의 페인트 창고에서 화재가 발생하며 결국 선체가 전소(全燒)되어 브레멘의 항구 안에서 침몰해 버렸다. 그러나 3개월 뒤, 침몰되었던 이 배를 다시 물 위로 부양(浮揚)시켜 대대적인 수리를 한 후, 다시 대서양 항로에 컴백하게 되었다. 이때 선명은 "제네랄 폰 슈토이벤"호(S.S General Von Steuben)로 바뀌게 된다.

9년 후인 1939년에 "제네랄 폰 슈토이벤"호에서 "슈토이벤(Steuben)"호로 다시 선명이 바뀌면서 독일해군의 병력수송선이 되어 각종 작전에서 맹활약을 해오던 중, 독일 해군본부로부터 폴란드에서 철수하는 병력과 피난민들을 태우고 오라는 명령을 받게 된다.

어뢰공격으로 침몰되어 3,600명 이상의 희생자를 만들어낸 대형 여객선 "슈토이벤"호의 모습

이 명령에 따라 1945년 2월 9일, 철수하는 3,300명 이상의 병력과 피난민들 일부를 태우고 독일로 돌아오던 중, 소련해군의 S-13호 잠수함이 발사한 구경 530mm의 어뢰 두 발을 맞고 코베르그(Koberg, 현재는 폴란드의 코로브제그로 불림) 앞바다에서 단 20분 만에 침몰하게 된다.

결국, 이 침몰사고는 3,300명의 승선자 중에서 300명만이 살아남고 나머지 사람들은 모두 사망하게 되는 참혹한 해난사고가 된다. 그러나 최근에 발표된 보고서에 의하면 승선인원수는 3,300명이 아닌 3,967명으로 다시 집계되어 실제로 이 해난사고에서 사망한 사람의 수는 3,600명 이상이 된다고 한다.

사고 후 74년이 경과한 2004년 5월, 폴란드 해군의 구조선, "악토브스키"호(ORP Actowski)에 의하여 발트해의 수심 70m의 해저바닥에 누워있는 "슈토이벤"호가 탐사되어 이 해난사고의 실체와 사고의 규모 및 사고당시의 참혹했던 마지막 상황들이 구체적으로 밝혀지게 되었다.

3.7 2,820여명 사망의 "랭커스트리아"호(RMS Lancastria)의 침몰 사고

1940년 6월 17일, 프랑스의 생나제르(Saint Nazaire)의 외항 약 10해리(18.5km)의 해상에서 독일공군 융커스 Ju-88A형 중형(中型) 폭격기의 공습으로 침몰된 "랭커스트리아"호는 1922년, 스코틀랜드의 비어드머(Beardmore) 조선소에서 건조된 총톤수 16,243톤급의 북대서양 항로 정기여객선으로 전장 176m, 선폭 21m의 선체크기에 1,300명의 승객정원을 가지고 있었다. 취항 당시의 선명은 "틸헤니아(Tyrrhenia)"호였지만 1924년에 "랭커스트리아"호로 개명이 되었다.

1932년까지 리버풀과 뉴욕 간을 정기 운항하였고 그 후부터 2차 대전이 발발하기 전까지 지중해와 북유럽의 크루즈 항해도 겸하여 호화여객선으로 이름을 날렸다. 2차 대전이 발발하자 영국해군에 징발되어 병력수송선(HMT Lancastria)이 된다.

프랑스에서 철군하는 병력의 수송작전인 아리얼(Ariel) 작전을 수행하기 위하여 1940년 6월 16일, 생나제르의 외항에 도착한 "랭커스트리아"호는 그곳에 닻을 내리고 대기하게 된다. 그러나 다음날 6월 17일 13시 50분경, 갑자기 나타난 독일공군 융커스 중형 폭격기의 공습을 받았다. 그러나 다행히 "랭커스트리아"호는 피해를 입지 않았으나 근처에 정박하고 있던 P&O 해운의 총톤수 22,000톤급의 여객선, "오우런세이"호(S.S Oronsay)는 브리지에 폭탄이 명중되어 심각한 손상을 입고 침몰 위기에 빠졌다. 그 과정에 병력수송선단을 호위하던 영국 구축함이 "랭커스트리아"호의 "샤프(Sharp)"선장에게

1932년에 촬영된 "랭커스트리아"호의 모습

폭격기의 공습을 피해 생나제르를 벗어나 외항 밖으로 멀리 나갈 것을 권유했다. 그러나 "랭커스트리아"호의 "샤프" 선장은 외항 바깥에 독일 유-보트 잠수함이 득실거리는 것이 겁이 나서 이 권고를 무시했다.

결국 이것이 "샤프" 선장의 결정적인 실수가 되었다. 약 2시간 뒤인 16시경, 재차 공습을 하러온 다섯 대의 융커스 폭격기로부터 이 작전에 동원된 수송선들이 집중적인 폭격을 받게 된다. "랭커스트리아"호도 융커스 폭격기에서 투하된 3발의 대형 폭탄에 명중이 되어 약 20분 뒤, 침몰하게 된다. "랭커스트리아"호의 갑판은 명중된 3발의 대형 폭탄으로 처참한 상황으로 변하여 구명정을 내리고 승선자들을 구명정에 태우는 퇴선조치를 취할 여유가 없었다. 한 마디로 아비규환의 상태에서 일부 사람들은 그냥 맨몸으로 바다에 뛰어내리고 일부 사람은 다행히 바다에 내려진 구명정의 뱃전에 매달릴 수 있었다.

이때 "랭커스트리아"호에 승선한 사람들의 인원수에 대하여 사고조사보고서마다 모두 달라서 아직까지 명확한 숫자는 밝혀지지 않고 있다. 이 침몰사고가 난 당시의 조사보고서는 4,262명의 승선자 중에서 1,785명이 사망하고 2,477명이 구출되었다고 보고를 하고 있으며 1940년 7월 26일 자 영국 신문, 데일리 밀러(Daily Mirror) 지는 2,823명이 사망했다고 보도하였으며 최근의 조사보고서도 당시에 최소한 5,300명이 이 배에 승선하여 2,477명이 구출되고 2,823명이 사망한 것으로 보고하고 있어 2,823명의 사망이 신빙성이 높은 것으로 되어있다.

그 근거로 "랭커스트리아"호에 "국제법을 무시하더라도 태울 수 있는 데까지 최대한 많은 인원을 승선시켜라"는 영국해군본부의 지시가 있었고 이 지시에 따라 "샤프" 선장은 처음에 승선한 4,200명의 인원에 추가하여 2,000~3,000명을 더 태웠다는 것이다.

생존자들은 구조가 된 후에 자국의 정부로부터 이 사고에 대해서 일체 함구할 것을 지시받았다고 하며 2015년 현재, 이 생존자들 중에서 77명이 아직 생존하고 있으며 후에 이 해난사고에 대해서 생생히 증언을 하였다.

1,514명 사망의 "타이타닉"호 침몰사고보다 더 많은 사망자를 만들어낸 이 "랭커스트리아"호의 침몰사고는 아직도 영국인들에게는 결코 잊을 수 없는 가장 비참한 해난사고로 기억되고 있다.

"랭커스트리아"호의 침몰직전 마지막 모습

(이 사진이 촬영되고 5분 뒤에 "랭커스트리아"호는 해저로 그 모습을 완전히 감추어 버렸다. 침몰되어 가는 배 위에 있는 검은 점들은 가라앉는 배 위에서 마지막까지 구조를 기다리며 버티고 있던 1,000여 명의 사람들이다)

(사진출처: Liverpool News / Liverpool Echo)

3.8 2,055명 사망의 "아와마루"(M.S Awa Maru, 阿波丸)의 침몰사고

역대 여객선의 해난사고 가운데 희생자의 인원수가 8위에 랭크되는 일본의 "아와마루"는 1943년 3월, 미츠비시 중공업의 나가사키 조선소에서 여객선으로 건조되었다. 건조 완료와 동시에 운항에 들어가지도 못하고 곧장 일본해군에 징발되어 병력수송선 및 전쟁물자 수송선이 된다.

총톤수 11,249톤, 전장 153m에 선폭 20m인 이 배는 최대 1,800명의 병력과 3,000톤의 화물을 실을 수 있었다. 1943년부터 배의 양현(兩舷, 배의 좌현과 우현) 외판에는 백십자 마크를 크게 그려 넣고 항해를 하여 전쟁포로 협정에 따라 미군과 영국 등의 연합군 전쟁포로들을 수송하는 선박임을 표시하고 운항하였으나 실제는 일본군의 병력수송이나 탄약들의 전쟁물자 수송을 거의 주(主) 임무로 하고 있었다.

1945년 3월 28일, 전쟁포로 1,700명과 80명의 1등 승객 등을 포함하여 2,056명이 승선하고 여기에 약 3,000톤의 탄약 등을 함께 실은 후, 구축함의 칸보이(Convoy, 호송) 아래 일본을 향하여 싱가폴 항구를 출항하였다. 또 이 배에는 앞에서 말한 화물 말고

여객선으로 건조되었으나 태평양 전쟁에서 일본해군의 병력수송선이 된 "아와마루"의 모습
(외판의 양측에 포로수송선임을 나타내기 위하여 백십자 마크를 그려 넣었다. 그러나 사실은 포로들의 수송보다도 전쟁물자의 수송과 일본군 병력수송이 이 배의 주임무가 되어 있었다)

도 40톤의 금괴와 12톤의 플래티넘(Platinum) 및 30kg(약 15만 카라트)의 다이아몬드 등도 극비 하에 별도로 선적되어 있었다고 한다.

싱가폴 항구를 출항한 지 3일째 되는 날 즉, 1945년 4월 1일, 대만해협(Formosa Straits)을 지날 무렵에 악천후로 인해 호위를 받던 구축함과 서로 떨어져 단독 항해가 된 상황에서 일본을 향해 전속으로 달리는 "아와마루"의 모습이 미국해군의 바라오(Balao)급의 잠수함인 SS-393호 "퀸피쉬(Queenfish)"함의 잠망경에 포착된다. 1,200야드(약 1,090m)의 거리까지 접근한 잠수함 "퀸피쉬"호는 함수(艦首)의 어뢰발사관에서 4발의 어뢰를 연속으로 발사한다.

약 1분 후, "퀸피쉬"호가 발사한 4발의 어뢰 모두가 "아와마루"에 명중되며 "아와마루"는 정신을 차릴 사이도 없이 단 2분 만에 태평양의 깊은 바다 속으로 자취를 감추고 말았다.

따라서 이 침몰사건은 승선하고 있던 2,056명 중에서 단 한 명의 선원만이 어뢰공격을 했던 잠수함 "퀸피쉬"호에 의하여 구사일생으로 구조되고 나머지 2,055명은 모두 사망하는 처참한 침몰사고이다. "퀸피쉬"호는 "아와마루"의 침몰 이후, 4월 2일과 3일 이틀에 걸쳐 현장 근처를 선회하며 혹시 더 있을 줄도 모르는 조난자들을 수색하였으나 결국 앞에서 말한 1명의 구조자 이외에는 다른 조난자들이 더 이상 없음을 최종 확인하고 그 침몰현장을 떠났다.

태평양 전쟁이 끝난 후, 일본의 외상이 포로수송선에 대한 미국 잠수함의 공격이 비인도적 공격이었다는 이유를 걸어 배상금을 미국정부에 요구하였으나 미국정부는 "아와마루" 자체가 전쟁포로 수송이 아닌 전쟁물자의 수송과 금괴 등의 일본 정부재산의 수송이었음을 분명히 하고 일본 측의 배상요구를 묵살함으로써 이후, 이 배상문제는 흐지부지하게 되었다.

3.9 1,926명 사망의 "프린시뻬 움베르또"호(S.S Principe Umberto)의 침몰사고

이탈리아 나비가찌오네 제네라레(Navigazione Generale) 해운의 총톤수 7,835톤급의 여객선 "프린시뻬 움베르또"호는 역대 여객선의 침몰사고에서 희생자의 규모로 볼 때 9위에 랭크된다. 이탈리아의 팔레르모(Palermo)에 있는 깐띠에리 나발리 리우니띠(Cantieri Navali Riuniti) 조선소에서 1909년에 건조된 이 여객선은 전장 145.1m, 선폭 16.3m의 선체크기에 총톤수 7,929톤으로 560명의 승객정원을 가지고 있었다.

1916년 6월 8일, "프린시뻬 움베르또"호는 다른 한 척의 여객선 "라벤나"호(S.S Ravenna)와 함께 알바니아에서 철수하는 이탈리아의 육군병력을 태우고 이탈리아 순양함과 구축함들의 칸보이(Convoy) 아래, 이탈리아로 돌아가는 항해를 하고 있었다. "프린시뻬 움베르또"호에는 이탈리아 육군 제 55 보병연대의 병력과 선원들을 포함하여 3,676명이 승선을 하고 있었다. 그때 칸보이를 하던 순양함과 구축함의 틈새를 뚫고 접근한 오스트리아-헝가리 제국의 U-5 잠수함이 발사한 어뢰가 명중되어 수면 아래 선저(船底)에 큰 구멍이 뚫린 이 배는 어뢰에 피격된 지 15분도 채 안 되는 짧은 시간에 수면 아래로 사라져 버렸다.

대형 침몰사고의 이탈리아의 여객선 "프린시뻬 움베르또"호의 항해 모습

퇴선명령을 내리고 구명보트를 내릴 사이도 없이 급박하게 침몰됨으로서 3,676명 승선자들 중에서 1,740명만이 칸보이를 하던 순양함과 구축함들에 의해 간신히 구출이 되고 나머지 1,926명은 배와 함께 희생되는 초대형 해난사고가 생기게 된다.

이 배의 이 같은 급작스런 침몰의 원인으로는 1909년에 건조된 이 배가 비교적 약한 구조로 만들어져 있었고 또 어뢰가 배의 중앙부 기관실에 명중됨에 따라 보일러가 폭발하면서 배의 침몰을 가속화시켰기 때문이라 한다.

다른 해난사고와 달리, 이 배의 침몰사고에서는 희생자들의 시신이 해상에 표류하거나 해안으로 밀려오지 않아 대부분의 희생자들이 배와 함께 해저에 수장된 것으로 이 해난사고의 보고서는 언급하고 있다.

한편, 이 해난사고에서 1,750명이 사망했다고 기술한 보고서도 있으나 1,926명이 더 확실한 것으로 인정받고 있다

3.10 1.863명 사망의 "러 조라"호(M.V Le Joola)의 침몰사고

여객선의 해난사고 규모에서 10위에 랭크되는 "러 조라"호는 1990년, 독일에서 건조된 총톤수 2,087톤급의 페리 선으로 79.5m의 전장에 12m의 선폭을 가지고 있었으며 536명의 승객과 35대의 승용차를 실을 수 있는 크기였다.

2002년 9월 26일, 남부 세네갈에서 수도인 다카르(Dakar)로 항해하던 "러 조라"호는 갑자기 불어 닥친 초속 25m의 강풍과 5m의 파고의 황파(荒波)에 휩쓸리면서 안정을 잃고 전복되는 사고를 만났다.

그때 이 배에는 약 2,000명 이상의 승객들이 승선하고 있었는데 물론 여기에는 본선 선원들은 포함되지 않은 숫자이다. 배가 안정을 잃고 완전히 거꾸로 뒤집혀지는 데에는 불과 1분도 채 걸리지 않았다. 황파 속에서 갑자기 전복이 되면서 승객구역이 물속으로 들어간 후, 잠간 동안에 대부분의 승객들은 이미 죽음을 맞이하게 된 것이다.

이 사고에서 구출된 사람은 2,000여 명의 승선자 중에서 불과 64명뿐이었으며 여자는 이 64명 안에서 단 한 명밖에 없었다. 황파 속에서 3시간 동안이나 거꾸로 뒤집혀 있었던 이 배는 황파가 끝난 뒤에도 1시간가량 뒤집어 진채로 물 위에 떠 있다가 해저바닥으로 모습을 감추고 말았는데 이것은 전복이 된 상태로 4시간이나 선체가 물 위에 떠 있었다는 것을 의미한다.

대형 침몰사고의 이탈리아의 여객선 "프린시뻬 움베르또"호의 항해 모습

"러 조라"호는 이 해난사고가 있기 전부터 좌현 엔진의 고장으로 거의 1년간 운항을 못하고 있다가 이 사고가 일어나기 얼마 전부터 운항을 다시 재개하였다고 한다. 따라서 그 전복 원인에 대해서는 갑자기 만난 황파의 원인도 있었겠지만 과도한 승선인원의 초과와 사고 당시에 우현 메인엔진(주기, 主機)의 고장과 조타기의 고장으로 인한 조항성의 문제가 근본적인 침몰원인으로 밝혀졌다.

수면 위로 선저를 드러내고 완전히 뒤집어진 채 간신히 떠있는 상태의 "러 조라"호의 모습
(배 안에 남아있는 공기에 의한 부력으로 잠시 떠있는 상태이지만 배 안의 공기가 빠져 부력을 상실하면 배는 즉시 침몰한다. 이 배도 이 사진의 촬영 후, 약 5분 뒤에 완전히 해저바닥으로 사라져 갔다) (사진출처: BBC News)

3.11 1,619명 사망의 "라코니아-2"호(S.S Laconia-II)의 침몰사고

큐나드(Cunard) 해운의 "라코니아-2"호(RMS Laconia-II)는 1917년 2월에 독일 해군의 유-보트 잠수함의 어뢰에 명중되어 침몰한 "라코니아-1"호(RMS Laconia-I)의 빈자리를 채우기 위해 영국의 스완헌터(Swan Hunter)조선소에서 1922년에 새로 건조된 총톤수 19,695톤에 전장 183.26m, 선폭 22.43m의 북대서양 항로의 정기여객선이었다. 1등 승객 350명과 2등 승객 350명을 포함하여 최대 2,200명의 승객을 태울 수

있었던 정기여객선으로 동절기에는 기존의 정기항로 대신에 중남미와 아프리카 등으로 크루즈 항해에 들어가기도 했었던 매우 호화로운 여객선이었다.

2차 대전이 한창인 1942년 9월 12일 오전 8시 10분경, 서부 아프리카 해안을 따라 영국으로 항해하던 "라코니아-2"호가 어센션섬(Ascension Island, 대서양에 있는 영국령의 섬)의 북쪽 해안 130마일 근처를 지나칠 무렵, 독일해군의 U-156 유보트 잠수함에서 발사한 어뢰에 피격된다. 이때 "라코니아-2호"에는 선원과 승객 133명 및 영국군인 268명 및 이탈리아군 전쟁포로 1,800여 명 등을 포함하여 도합 2,732명이 승선하고 있었다. 제 1발의 어뢰가 배의 1번 화물창에 명중된 것이다. 이 어뢰의 피격으로 화물창 안에 타고 있던 이탈리아군 전쟁포로들의 상당수가 화물창 안에서 즉사하게 된다. 이로부터 1분 후에 또 한 발의 어뢰가 "라코니아-2"호의 1번 화물창과 2번 화물창 사이에 다시 명중된다. 모두 2발의 어뢰가 명중된 것이다.

두 번째의 어뢰에 피격된 직후부터 "라코니아-2"호는 급격히 침몰이 되기 시작하였다. 어뢰의 폭발로 화물창 안에는 이미 수백 명의 이탈리아군 전쟁포로들의 주검과 부상자들이 널려져 있었다. "라코니아-2"호의 "루돌프 샤프(Rudolph Sharp)"선장은 침몰을 피할 방법이 없음을 깨닫고 퇴선명령과 함께 구명정의 진수를 명령 내린다. 그러나 32척의

한 개의 연돌을 가진 2만 톤급의 새로운 대형 여객선의 외형을 처음으로 선 보인 "라코니아-2"호의 모습. 이전의 2개 또는 3개의 연돌을 가졌던 대형 여객선에 비하여 이것은 과히 파격적인 외형이었다.

(사진출처: Children's British History Encyclopedia)

구명정 중에는 어뢰의 파격 당시 이미 상당수의 구명정들이 손상되어 해수면으로 내릴 수 있는 것은 절반밖에 되지 않았다. 승객들과 선원들 및 영국군 병사들의 대부분은 구명정에 탈 수가 있었으나 화물창에 갇혀 있었던 이탈리아군 전쟁포로들은 아직도 화물창 밖으로 나오지 못했거나 구명정을 타지 못한 채로 있었다. 바다에는 상어 떼들이 득실거려서 구명정이 없이 맨몸으로는 감히 바다에 뛰어들 수도 없었다.

어뢰에 피격된 지 약 1시간 뒤 "라코니아-2"호는 미처 퇴선하지 못한 대부분의 이탈리아군 전쟁포로들과 함께 대서양의 해저로 모습을 감추었다.

그때 어뢰공격을 하고 그 자리를 떠났던 U-156 유-보트 잠수함이 다시 되돌아와서 수면 위로 부상(浮上)한 뒤에 구명보트에 매달려 허우적거리는 "라코니아-2"호의 생존자들을 자기들의 유-보트의 갑판 위로 끌어올려 구조하는 놀라운 광경이 벌어졌다. 해치를 열어 둔 유-보트 안에는 "라코니아-2"호의 생존자들이 꽉 찼고 갑판 위에도 생존자들이 가득 타고 있었다. 멀리서 잠망경으로 이 구조광경을 보고 있던 다른 두 척의 독일 유-보트 잠수함들도 이 구조작업을 지원하기 위해서 현장으로 급히 달려왔다.

도합 세 척의 잠수함들이 한곳에 모여서 구조활동을 펼치는 정말로 믿을 수 없는 광경이 벌어진 것이다. 곧 대서양의 해상에서 난데없이 인도주의 아름다운 모습이 전개된 것이다.

그러나 사건 약 2시간 뒤인 11시 25분경, 유-보트들이 "라코니아-2"호의 구명정들을 예인하여 아프리카 해안으로 향하려던 찰나, 미국 육군항공대의 B-24 폭격기 한 대가 나타나서 구조작업 중인 잠수함 위에 500파운드(277kg) 대형 폭탄 두 발과 300파운드(159kg) 급의 폭뢰 두 발을 투하하는 폭격을 감행하였다. 그러나 이 네 발의 폭탄들이 모

"라코니아 2"호를 공격했던 미국 육군항공대 B-24 중(中)폭격기의 모습

두 명중되지 않아 다행히 잠수함들은 피해를 입지 않았다. 잠수함 함장의 긴급잠수 명령에 따라 잠수함의 해치가 급히 닫히고 구명정들과 묶은 예인줄(토우라인, Tow line)들은 끊어 버린 채, 잠수함은 물속으로 잠수를 하였다. 비좁은 잠수함 안에 들어가지도 못하고 갑판 위에 있던 사람들은 잠수함이 잠수하면서 만들어진 거센 물살 속으로 그대로 끌려 들어가 버렸다.

미국 육군항공대의 B-24 폭격기의 공격으로 생각지도 못한 실로 비참한 광경이 벌어진 것이다. B-24 폭격기의 폭격이 없었더라면 이것 보다 훨씬 많은 사람들이 구조되었겠지만, 결과적으로 1,619명의 많은 사람들이 사망 또는 실종하게 되었다. 다시 말해서 2,732명의 승선자 중에서 구명정에 타고 있던 일부 사람들과 잠수함의 내부로 들어갈 수 있었던 사람들을 포함하여 1,113명만이 구조되고 나머지 1,619명이 모두 희생되는 비참한 해난사고가 된 것이다.

이 사건을 가리켜 2차 대전에서 비겁하고 미친 폭격에 의한 가장 비극적인 참사라고 말하고 있다. B-24의 폭격기의 조종사는 유-보트 잠수함을 격침시킴에 따른 훈장에 눈이 멀어 기지 사령관에게 유-보트의 인도적인 구조상황과 유-보트의 카닝타워(Conning Tower, 잠수함의 지휘탑 또는 사령탑)위에 펼쳐진 적십자 깃발에 대한 보고는 누락시키고 단순히 유-보트의 발견만을 보고함으로써 유-보트를 폭격하라는 명령이 내려졌다는 것이 나중에 밝혀졌다. 이에 대하여 미국 육군항공대의 그 당시 폭격기지 사령관도 2차 대전이 끝난 뒤에 "나는 폭격기의 보고에 따라 유-보트에 대한 공격인 줄로 알았을 뿐, 그때 그런 구조상황인 줄은 정말 몰랐다"라고 말하였다.

카닝타워 위에 적십자 깃발을 걸고 "라코니아-2"호의 조난자들을 구조하여 갑판 위에 가득히 태우고 있는 U-156호 유-보트의 모습

(사진출처: www.inforeactor.com)

3.12 1,514명 사망의 "타이타닉"호(RMS Titanic) 침몰사고

"타이타닉"호는 화이트스타(White Star)해운이 의욕적으로 건조한 올림픽 급(Olympic Class)의 북대서양 정기여객선 시리즈의 제 2호선에 해당하는 여객선이 된다. 다시 말해서 같은 올림픽 급의 대형 여객선으로 1911년에 제 1호선인 "올림픽"호(RMS Olympic)가 취항을 하였고 제 2호선인 "타이타닉"호는 그다음 해인 1912년에 취항하였다. 총톤수 46,328톤, 전장 269m, 선폭 28m인 이 배는 9층의 갑판으로 되어 있었고 승객정원 2,435명, 승선하는 선원의 수 892명으로 최대 승선인원수는 3,327명이었다.

29기의 보일러에서 생산되는 증기로 2대의 증기왕복동 엔진과 1대의 저압증기터빈 엔진을 구동하여 선미의 3기의 추진 프로펠러를 돌려 24노트(시속 44km)의 최고속도와 21노트(시속 39km)의 순항속도를 가지고 있었다. 따라서 네 개의 높고 큰 연돌과 두 개의 높은 마스트로 위용을 자랑하던 이 배를 선주사인 화이트스타 해운은 침몰되지 않는 배곧, 불침선(不沈船, The Unsinkable Ship)이라고 자랑하였다.

첫 항해에 들어가는 "타이타닉"호를 뒤에서 본 모습

(네 개의 연돌 중에 선미 쪽 끝에 있는 연돌은 연돌의 기능을 하지 않는 모조연돌(가짜 연돌)로 연기가 나올 수 없다. 따라서 "타이타닉"호를 그린 그림들 중에서 네 개의 연돌에서 모두 연기가 나오는 모습으로 그린 것들이 있는데 그것은 이 배를 모르고 잘못 그린 것이다)

이 배의 설계를 총괄한 “토마스 안드루스(Thomas Andrews)”는 이 배를 건조한 할란드엔드 울프(Harland & Wolff) 조선소의 회장이며 조선기술자인 “윌리엄 피리어(William Pirrie)”경의 조카라는 관계로 조선소 사장의 자리에서 이 배의 건조를 총괄지휘 하였다.

그러나 학부에서 조선을 전공한 전문엔지니어 출신이 아니라 조선소의 현장에서 배운 미진한 조선(造船)지식이 전부였던 “토마스 안드루스”가 조선소 주인의 조카라는 이유 하나로 이 배의 설계와 건조를 총괄 지휘했다는 것부터가 처음부터 잘못된 것이었다(사실, 건조 중에도 조선소의 기술자들과 의견충돌이 잦았다고 한다).

1912년 4월 초, 인도하기 바로 직전, 최종 공식시운전에 참석한 “토마스 안드루스”는 그의 친구들에게 “타이타닉”호는 세상에서 가장 안전한 배이며 인간의 지혜로 만든 것으로는 거의 완벽한 것이라고 자랑을 늘어놓았다.

그러나 이 배의 설계에는 표출되지 않은 두 가지의 결정적인 실수가 있었으나 “안드루스”는 이것을 미처 깨닫지 못하고 있었다. 그 첫 번째의 실수는 승선정원수, 3,327명의 35.4%에 간신히 해당하는 1,178명분의, 60인승 구명보트 21척만을 탑재를 한 것이었고, 두 번째의 실수는 침수로 인한 배의 침몰을 방지하기 위한 15개의 수밀격벽(水密隔壁, 영어로는 Watertight Bulkhead, 선체의 침수와 침몰의 방지를 위해 선체내부를 여러 구획으로 분리한 수밀의 강력한 벽체)으로 배의 내부를 16구획으로 나눔으로써 최소한 5개의 구획이 침수하더라도 배가 침몰되지 않도록 하였으나 설계기술상의 실수로 이 수밀격벽의 윗부분이 상갑판까지 연속되지 않고 그 아래 갑판에서 중단된 것이었다(“타이타닉”호 외판 손상부분의 도면 참조).

그래서 조선소의 일부 설계자들이 승객정원수에 비해서 구명보트의 승선능력이 너무 부족하다는 것과 수밀격벽의 높이가 중간 갑판에서 그칠 것이 아니라 상갑판까지 계속 더 올라가야 한다는 것을 주장했으나, “안드루스”는 “그것은 이 배의 크기와 안전성에 비추어 너무 지나치고 비효율적이다”하면서 묵살해 버린다.

출항하기 직전에 배를 둘러본 어느 신문기자가 “안드루스”에게 “승선인원수에 비하여 구명보트의 승선능력이 너무 부족한 게 아닙니까?”하고 물어 왔을 때 “안드루스”는 “이 배는 불침선인데 실제로 구명보트가 무슨 필요가 있겠습니까?”하며 한심스럽다는 표정으로 기

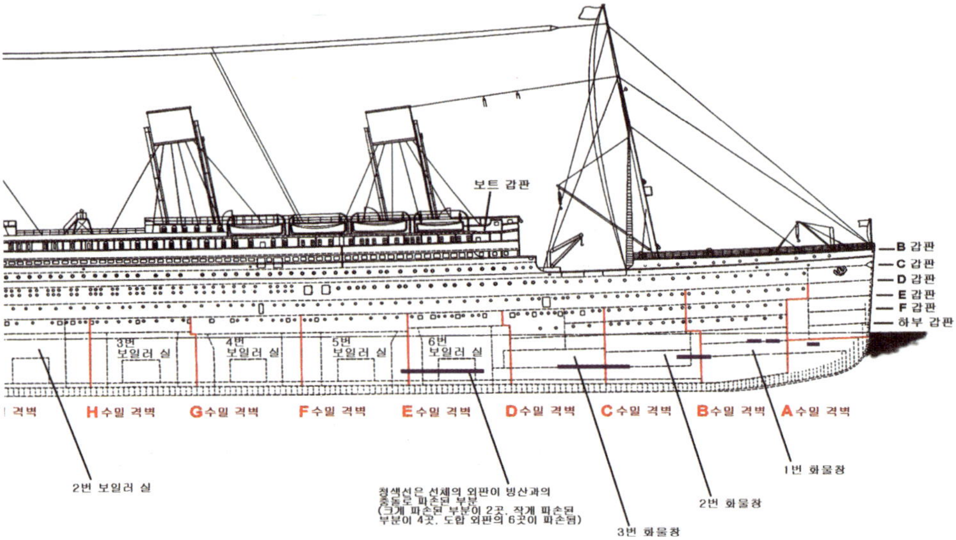

빙산과의 충돌로 "타이타닉"호 우현외판에 생긴 손상부분을 표시한 도면

(외판의 굵은 선은 빙산과의 충돌 때 생긴 외판의 손상부분을 표시한 것이다. 그림에서 보는 것과 같이 6번 보일러실과 1번, 2번 및 3번 화물창이 먼저 침수가 되었다. 이 침수구역의 수밀격벽(적색 줄로 표시된 것)들이 상갑판인 B갑판까지 올라가야 하나 실제는 중간의 E 갑판까지만 설치가 되었다. 고로 E 갑판을 넘은 해수가 계속해서 다른 수밀구역으로 넘쳐 흘러들어가 해수로 무거워진 선수부분의 무게 때문에 배는 두 토막으로 부러지고 결국은 침몰하게 되었다)

자를 빤히 쳐다보며 퉁명스럽게 대답하였다.

1912년 4월 10일, 영국의 사우샘프턴(Southampton) 항구를 출항하여 뉴욕을 향해 처녀항해의 장도에 오른 "타이타닉"호는 "에드워드 스미스(Edward J. Smith)" 선장의 지휘 아래 순조롭게 쾌속으로 항해를 계속해 나갔다. "스미스" 선장은 그 당시 62세의 나이로 영국에서 가장 해상경험이 풍부하고 가장 노련한 선장으로 인정받는 사람이었다.

운명의 날, 하루 전인 4월 14일 오전 9시, 영국의 큐나드 해운의 대서양 정기여객선, "카로니아"호(RMS Caronia)로부터 "빙산이 부근 해상에 떠다니고 있다. 주의하라"는 무선이 접수된다. 뒤이어서 오후 1시 42분, 같은 해운회사 소속의 또 다른 대서양 정기여객선 "발트"호(RMS Baltic)로부터 "빙산에 주의가 요구 된다"는 무선이 다시 접수된다. 3분이 지난 오후 1시 45분, 독일국적의 총톤수 22,220톤급의 대서양 호화 정기여객선 "아메리카"호(S.S Amerika, 독일 선명이므로 America가 아니고 Amerika임)로부터 "항로에서 방금 두 개의 빙산을 보았나"는 무선교신이 들어왔으나 이것은 스미스 선장에게

"타이타닉"호의 1등 승객구역으로 가는 입구의 회랑(回廊)
(영화제작을 위한 세트가 아니고 실제의 모습이다. 1등 승객구역 그랜드 실내계단과 연결된 곳으로 매우 우아하게 꾸며져 있었으며 천장의 중앙부는 스테인드글라스(Stained glass)의 돔(Dome)으로 되어 있었다)
(사진출처: Book, 32 Remarkable photos of the Titanic)

보고가 안 된다(아직까지 그 이유는 밝혀지지 않았다).

해난사고가 일어나기 바로 몇 시간 전인 오후 7시 30분, 1등 승객 다이닝룸(Dining room, 만찬식당)과 2등 승객 다이닝룸에는 승객들이 호화로운 저녁만찬을 즐기고 있었다. 3등 승객들은 일찌감치 저녁식사를 마치고 갑판 위로 올라가 대서양의 봄바람을 맞으며 항해를 즐기거나 선미에 위치한 3등 승객 전용휴게실에 모여서 놀이를 하고 있었다.

이때 근처를 지나는 영국 국적의 6,220톤급의 객화선(客貨船, 승객도 태우고 화물도 싣는 이중목적의 선박)인 "캘리포니안"호(RMS Californian)로부터 또 한 장의 무선이 들어온다. "세 개의 큰 빙산이 귀선(貴船)의 전방에 있으니 주의하라".

1등 승객구역과 2등 승객구역에는 식사 후의 여흥이 한창이고 이러한 여흥이 없는 3등 승객의 구역에는 대부분의 승객들이 잠자리에 든 시각인 밤 10시 30분, 3시간 전에 무선을 보내왔던 "캘리포니안"호의 무선사로부터 또다시 다급한 무선이 들어온다. "바로 근처에 빙산이 있다. 주의하라".

어둠 속 몇 마일 앞에 빙산이 있음에도 불구하고 "타이타닉"호의 무선사는 "교신을 닫아라, 교신을 닫아라, 나는 지금 케이프로즈(Cape Rose, 뉴펀드란드 남쪽 끝에 있는 등대)와 교신 중이다"하며 "캘리포니아안"호의 무선을 끊어 버린다.

오후 10시 55분, "타이타닉"호의 선수마스트의 감시탑(監視塔, 새둥지처럼 생겼기 때문에 Crow's nest라고 부른다)에 있는 견시(見視)선원이 빙산을 목격하고 조타실에 황급히 이것을 보고한다. 마침 조타실에는 1등 항해사 "윌리엄 머독(William Murdoch)"이 항해를 지휘하고 있었다. 해면은 평소와 달리 너무나 고요했었고 바람도 북대서양의 봄철에는 보기 드문 미풍이 불고 있었다. 1등 항해사 "머독"은 "유리 같이 잔잔하군(It is like glass)"하며 조타수에게 말을 건넨다. 짙은 어둠 속이라 쌍안경을 통해서 빙산이 보이다가 말다가 한다. 이때 1등 항해사 "머독"이 무엇을 보았는지 3항사에게 다급하게 "하드 스타보드, 엔진 리저브!(Hard Starboard, Engine Reserve!, 우현으로 급히 방향을 틀고 엔진출력을 바꿀 준비하라는 뜻)"라고 명령을 내린다. "타이타닉"호는 속도를 그대로 유지한 채, 급히 선수를 좌현으로 꺾는다. 그러나 이미 너무 늦은 상태로 빙산은 "타이타닉"호의 우현 선수부분과 심하게 부딪친다. 시각은 1912년 4월 14일 오후 11시 40분, "타이타닉"호의 우현 선수부분의 외판이 지르는 날카로운 금속음이 울려 퍼진다.

그것은 빙산과 충돌하면서 선수부분의 외판들의 이음새가 터지는 소리였다. 배의 우현 선수부분 외판들의 리벳핀(Rivet Pin)들이 터지면서 벌어진 외판 사이로 여섯 군데에 큰 구멍들이 생기고 그곳을 통해 바닷물이 폭포수처럼 밀려들어 순식간에 배 안에 차오르기 시작한다, 즉, "타이타닉"호의 침수는 지금까지 일반적으로 알려지고 있는, 빙산에 의해 외판이 찢어진 것이 아니라, 외판들을 서로 덧대어 접합시키고 있던 리벳핀들의 머리부분이 강한 외력으로 끊어지면서(날아가면서) 벌어진 외판 사이의 구멍에 의한 것이었다.

그중에서도 3번 화물창과 6번 보일러실은 들이닥친 거센 물길 속에서 기관실의 선원들이 미처 피할 틈도 없이 거센 물살을 맞고 그대로 구석으로 튕겨져 날아가고 얼음같이 차가운 해수를 덮어쓴 보일러는 지옥과 같은 무시무시한 수증기를 분출하며 보일러실의 선원들을 일순간에 사망케 만들었다.

다시 보일러실의 천장까지 차올라간 해수는 보일러실의 천장을 넘어 삽시간에 3등 승객구역 전체를 삼켜 버렸다. 선체 하부갑판의 침실에 있던 3등 승객들 중의 일부는 수면 중에 물속으로 그대로 잠겨버리고 또 다른 일부는 객실방문을 열고 상부갑판으로 필사적인

"타이타닉"호의 아름답게 꾸며진 1등 승객전용 라운지의 모습
(150개의 좌석을 가진 330㎡(100평) 넓이의 라운지로 층 갑판 우현에 위치해 있었다. 1등 승객들이 만찬 후에 이곳에서 바다를 바라보며 느긋하게 휴식과 담소를 가지는 장소였다) (사진출처: yachtandcoast.com)

탈출을 시도하였으나 목 높이까지 물이 찬 상태에서 탈출을 할 수 없었다.

이때 만약 "타이타닉"호가 급히 속도를 줄일 수만 있었더라면 빙산과의 충돌을 피할 수 있었거나 아니면 충돌을 피할 수 없었다고 하더라도 속도가 줄었기 때문에 외판이 받은 충격이 적어서 "타이타닉"호가 침몰을 면할 수도 있었을 것이라고 전문가들은 말하고 있다.

그 예로, 1907년에 독일 선적의 14,900톤급 대서양 정기 호화여객선인 "크론프린츠 빌헬름"호(S.S Kronprintz Wilhelm)도 역시 이 근처의 해상에서 빙산과 충돌한 적이 있으나 "타이타닉"호보다 저속의 상태에서 충돌을 하였기 때문에 다행히 침몰을 면하고 승객들을 태운 채 무사히 뉴욕항으로 돌아온 기록이 있다.

따라서 "타이타닉"호의 침몰에는 무엇보다도 22노트(시속 40.7km)의 쾌속을 그대로 유지한 채 빙산과 충돌한 것이 결정적인 요인이 된다. 선장실에 있던 "스미스" 선장은 "수밀구획 중에 다섯 구역이 침수되고 다른 수밀구획도 빠른 속도로 침수되고 있었기 때문에 우리 배는 2시간 안에 침몰합니다"라는 1등 항해사 "머독"의 보고를 받고 망연자실하며 더 이상 배를 살릴 방법이 없음을 판단하고 배를 포기할 것을 지시한다. 이것은 당시 가장 유명세를 날리던 한 사람의 위대한 선장이 영원히 몰락하는 순간이었다.

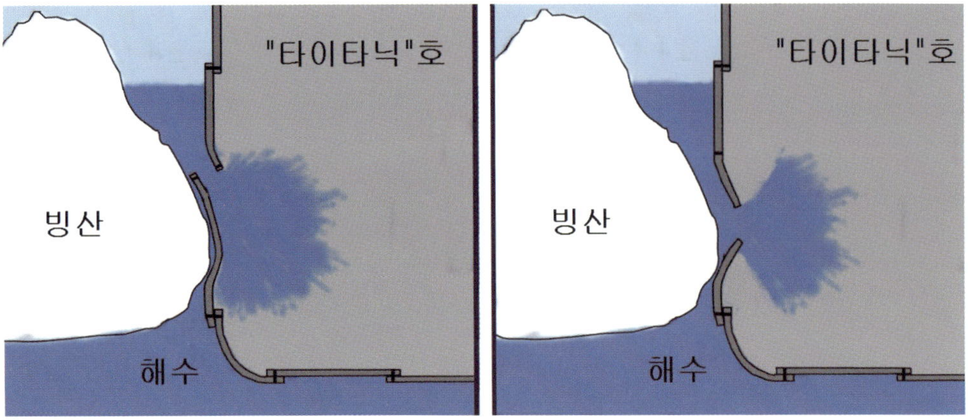

빙산이 "타이타닉"호의 우현에 충돌했을 때 파손된 "타이타닉"호의 외판 상태를 묘사한 그림
(선체의 외판이 휘어지면서 리벳 핀이 떨어져나가고 벌어진 외판 사이로 해수가 폭포처럼 배 안으로 밀려들어간 실제상황을 그린 그림(좌). 외판이 찢어지면서 구멍이 생겼을 것이라고 추측하여 왔던 종전의 잘못된 생각을 그린 그림(우). 리벳 구조의 가장 큰 약점은 이와 같이 큰 충격을 받을 경우, 리벳 핀의 강도가 부족하면 리벳 핀이 먼저 떨어져나가는 것이다)

참고

"타이타닉"호의 1등 항해사 "머독"이 내린 "하드 스타보드(Hard Starboard)"는 "전타(全舵) 우회전"의 뜻이 된다. 20세기 이전의 범선에서는 타륜(舵輪, 타(舵)를 돌리는 큰 핸들)의 돌리는 방향과 배의 선회방향이 반대로 되어 있었기에 범선의 조타수에게는 이 지시가 우현이 아닌 "좌현으로 돌려"가 된다. 20세기 초에는 조타지시방법의 전환기에 있었으며 많은 범선의 조타수들이 동력선의 조타수로 일하고 있었다. 따라서 그때 "타이타닉"호의 조타수는 경황 중에 1항사 "머독"의 지시와는 반대가 되는 방향으로 배를 급히 돌렸을 것이란 가설도 있다.

이 배를 건조한 조선소의 대표자이며 건조 책임자의 자격으로 이 배에 승선하고 있었던 "토마스 안드루스"는 배가 빙산과 충돌할 당시, 자기의 객실에 있었고 처음에는 빙산과의 충돌이 별거 아니라고 생각하고 있었다. 이것은 "타이타닉"호가 이 정도의 사고로는 결코 침몰이 되지 않는다는 자기만의 잘못된 생각을 과신하고 있었기 때문이다. 설계상의 잘못 때문에 배가 침몰할 수밖에 없다는 사실은 전혀 모른 채….

자기 기술에 대한 자만과 권위의식에 가득 찼었던 39세의 한 젊은 기술자이며 동시에 이 배를 건조한 할란드엔드 울프 조선소의 사장이었던 "토마스 안드루스"는 과대 포장된

"타이타닉"호와 충돌했던 빙산의 실제 모습

("타이타닉"호의 조난 당시, 구조선으로 활약했던 대서양 정기여객선, "카파디아"호의 항해사가 촬영한 사진으로 매우 귀중한 사진이다. 사진에 있는 글자는 그 항해사가 그 사진에 자필로 쓴 기록이다) (사진출처: rmstitanichotel.co.uk)

그의 명성과 함께 여기에서 생을 마감한다. 그렇게 긴 경력도 아닌 15년의 조선소 경력(사실 조선소에는 30~40년 이상 경력의 기술자들이 수두룩하다)에 너무 자만했었고 조선기술에 대한 모든 것을 터득한 사람처럼 자신의 실력을 과신했었던 한 젊은이의 오만이 이런 중대한 해난사고를 빚은 것이다.

배가 빙산과 충돌하여 선수부분부터 가라앉기 시작하는 상황에서 적절한 조치를 취할 어떠한 명령과 행동을 전혀 보이지 않았던 "스미스"선장은 배가 침몰하는 마지막 순간, 10분 전인 오전 2시 20분 조용히 조타실로 향하는 것이 2등 항해사 "찰스 라이톨러(Charles Lightoller)"에게 목격된다. 그때 "스미스" 선장은 제복이 아닌 가벼운 평상복 차림으로 망연자실한 상태였었다고 한다. 이것이 마지막으로 목격된 그의 모습이었다.

그의 죽음에 대해서는 여러 가지 다른 이야기들이 많다. 어떤 일간지는 그가 조타실에서 권총자살을 했다고 보도했으나 구조된 선원들은 신문의 이 기사를 전면 부정하고 있다. 이 배의 무선사 "헤롤드 브라이드(Harold Bride)"는 조타실 근처에서 한 선원이 "스미스" 선장에게 물에 뛰어들 것을 권유하는 것을 보았고 또 구명보트에 탄 어떤 생존자들은 물에 떠 있는 "스미스" 선장을 본 것으로 밝혀져 이 기사는 나중에 거짓임이 밝혀졌다.

승객 중의 한 사람으로 간신히 구명보트에 탈 수 있었던 "아치볼드 그레이시(Archibald Gracie)" 대령은 차가운 물속에서 보트를 잡고 떠 있는 한 노인을 잡으며 "내 손을 잡으십시오. 우리 함께 헤쳐 나가 봅시다"라고 말했다. 그때 그 노인은 차분한 목소리로 답했다 "이제 그만 됐어요. 당신에게 하느님의 자비가 있기를 빌겠습니다. 행운을 빕니다." 그리고 그 노인은 곧 보트를 잡은 손을 놓고 물속으로 사라져 갔다. 나중에서야 "아치볼드 그레이시" 대령은 물속에서 보트에 매달려 있었던 그 노인이 바로 "스미스" 선장이었던 것을 깨달았다.

"타이타닉"호의 마지막 순간 모습

(선체가 두 토막으로 부러져서 끊어진 선체의 앞부분은 이미 물속으로 사라졌고 남아있는 선체의 뒷부분마저도 물속으로 자취를 감추려는 순간이다. 보트를 타지 못한 사람들이 선미의 끝부분에 한데 모여 있고 일부는 해면으로 떨어지고 있다. 이때의 해수온도는 건장한 사람도 10분 안에 심장이 멈출 정도로 얼음같이 차가운 상태였다)

(그림출처: bartcop.com)

배가 빙산과 충돌한 후에 "스미스" 선장으로부터 배를 포기한다는 지시를 내려지자, 보트갑판 위의 구명보트들이 해면으로 내려지기 시작하였다. 그러나 배가 선수 쪽으로 너무 가라앉은 상태이고 더구나 구명보트를 물에 내려주는 보트데빗(Boat Davit)도 너무 취약한 구조로 되어있어 승선자들이 보트에 탄 채로는 내릴 수가 없었다. 그래서 60인승의 구명보트에 스무 명 정도만 탄 채로 물 위에 내리고 나머지는 물 위에 뜬 보트를 향해 갑판에서 뛰어내리거나 바로 옆의 물로 뛰어 들어가 다시 보트 위로 건져 올려졌다. 당시의 해수는 얼음같이 차가운 상태로 건장한 사람도 이처럼 차가운 물속에서 10분이면 의식을 잃을 정도였다. 물에 뛰어든 많은 사람들도 이 때문에 물속에서 죽어들 갔다.

선체내부가 침수되면서 무거워진 선수부분과 아직 침수가 되지 않아 부력상태를 가진 선미부분과의 선체중간부분에 거대한 전단력(剪斷力, 끊어지는 힘)이 걸리면서 배는 마치 거대한 도끼로 잘린 것처럼 두 부분으로 끊어지고 만다. 그리고 해수가 가득 차서 무거워진 선수부분은 많은 사람들과 함께 그대로 물속으로 사라지고 만다.

1912년 4월 15일 오전 2시 30분, 선체가 선수와 선미부분으로 끊어진 후에 간신히 물에 떠 있던 선미부분도 역시 많은 사람들을 태운 채 거의 수직으로 곤두서면서 물속으로 자취를 감춘 시각이다. 다시 말해서 "타이타닉"호가 빙산과 충돌 후, 북대서양의 해저바닥으로 완전히 사라지는데 소요된 시간은 2시간 40분간이었다.

사고해역에서 58해리(107km) 떨어진 지점을 항해하던 영국 큐나드 해운의 13,550톤급의 대서양 정기여객선 "칼파디아"호(RMS Carpathia)가 "타이타닉"호의 SOS 무선신호를 수신하고 급히 선수를 돌려 전속으로 사고해역에 도달했을 때는 오전 4시경으로 "타이타닉"호가 물속으로 자취를 감춘 지 거의 한 시간 반이 지나간 시각이었다. 생존자는 구명보트에 타고 있는 사람들뿐이었고 물 위에 부유하며 구조를 기다리는 사람은 아무도 없었다. 이 배의 동형자매선인 "올림픽"호(RMS Olympic)는 이보다 더 멀리 떨어져 있어서 구조 활동을 펼칠 수가 없었고, 마지막까지 빙산위험의 무선신호를 보내왔던 "캘리포니안"호(S.S Californian)는 야간이라 무선통신을 끊은 상태로 있었기에 "타이타닉"호의 조난구조신호를 받을 수가 없었다.

이 해난사고에서 사망 및 실종된 사람의 수는 1,517명으로 2,233명의 승선자 중에서 706명만이 간신히 구조되어 살아남을 수가 있었다. 이 사망사고에도 빈부의 차이가 있어

1등 승객은 60.5%가 구출되고 2등 승객의 경우에는 41.7%, 3등 승객의 경우에는 네 사람 중에서 한 사람에도 못 미치는 24.5%만이 구출될 수 있었다. 이것의 주된 이유는 1등 승객과 2등 승객의 객실들은 상부갑판에 위치해 있어 비교적 용이하게 구명보트에 접근할 수가 있었던 반면에 3등 승객들의 객실들은 하부갑판에 위치해 있어 탈출이 어려웠을 뿐더러 하부갑판이 침수되는 시간이 너무 빨라서 배가 침몰되기 시작한 초반에 이미 하부갑판에 있던 대부분의 3등 승객들은 이미 탈출의 기회를 놓쳐 버렸기 때문이다.

한편, 생존자 중에서 이 배를 건조한 조선소의 사장이자 이 배의 건조를 총괄 지휘했었던 "토마스 안드루스"의 모습을 "타이타닉"호가 빙산과 충돌한 이후에 본 사람은 아무도 없다고 한다. 따라서 그는 아마도 객실 안에서 조용히 죽음을 맞이한 것으로 추측되고 있다.

04 전설적인 대형 여객선들

4.1 1897~1907년의 카이제(Kaiser) 급 네 척의 여객선들, 근대 대양(大洋) 여객선의 시대를 개막한 기념비적인 여객선

1890년대 중반, 독일은 유럽에서 미국으로 가는 부유한 사람들의 발이 되고 또 유럽에서 미국으로 가는 수많은 유럽 이민자들의 운송수단이 되는 대서양 호화 정기여객선들을 건조함으로써 북대서양 항로에서 주도권을 장악한다는 원대한 계획 아래 이 항로에서 뛰게 될 최신의 정기(定期)여객선 네 척을 건조키로 한다. 이 프로젝트는 당시 독일을 대표하는 조선소였던 슈테틴(Stettin, 현재는 폴란드에 속함)의 풀칸(Vulcan)조선소에서 건조가 되어졌으며, 이 네 척의 대형 여객선들을 카이제급이라 부르고 배마다 당시 프러시아 제국(1차 대전 이전의 독일의 명칭)의 왕족 이름을 붙이도록 하였다.

따라서 이 네 척의 카이저급의 제 1호선은 1897년 8월에 건조가 완료되고 다음 달인 9월에 취항한 "카이제 빌헬름" 황제의 이름을 따른 "카이제빌헬름 데어그로제"호(S.S Kaiser Wilhelm der Grosse)이다. 이 배의 총톤수는 14,349톤으로 전장 200m, 선폭 20m를 가져 당시 세계에서 가장 크고 가장 호화로웠던 영국, 큐나드(Cunard) 해운의 "루카니아"호(RMS Lucania) 보다도 2,500톤이나 더 큰 선체에 더 호화로운 승객구역을 가지고 있었다.

"카이제빌헬름 데어 그로제"호의 측면도

(4개의 연돌을 가진 선체를 세계최초로 소개한 대형 여객선이다. 지금으로부터 120여 년 전인 1890년대 유럽의 공업기술은 그때 이미 이 정도의 수준에 도달해 있었다)

제 2호선은 총톤수 14,908톤, 전장 202.17m, 선폭 20m의 선체크기를 가지고 1901년 12월에 취항하면서 빌헬름 황태자의 이름을 받은 "크론프린츠 빌헬름"호(S.S Kronprinz Wilhelm)이다.

제 3호선은 총톤수 19,361톤, 전장 215.27m, 선폭 22mdml 선체크기로 1902년 8월에 진수가 되고 1903년 4월에 취항한 "카이제 빌헬름-2"호(S.S Kaiser Wilhelm-II) 이다. 이 배 역시 빌헬름 황제의 이름을 따랐다.

제 4호선 즉, 마지막 네 번째의 배는 총톤수 19,360톤, 전장 215.29m, 선폭 22m의 선체크기로 1906년 12월에 진수가 되고 1907년 8월에 취항한 "크론프린체신 체칠리에"호(S.S Kronprinzessin Cecillie)로 황태자 비(妃)의 이름을 그대로 따랐다.

카이저 급 북대서양 항로 정기여객선의 제 2호선인 "카이제 빌헬름-2"호의 모습

카이저 급의 제 4호선, "크론프린체씬 체칠리에"호의 항해 모습
(카이저 급의 대형 여객선 네 척은 모두가 똑같이 4개의 높고 큰 연돌에 비슷한 외형을 가지고 있었다)
(사진출처: pinterest.com)

네 척 모두가 4개의 연돌과 3개의 마스트를 똑같이 가지고 있었고 모양도 서로 비슷하여 여객선 전문가들도 구별하기가 쉽지 않았다. 특히, 제 1호선인 "카이제 빌헬름 데어 그로제"호는 4개의 연돌을 가진 최초의 대형 여객선이자 최초로 무선통신장치를 설치한 여객선으로 기록을 남기며 1898년에는 북대서양 항로횡단 최단시간 수립의 블루리밴드(Blue Riband)를 획득하여 취항 당시, 세계에서 가장 호화롭고 가장 빠른 여객선이 된다.

독일정부의 지시에 따라 구경 105mm 함포 6문과 37mm 기관포 2문 등을 장착한 무장상선으로 운항을 하다가 1914년 8월 26일, 서부 아프리카의 스페인 식민지인 리오데오로(Rio de Oro) 앞 해상에서 영국해군의 순양함 "하이플라이어"함(HMS Highflyer)과 조우한다. 그때 영국 순양함이 "카이제빌헬름 데어그로제"호에게 투항할 것을 요구하나 "카이제빌헬름 데어그로제"호는 그것을 단호히 거절하고 그날 오후 3시 30분부터 4시 45분까지 1시간 반에 걸쳐 쌍방 간에 치열한 해상교전을 전개한다.

105mm 함포 6문을 장착한 무장상선과 구경 152mm 함포 11문과 12파운드 함포 8문 등으로 중무장을 한 순양함과의 전투는 그 결과가 처음부터 뻔한 것이었다. 화력에서 열세에 있었던 "카이저빌헬름 데어그로제"호는 무장체계의 대부분이 파손되고 선체도 더 이상 유지할 수 없을 정도로 전투불능의 심각한 손상을 입게 되자 선장의 명령으로 자기들의 배를 자폭시키고 선원들은 상륙한 후에 사하라 사막으로 도주하여 긴 여정 끝에 독일로

영국 순양함 "하이플라이어"함과의 교전에서 심각한 손상을 입고 자폭으로 침몰하고 있는 "카이제빌헬름 데어 그로제"호의 마지막 모습을 묘사한 그림

(바로 앞에 침몰하고 있는 4개의 연돌을 가진 배가 "카이제빌헬름 데어 그로제"호이며 멀리 있는 군함은 영국해군의 순양함 "하이플라이어"함이다) (사진출처: Alexander Monreal)

돌아가는 전설과 같은 이야기를 만든다. 이것이 이름하여 리오데오로의 전투(The Battle of Rio de Oro) 이다. 따라서 이 배가 1차 대전에서 침몰한 첫 번째의 대양여객선이 된다.

제 2호선인 "크론프린츠 빌헬름"호와 제 3호선인 "카이제 빌헬름-2"호 및 제 4호선인 "크론프린체씬 체칠리에"호, 이 세 척은 미국이 1차 대전의 참전을 선포한 이후, 모두 미국에서 나포되어 미국해군의 병력수송선이 되어 큰 활약을 한 후에 전쟁이 끝나도 다시는 독일로 돌아가지 못한 채 한 척은 1923년에, 다른 두 척은 1940년에 폐선처리로 사라졌다. 제 1호선인 "카이제 빌헬름 데어그로제"호는 리오데오로 전투 이후에 리오데오로 항구에서 수면 위로 일부 선체를 드러낸 채 있다가 1952년에 가서야 비로소 완전히 고철로 분해되었다. 따라서 독일이 야심차게 건조한 카이저급의 대형 호화여객선 네 척은 한 척도 귀국하지 못한 채 모두 타국에서 그 생을 마감하여 전설적인 여객선으로 남게 되며 더욱이 이 네 척의 대형 호화여객선들이야말로 20세기 근대 대양여객선의 시대를 개막한 위대한 여객선으로 여객선의 역사에 큰 발자국을 남기게 된다.

4.2 1901년의 "켈틱"호(RMS Celtic), 네 번이나 침몰을 모면한 불사조 같은 북대서양 정기여객선

영국 북아일랜드의 벨파스트(Belfast)에 있는 할란드엔드 울프(Harland & Wolff) 조선소에서 1901년 4월에 진수되고 그해 7월에 취항한 화이트 스타(White Star) 해운의 북대서양 정기여객선 "켈틱"호(RMS Celtic)는 총톤수 21,026톤(어떤 자료에서는 20,904톤이라 함)으로 취항 당시 세계에서 가장 큰 여객선이었다. 종전까지 가장 큰 여객선의 타이틀을 40년 이상이나 보유하고 있던 "그레이트 브리턴"호(S.S Great Britain)로부터 이 타이틀을 쟁취한 것이다. 전장 214m, 선폭 23m로 "그레이트 브리턴"호보다 전장은 2.7m가 더 길고 총톤수는 무려 2,100톤이나 더 큰 선체로 건조되어졌다.

350명의 1등 승객과 160명의 2등 승객을 포함하여 2,860명의 승객정원 및 16노트(시속 30km)의 순항속도로 북대서양 항로를 정기 운항했었던 이 배는 1928년 12월 10일, 북아일랜드의 코브(Cobh) 근처에 있는 카우엔드카프(Cow and Calf)암초에 좌초되어 결국 폐선처리가 될 때까지 27년의 긴 세월 동안 유럽에서 북미로 가는 수많은 이민

"켈틱"호가 첫 항해를 위해 리버풀(Liverpool) 항구를 출항하는 모습

(두 개의 웅장한 연돌, 네 개의 높은 마스트, 두 개의 추진 프로펠러를 가졌던 이 여객선이 지금으로부터 무려 116년 전에 만들어졌다는 사실에서 우리는 당시의 영국의 높은 산업기술에 놀라게 된다. 또한 이 배를 옆에서 밀어주고 있는 항구 예인선의 외형이 오늘날의 것과 너무나 비슷하여 우리를 또 한 번 놀라게 된다)

참고

1960년대 이전의 영국의 대형 여객선들은 Steam Ship(증기선)의 호칭인 S.S나 Motor Ship(엔진선) 또는 Motor Vessel의 호칭인 M.S 또는 M.V 대신에 Royal Mail Ship의 약칭인 RMS를 많이 사용하였다.

자들을 태웠던 이 대양여객선은 당시의 이민자들에게는 영원히 기억에 남을 노스탈지어(Nostalgia, 향수) 그 자체였다.

1차 대전이 발발하자 본국 정부의 명령에 따라 영국 해군을 지원하는 수송선이 되어 함포를 장착하고 무장상선이 된다. 1917년, 영국해군의 지원작전을 수행하던 중에 기뢰(機雷, Mine)에 저촉되어 승선자 중에서 17명이 배 위에서 사망하고 선체도 선저에 큰 구멍이 뚫리는 등, 매우 심각한 손상을 입게 된다. 그러나 다행히 침몰은 면하여 구난선과 예인선들의 도움으로 간신히 벨파스트 항구로 돌아올 수 있었다.

3개월에 걸친 대대적인 수리공사를 받은 후, 다시 작전에 들어간 이 배는 1918년 3월, 이번에는 독일 해군의 UB-77호 유-보트 잠수함이 발사한 어뢰에 피격되어 우현의 일부 선체가 없어질 정도의 처참한 손상을 입게 된다. 이때도 갑판에 있던 6명의 선원들이 죽거나 실종이 되었지만, 또 한 번 용케 침몰을 면하고 이번에는 리버풀 항구로 간신히 예인이 되었다. 기뢰에 저촉되거나 어뢰에 명중되면 대형 선박이라 하더라도 십중팔구는 침몰을 면치 못하는 것이 당연하지만 이러한 극한 상황에서 두 번이나 용케 살아서 돌아온 이 배는 이번에는 이 배를 처음에 건조하였던 할란드엔드 울프 조선소에서 두 번째의 대대적인 수리작업을 받고 거듭 새로 태어난다.

이 수리공사 이후 이 배는 1차 대전이 끝날 때까지 혁혁한 공로를 세우고 대양 여객선으로 다시 컴백하게 된다. 다시 대양 여객선으로 돌아온 이 배에 대해 당시 영국 국민들은 지대한 감사를 표시하며 종전보다 더 열렬한 사랑을 보내게 된다.

북대서양 항로를 열심히 운항하던 1925년, 아일랜드 해안에서 연안여객선과 해상충돌을 하여 "켈틱"호는 또 한 번 심각한 선체 손상을 입게 된다. 특히 이번에는 선수의 형상이 완전히 없어질 정도의 심각한 손상이었다. 사람으로 치면 갈비뼈가 모두 내려앉는 정도의 치명상에 비교될 정도로 심각한 선제손상을 입은 것이나. 그러나 이 배는 이빈에도 운이

1차 대전이 끝나고 북대서양 정기여객선으로 컴백하여 열렬한 환영을 받고 있는 "켈틱"호가 모습

좋아서 침몰을 간신히 면하고 처참한 모습으로 리버풀 항구로 돌아올 수 있었다(리버풀 항구에는 두 번이나 선체의 처참한 모습을 보인 셈이다).

이로부터 2년 후, 1927년 1월, 이번에는 미국 뉴욕 만(灣)의 남단에 파이어(Fire) 섬의 앞바다에서 미국의 여객선 "아나콘다"호(S.S Anaconda)에 의해 또다시 해상충돌을 당한다. 이때에도 해상충돌을 일으킨 두 배 모두 침몰 일보직전까지 가는 심대한 선체손상을 입었지만 두 척 모두 미국 연안경비대의 신속한 지원으로 뉴욕항으로 돌아올 수 있었다.

다른 배 같으면 한 번도 살아남기 어려운 극한 상태에서 이 배는 네 번이나 용하게도 살아남은 것이다. 이로부터 1년 9개월 후인 1928년 12월, 미국에서 영국으로 돌아오던 이 배는 아일랜드 북부에 있는 코브(Cobh) 항구 입구에 있는 카우엔드칼프(Cow and Calf) 암초 위에 좌초되는, 다섯 번째의 해난사고를 다시 당한다. 싣고 있던 7,000톤의 화물은 모두 물에 잠기고 선저(船底)는 암초 속에 완전히 틀어박힌 상태가 되었다. 그러나 다행스럽게도 승선하고 있던 승객들과 선원들은 모두 무사히 구난선에 몸을 실을 수 있었다. 현장에 급파된 화이트스타(White Star) 해운의 기술진들의 진단결과 "예인불가능, 수리도 불가능"이란 결론이 내려지게 된다. 결국, 다섯 번째의 해난사고에서는 더 이상 행운이 따르지 않았던 것이다. 따라서 화이트스타 해운은 이 배를 포기하기로 작정하고 2개월 뒤, 암초 위에서 선체해체작업을 실행함으로써 전설적인 행운의 여객선 "켈틱"호는 취항 후 27년 만에 영원히 사라지게 되었다.

4.3 1903년의 "칼파디아"호(RMS Carpathia), "타이타닉"호의 생존자들을 구조한 20세기 초의 걸작(傑作) 여객선

총톤수 13,555톤, 전장 170m, 선폭 19.66m, 4층의 승객갑판에 1,704명의 승객을 태우고 7,000톤의 화물을 실을 수 있었던 "칼파디아"호는 1900년, 영국의 스완헌터(Swan Hunter) 조선소에서 설계되어 1901년 9월부터 건조에 들어가 1903년에 건조가 완료되고 곧장 취항에 들어간 큐나드 해운의 북대서양 항로 정기여객선으로 8,000마력의 증기왕복동 엔진으로 2개의 추진 프로펠러를 구동하여 최고 17.5노트(시속 32.4km), 순항 14노트(26km)의 속도로 항해하였다.

주로 미국의 보스턴 항구와 영국의 리버풀 항구 간의 항로를 9일의 여정으로 정기 운항한 이 배는 취항 당시, 세계에서 가장 큰 여객선 중의 하나였으며 또한 아름답고 호화로운 승객구역을 가져서 인기가 아주 높았다. 또한, 승객들의 식품냉장고를 위해 3대의 대형 냉동펌프를 별도로 장치하고 있었는데 이것은 당시 해상 최대 규모의 식품냉동설비였다.

1900년에 설계되고 1903년에 건조가 완료된 큐나드 해운의 대양여객선 "칼파디아"호의 측면도
(크고 웅장한 연돌 한 개와 네 개의 마스트, 두 개의 추진 프로펠러를 가졌던 이 대형 여객선도 그 당시에 이미 배의 롤링을 감소시켜주는 빌지킬(Bilge Keel)을 현측의 수면하부에 설치하고 있었음을 이 도면이 보여주고 있다)

취항한 지 9년이 지난 1912년 4월 14일의 밤, 달도 없는 어두운 북대서양 항로를 항해하던 "칼파디아"호에 "타이타닉"호(RMS Titanic)로부터 SOS가 수신되었다. "타이타닉"호가 빙산과 충돌하여 침몰하고 있다는 구조요청이었다. "칼파디아"호의 선장, "아더 로스트론(Arthur H. Rostron)"은 급히 "타이타닉"호의 침몰현장 쪽으로 선수를 돌려 "타이타닉"호를 향하여 보일러가 터져라하고 석탄을 퍼 넣으며(당시, 이 배는 석탄연료를 사용하였음) 떠다니는 빙산 속을 지그재그로 헤집고 전속으로 달려갔다. 만에 하나라도 자칫하면 "칼파디아"호 자신도 빙산과의 충돌을 피할 수 없는 극히 위험한 상태에서 "로스트론" 선장은 사력을 다해 전속력으로 달려간 것이다. 그러나 "칼파디아"호가 사고해역에 도착했을 때는 "타이타닉"호가 수면 아래로 자취를 감춘 지 이미 1시간 30분이 경과한 상태였다.

"칼파디아"호는 해면에 떠 있는 각종 부유물들을 헤쳐 가며 구명보트에 간신히 탄 채 북대서양의 매서운 추위에 기진하여 서서히 죽어가고 있는 "타이타닉"호의 생존자들을 결사적으로 구조하기 시작하여 자기들 배의 갑판 위로 무려 705명이나 끌어 올렸다.

이로써 난파선의 생존자들을 구하기 위해 자기들의 위험도 불사하고 "타이타닉"호로 달려가 사력을 다해 사람들을 구조한 "로스트론"선장과 그 선원들의 헌신적인 이야기는 "칼파디아"호와 더불어 여객선의 역사에 영원히 남게 된다.

영국, 리버풀 항구에서 출항하고 있는 아름다운 외형의 "칼파디아"호의 모습

20세기 초에 건조된 여객선들 중에서 가장 잘 만들어진 여객선으로 인정받는 이 "칼파디아"호도 취항한 지 15년째 되는 지난 1918년 7월 17일, 잉글랜드 남단과 실리(Scilly) 군도(群島) 사이의 해상에서 독일 해군의 UB-55호 유-보트 잠수함에서 발사한 3발의 어뢰에 피격되는데, 그중 한 발이 기관실에 명중이 되면서 보일러가 폭발하고 기관실에 임무 중이던 기관요원 5명이 즉사하며 또 다른 두 발의 어뢰에 의해서 크게 뚫린 선체외판을 통해 밀어닥친 해수에 의해 배는 순식간에 대서양의 해저로 사라지고 만다.

이 "칼파디아"호의 침몰상황은 1912년의 "타이타닉"호와 매우 흡사하였으며 때는 1차 대전의 종전을 4개월 앞둔 시점이었다.

참 고

실리(Scilly) 군도(群島)는 잉글랜드의 남쪽 끝단에 있는 코니쉬(Cornish) 반도에서 45Km 떨어져 있고 약 140여개의 작은 섬들로 이루어져 있다.

4.4 1907년의 "루시타니아"호(RMS Lusitania), 가장 드라마틱한 운명의 대양(大洋)여객선

1907년 8월에 존 브라운(John Brown) 조선소에서 건조되고 그해 9월에 취항한 큐나드(Cunard) 해운의 북대서양 항로 정기여객선, "루시타니아"호만큼 운항기간 내내 세계의 이목을 집중시키고 끝까지 극적인 운명을 보여준 여객선은 없다. 즉, 이 배의 생애에는 존 브라운 조선소에서 건조가 시작된 때부터 독일의 유-보트의 어뢰에 의해 침몰이 되는 마지막 순간까지 내내 극적인 이야기들로 가득 채워져 있다.

총톤수 31,550톤, 239.9m의 전장에, 26.5m의 선폭을 가진 이 배의 선체는 취항 당시, 세계에서 가장 큰 선박이자 가장 큰 여객선, 가장 빠른 여객선 및 가장 호화롭고 고급스런 여객선이란 세 가지의 타이틀과 함께 일반에 소개되어 세간의 이목을 집중시켰다.

9층 갑판의 선체와 25기의 보일러에서 생산된 고압증기에 의해 구동되는 4기의 스팀터빈 엔진에 의해 순항속도 24노트(시속 44.4km), 최대속도 28노트(시속 51.9km)라는

1907년 9월, 뉴욕 항을 향해 첫 항해에 나서는 "루시타니아"호를 뒤에서 본 모습
(4개의 거대한 연돌과 두 개의 높은 마스트를 가진 이 대양여객선은 곧이어 2개월 뒤에 취항하는 동형자매선, "모리타니아"호와 더불어 두 척의 대양여객선이 보여주는 웅장한 선체모습은 당시의 다른 대형 여객선들을 충분히 압도하고도 남음이 있었다)

당시로써는 실로 놀라운 속도를 보여주고 있었다.

승객구역의 인테리어 또한 매우 아름답고 호화로워서 사람들은 이 배보다 2달 뒤에 취항하는 동형자매선(同型姊妹船) "모리타니아"호(RMS Mauretania)와 더불어 "아름다운 자매(The beautiful sister)"라고 불렀다.

또한, 대부분의 여객선들이 생애에 단 한 번의 획득기회도 갖기가 어려운, 대서양 횡단 소요시간 단축기록 수립의 선박에게 수여되는 블루리밴드(Blue Riband)를 이 배는 1907년 10월 10일부터 1908년 8월 12일 사이의 10개월의 짧은 기간 사이에 무려 세 번씩이나 자기의 블루리밴드 속도기록을 갱신하는 초유의 신기록을 세웠다.

즉, 1907년 10월에는 23.99노트(시속 44.43km)로 블루리밴드를 획득한 뒤, 1908년 5월에는 24.83노트(시속 45.99km)로, 1908년 7월에는 25.01노트(시속 46.32km) 그리고 1908년 8월에는 25.62노트(시속 47.5km)의 평균항해속도로 대서양을 횡단함으로써 10개월 안에 세 차례나 기록갱신을 한 것으로 이러한 기록은 "루시타니아"호가 유일하다. 이 때문에 "루시타니아"호에는 신기록 제조기라는 별명도 항상 함께 따라 다녔다. 블루리밴드의 역사에서 혼자서 네 차례에 걸쳐 횡단소요시간단축의 기록을 세운 것 때문에 그 당시, "루시타니아"호가 일단 출항을 하면 이번에는 또 어떤 기록이 나올까 하고 신문기자들의 눈은 모두 여기에 쏠렸었고, 유럽과 북미 간을 오가는 사람들에게는 이 여객선을 타는 것 그 자체만으로도 큰 자랑이 될 정도로 인기를 끌었다고 한다.

1,560명의 1등 승객과 464명의 2등 승객을 포함하여 총 2,156명의 승객정원을 가졌던 이 대양여객선의 인테리어는 당시 여객선의 인테리어 설계분야에서 영국을 대표하였던 "제임스 밀러(James Miller)"가 지휘하였고 이 배의 동형자매선인 "모리타니아"호(RMS

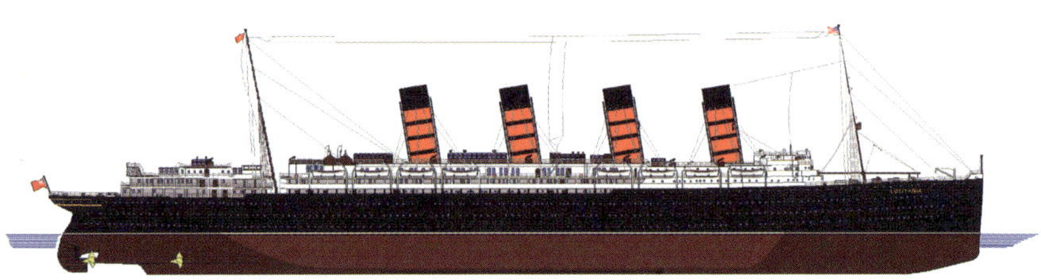

북대서양 호화 정기여객선 "루시타니아"호의 측면도(상)과 220석의 호화로운 1등 승객 전용라운지의 모습(하)

네 개의 연돌과 두 개의 마스트를 가졌던 북대서양 정기여객선, "루시타니아"호의 측면 외형도와 호화로운 220석의 1등 승객 전용 라운지의 모습(1912년의 "타이타닉"호와 매우 유사한 외형을 가져 얼핏 보면 구별이 가지 않을 정도이다. 다시 말해서 "타이타닉"호는 이 배를 참조하여 설계가 되었다고 한다. 1등 승객 라운지는 스테인드글라스(Stained Glass, 채색유리)의 돔(Dome)형 천장과 티크원목의 가구 및 옅은 녹색의 최고급 카페트가 깔린, 당시 최상류층 사람들의 전형적인 휴식공간의 모습을 갖추고 있었다)

(사진출처: commons.wikimedia.org)

Mauretania)의 인테리어는 제임스 밀러와 항상 경쟁관계에 있었던 또 다른 유명한 선박 인테리어 전문가 "하롤드 페토(Harold Peto)"가 맡았다. 따라서 외형과 크기 및 배치에서는 두 배가 서로 똑 같았지만, 인테리어 부분에서는 상당한 부분이 서로 달랐다. 즉, "모리타니아"호의 인테리어가 포근하고 따뜻한 색상에 고급원목을 사용하여 클래식하고 우아한 기풍을 보여 주었다면 "루시타니아"호의 인테리어는 비교적 밝은 색상에 시대에 앞선 감각으로 심플하면서도 실용적인 기풍으로 설계가 되어져 두 여객선의 인테리어는 서로 다른 느낌을 주고 있었다.

취항한 지 8년이 되며 유럽에서는 1차 대전의 격렬한 전투가 한창이던 1915년 5월 1일에 1,265명의 승객과 694명의 선원들을 태우고 뉴욕 항구의 54번 부두를 출항하여 영국으로 향하던 5월 7일 오후 2시 12분경, 목적지 항구까지 얼마 남지 않은 아일랜드 남부의 올드헤드 킨세일(Old head of Kinsale) 등대에서 약 10해리(18.5km) 떨어진 해상에서 독일해군의 U-20호 유-보트 잠수함이 쏜 어뢰에 명중되어 침몰되고 만다.

짙은 안개 속에서 이 배를 호위하던 구축함들과 거리가 멀어진 "루시타니아"호는 자기가 고속으로 항주하기 때문에 유-보트 잠수함이 자기 배를 쉽게 요격할 수 없을 것이란 믿음이 있었기에 최고속도를 유지하며 계속 목적지 항구를 향해 나아갔던 것이다

유-보트 잠수함이 발사한 어뢰는 "루시타니아"호의 우현 조타실 바로 아랫부분의 현측에 명중되어 거대한 폭발과 함께 수선(水線=해수면) 아래의 현측 외판에 큰 구멍이 뚫리며 그 구멍을 통해 밀려드는 해수로 인해 배는 우현으로 급히 기울어지기 시작하였다. 이때만 하여도 사망자는 몇 명이 되지 않았다. 그러나 어뢰에 피격된 지 18분 정도가 경과했을 때, 이유가 분명치 않은 또 한 번의 거대한 폭발이 어뢰에 피격된 근처의 화물창에서 다시 일어났다.

이 폭발은 첫 번째 어뢰의 피격 당시 폭발보다도 더 거대한 것으로 이 폭발과 동시에 많은 사람들이 갑판 위에서 폭사하거나 폭발에 튕겨져서 배 밖으로 떨어져 나갔으며 또 네 개의 연돌 중에 두 번째의 연돌이 이 폭발로 옆으로 스러지고 만다. 이 폭발을 두고 어떤 사람은 U-20호 유-보트가 두 번째로 발사한 어뢰라고 하고 또 어떤 사람은 보일러의 폭발 또는 보일러의 연료로 싣고 있던 석탄에서 발생한 석탄가스의 폭발이라고도 한다. 이것에 대하여 해상전문가들의 의견은 어뢰보다는 보일러의 폭발 또는 석탄가스의 폭발 쪽

"루시타니아"호가 독일 잠수함 U-20호 유-보트가 발사한 어뢰에 명중되는 순간의 모습을 그린 그림
(첫 번째 어뢰에 명중된 지 18분 뒤, "루시타니아"호의 우현에 또 한 번의 거대한 폭발이 일어난다. 이때부터 "루시타니아"호는 손 쓸 사이도 없이 급속히 침몰되기 시작하였다) (그림출처: bluebird-electric.net)

에 더 무게를 두고 있다.

큐나드 해운의 최고 베테랑 선장인 "루시타니아"호의 "터너(Turner)" 선장은 조타실의 브리지윙(Bridge wing, 조타실의 양측에 위치한 외부갑판)에서 진로확인을 하다가 어뢰가 명중될 때의 폭발충격으로 그대로 바다로 던져졌다.

조금 뒤에 물 위로 다시 떠 오른 "터너" 선장은 "루시타니아"호로 다시 올라가기 위해서 "루시타니아"호의 선수 쪽으로 헤엄쳐 갔다. 이때 앞서 어뢰의 명중으로 생긴 구멍에서 조금 떨어진 곳에 다시 거대한 폭발이 일어나고 배는 걷잡을 수 없게 우현으로 심하게 기울어지며 배는 선수부터 급속히 물속으로 가라앉기 시작하였다. 물에 떨어진 "터너"선장이 배 위로 다시 올라가기도 전의 일이다. 갑판 위에서는 다급한 퇴선명령이 떨어지고 선원들은 구명보트를 수면으로 내리려고 하였으나 배가 우현 쪽으로 너무 심하게 기울어져 좌현의 구명보트들은 수면으로 내릴 수가 없게 되었고 우현에 있는 24척의 구명보트들 중에서도 상당수가 이미 파손되었거나 진수가 불가능한 상태에 있게 되었다.

간신히 수면으로 내려진 구명보트는 단 6척뿐, 이 구명보트를 향해서 생존자들이 물로 뛰어들거나 살아남기 위해서 수면 위로 솟구친 선미부분으로 몰려들 갔다. 이때 배 위의 사람들은 모두가 공항상태에 빠져든 상태가 되었다.

우현으로 기울어 진채 선수부터 침몰되고 있는 "루시타니아"호의 마지막 모습을 묘사한 그림
(선수부분은 이미 수면 아래로 들어가고 반대로 선미는 수면 위로 솟구쳤다. 네 개의 연돌에서는 시커먼 연기와 보일러의 폭발로 인한 수증기가 쏟아져 나오고 배 안의 생존자들은 살기 위해서 선미부분으로 몰려들었지만 이때는 이미 모두 공황상태에 빠졌다. 이로부터 20분 뒤, 배는 수면 아래로 모습을 감추고 만다) (그림출처: www.youtube.com)

참고

배가 침수되어 한 쪽으로 심하게 기우는 경우, 배가 기운 반대편의 구명보트들은 물 위로 내릴 수가 없게 된다.

"루시타니아"호로부터 구조신호를 수신한 영국해군의 순양함, "쥬노(Juno)" 함이 전속으로 달려서 현장에 도착했을 때는 "루시타니아"호는 이미 수면 아래로 사라진 상황이었고 6척의 구명보트에 타고 있거나 거기에 매달린 상태로 있는 761명의 생존자들만 발견할 수 있었을 뿐이었다.

694명의 선원을 포함하여 1,959명이 승선했었던 이 배의 침몰로 1,198명이 죽거나 실종되고 761명만이 간신히 살아남았다. 이 사망자들 중에는 128명의 미국인들도 포함되어 있었는데 그 미국인들 중에는 당시 미국에서 가장 유명한 작가 중의 한 사

람이었던 "마일스 포맨(Justus Miles Forman)"과 극작가인 "챨스포어맨(Charles Forhman)", 미국의 뉴포트뉴스 조선소의 사장인 "엘버트 휴바드(Elbert Hubbard)", 미국 굴지의 화학회사인 유나이티드 케미컬의 사장인 "앤 저스티스 샤이말(Anne Justice Shymar)" 및 억만장자인 "알프레드 반더빌트(Alfred Vanderbilt)" 등도 포함되어 있었다. 당시 가장 인기를 날리던 여객선답게 많은 거물급 유명인들이 승선하고 있었던 것이다.

비무장 상선에 대한 공격이란 뜻에서 각국은 독일의 비인도적인 공격행위에 맹비난을 하였으며 특히, 1,198명의 사망자 중에는 128명의 미국 국민들이 포함되어 있음으로 인해서 미국이 1차 대전에 참전하는 계기가 되었다. 즉, "루시타니아"호의 침몰사건은 비무장상선에 대한 비인도적 공격이란 점에서 미국이 1차 대전에 참전하는 주된 이유가 되었다. 또한, 독일의 입장에서 보면 "루시타니아"호가 비록 비무장 상선이라고 하지만 침몰된 그 당시에만 비무장의 상태였었고 1차 대전의 개전과 동시에 이미 1914년에 6인치 함포 등으로 무장한 상선이 되어 독일 측의 공격대상에 들어가 있었으며 특히, "루시타니아"호가 침몰당한 해역은 독일이 전쟁구역(Zone of War)으로 선포한 곳으로 상선은 이 구역을 항해하지 말 것을 몇 차례에 걸쳐 이미 경고한 상태였던 것이다.

"루시타니아"호는 8년이라는 비교적 짧은 기간 동안을 운항하였지만, 취항과 동시에 세계에서 가장 큰 여객선임과 동시에 세계에서 가장 긴 여객선 및 세계에서 가장 빠른 여객선이 되었고 또 가장 호화로운 여객선으로 명성을 날렸으며 네 차례나 블루리밴드를 획득하고 그것도 10개월 만에 세 번씩이나 자신의 블루리밴드 기록을 갱신한 불후의 대형 여객선이었지만 마지막에는 어뢰로 침몰이 되면서 1,198명의 사망이라는 대형 해난사고의 여객선이 되었다.

"루시타니아"호의 침몰 원인에 대한 여러 주장들;

"루시타니아"호는 1912년에 침몰한 "타이타닉"호보다 조금 작았지만, 승객구역의 고급스러움과 호화로움에서는 "타이타닉"호를 훨씬 앞선다는 것이 선박전문가들의 공통된 의견일 정도로 당시 최고의 호화 여객선이었다.

"루시타니아"호가 뉴욕항을 출항하여 항해 7일째가 되는 1915년 5월 7일, 남부 아일랜드의 올드헤드 킨세일 등대에서 18km 떨어진 해상에서 독일 유보트 U-20호 잠수함이 발사한 어뢰에 의해 조타실 아래 우현 중앙부가 피격당한 후, 곧 이어서 우현에서 또 한 번의 거대한 폭발이 일어나면서 배는 급격히 우현으로 기울고 선수로 수면 아래로 처박으면서 배는 불과 18분 만에 수면 아래로 그 모습을 감추고 말았다. 전장 240m, 선폭 26.5m, 16개의 수밀구획으로 나누어진 대형 선체가 불과 18분 만에 완전 침몰이 되고 말았다는 것은 수면 하부 선체에 큰 손상이 있었다는 것을 의미한다.

더욱이 두 번째 일어난 선체의 거대한 폭발을 두고 다음의 세 가지 주장이 있다.

영국정부는 "루시타니아"호의 두 번째 큰 폭발은 U-20호 유-보트가 발사한 두 번째와 세 번째의 어뢰에 의한 것이었다고 주장한다. 그러나 1차 대전이 끝난 후, 독일정부는 U-20호 유-보트는 "루시타니아"호를 향해서 단 한 발의 어뢰를 발사하였고 두 번째 및 세 번째의 어뢰발사는 없었다고 발표하였다.

어떤 전문가들은 당시 이 배는 추진기관의 연료로 석탄을 사용하고 있었는데, 뉴욕 항구를 출항할 때 선적한 7,000톤의 연료용 석탄에서 발생하여 선체 안에 고여 있던 석탄가스가 어뢰에 의해 폭발한 것이라고 주장한다.

또 다른 전문가는 이 배가 미국을 출항할 때 화물창에는 173톤의 막대한 양의 탄약이 실려 있었는데 두 번째의 폭발은 바로 이 탄약이 선체 내에서 폭발한 것이라고 주장을 한다. 첫 번째의 폭발에 비해 두 번째의 폭발은 아주 거대하였으며 외판이 아닌 배의 내부에서 일어난 폭발이었다는 것이 이것을 반증하고 있다고 주장한다.

여기에서 U-20 잠수함의 "발더 쉬비겔(Walther Schwieger)" 함장도 어뢰발사는 단 한 발밖에 없었으며 "루시타니아"호의 두 번째 폭발은 너무 거대하여 자기들도 깜짝 놀랐었다고 증언을 하였다.

오늘날 선박전문가들도 15개 수밀격벽으로 16개의 수밀구획으로 된 32,000톤에 육박하는 대형 여객선의 선체가 두 발의 어뢰로 18분이라는 짧은 시간에 완전히 침몰되어버린다는 것에는 조금 무리가 있다는 견해를 낸다. 따라서 두 번째의 폭발은 첫 번째의 폭발을 능가하는 거대한 폭발이었음이 틀림이 없다고 보는 것이다.

올드헤드 킨세일(Old head of Kinsale) 등대에서 바라본 "루시타니아"호의 침몰지점

결론적으로, "루시타니아"호의 해저에 침몰된 선체를 촬영한 결과 "루시타니아"호의 선체는 우현 중앙부에 어뢰피격에 의한 커다란 구멍이 나 있고 여기에서 선미 쪽으로 30m쯤 되는 부분의 선체는 큰 폭발에 의해 완전히 함몰된 상태로 있었다. 또 이 함몰된 선체의 위치는 173톤의 탄약이 적재된 화물창의 위치와 일치함에 따라 위의 주장 중에서 탄약의 폭발이 침몰의 결정적인 요인이 되었다는 주장을 뒷받침하고 있는 것이다.

1차 대전 때의 독일 유-보트 잠수함의 수중 모습(U-20호와 동일한 것이다) (그림출처: boivieapedia.pbworks.com)

"루시타니아"호 침몰에 대한 또 다른 비하인드 스토리(Behind Story);

"루시타니아"호가 뉴욕항을 출항하기 전에 독일은 이 배에 상당량의 탄약이 선적되어 영국으로 간다는 정보를 수집하고 주미(駐美) 독일대사는 승객들이 이 배에 타지 말 것을 경고하였다. 그러나 이 경고에 대한 반응이 별로 없자 독일대사는 다시 신문의 광고란을 통해서 이 배의 위험성을 알리고 승선하지 말 것을 알렸다. 이에 영국정부는 "루시타니아"호의 "터너" 선장에게 조심해서 항해할 것과 항해 도중에 정지하거나 속도를 줄이지 말 것 등의 지시를 내렸다.

한편, "루시타니아"호의 해난사고 이전인 1915년 1월에서 4월 사이에 흑해의 다르다넬레스(Dardanelles) 해협에서 실행된 영국 등 연합군의 무리한 상륙작전이 참담하게 실패로 끝나자 궁지에 몰린 당시의 영국 해군성 장관 처칠은 어찌하던지 미국을 참전시키는 것이 이 세계대전에서 승리할 수 있다는 결론에서 미국의 참전을 유도하고 싶었는데 결국 "루시타니아"호 침몰에서 128명의 미국국민이 사망한 것으로 미국을 1차 대전에 참전시키는 팩터(Factor)로 삼았다는 믿거나 말거나의 비하인드 스토리가 있다.

참고

에게 해에서 흑해로 들어가기 위해서는 두 개의 해협을 거쳐야 한다. 하나는 남쪽에 있는 보스포러스 해협(Bosphorus Strait)이고 또 하나는 북쪽에 있는 다르다넬레스 해협(Dardanelles Strait) 이다. 두 개의 해협 모두가 터키의 영토 안에 있으며 마케도니아의 알렉산더 대왕도 이 다르다넬레스 해협을 건너 아시아의 정복 길에 올랐다.

"루시타니아"호의 수중탐사와 피격원인에 대한 진실 공방(攻防);

1985년에 미국의 해양탐험가인 "로버트 발라드(Robert Ballard)"가 뉴펀드랜드(Newfoundland) 근처의 3,600m의 깊은 해저에 가라앉아있는 "타이타닉"호를 최초로 수중탐색에 성공하면서 곧 이어서 "루시타니아"호에 대한 수중탐색을 시작하려고 했을 때, 영국 정부는 여기에 대해서 아직 폭발물이 선체 안에 남아있을 수가 있기 때문에 폭발 위험성이 높다는 이유를 들어 선체탐사를 금지시켰다. 따라서 침몰 100년이 지난 지금까지 침몰된 "루시타니아"호의 정밀수중탐사작업은 아직까지 제대로 이루어진 것은 없다.

영국 정부는 "루시타니아"호의 침몰이 독일 유-보트의 어뢰, 특히 첫발 명중 후에 연속적으로 발사한 두 번째, 세 번째의 어뢰가 선체에 치명적인 손상을 주어 승선자들이 구조될 시간적 여유도 없이 대부분이 사망하는 엄청난 해상참사가 일어났다는 주장을 펴고 있으며 이 주장에는 아직 변함이 없다는 것을 재차 확인하고 있다.

침몰되어 해저바닥에 누워있는 "루시타니아"호의 소나(Sonar, 음향탐지기) 영상
(선체 중앙부, 두 번째 연돌 아래 우현 외판에 어뢰의 명중으로 생긴 선체 파손이 보이고 약 20m 선미 쪽으로 또 다른 큰 선체 함몰이 보인다. 이것으로 두 번째의 폭발이 결정적인 침몰원인이 되었음을 짐작케 한다)
(2015년에 Joe McHugh가 촬영한 것임)

한편, 독일은 민간선이 전쟁 물자를 실어 나르거나 무장을 한 경우, 순수 민간선박으로 볼 수가 없으며 자기들의 경고를 무시한 채 탄약을 선적하고 항해한 "루시타니아"호와 영국정부에 먼저 그 책임이 있다는 주장을 펴고 있다. 이러한 상반된 주장들은 "루시타니아"호의 침몰선체의 수중탐사로 모든 것이 명백하게 밝혀질 수 있으나 아직까지 정밀수중탐사는 실행되지 못하고 있다.

또한 배 안의 폭발물 때문에 선체수색이 위험하므로 선체수색에 대해 허락을 할 수 없으며 또 "루시타니아"호에는 결코 전쟁 물자를 싣지 않았다는 영국 정부의 해명이 서로 상반

됨을 알 수 있다.

또, 침몰에 결정적인 원인이 된 것이 무엇인지는 선체내부를 세밀히 살펴보지 않아도 침몰상태에 대한 선체외면 파손상태의 탐색만으로도 어느 정도 밝혀질 수가 있는데 그것마저도 거부하는 영국정부의 태도를 도저히 납득할 수 없다는 것에 오늘날 해양역사가들 및 전쟁역사가들은 강한 의문을 제기하고 있다.

4.5 1912년의 "라코니아-1"호(RMS Laconia-I)와 1922년의 "라코니아-2"호(RMS Laconia-II), 같은 선명(船名)과 같은 운명의 자매선(姉妹船)

1912년 1월 20일에 취항한 큐나드(Cunard) 해운의 "라코니아-1"호(RMS Laconia-I)는 영국의 리버풀과 미국의 보스턴 사이를 정기 운항하는 대양여객선으로 영국, 뉴캐슬의 스완헌터(Swan Hunter) 조선소에서 1911년 12월에 건조되어졌다.

이 배보다 1년 앞서 스완헌터 조선소에서 건조되고 취항한 "프란코니아-1"호(RMS Franconia-I)와 동형자매선(同型姉妹船)으로 총톤수 18,150톤, 전장 191m에 선폭 22m에 2,850명의 승객을 태울 수가 있었다.

1910년대 초반 즉, 1차 대전 이전에 출전한 2개의 높은 연돌과 2개의 마스트를 갖는 대형 여객선의 새로운 외형의 효시가 되는 이 배와 동형자매선, "프란코니아-1"호는 이 배들보다 3년 앞서 취항한 "루시타니아"호(RMS Lusitania)와 "모리티니아"호(RMS Mauretania)의 운항 과부하(過負荷)를 해소시켜 주기 위해 건조된 것으로 항해속도도 빠르고 앞서 두 배와 경쟁할 수 있는 호화롭고 고급스런 승객구역을 갖추고 있었기에 일부

참고

동형자매선은 같은 설계와 같은 사양으로 건조된 같은 해운회사 소속의 선박을 말한다. 따라서 같은 모양과 같은 크기를 가졌지만 같은 설계로 건조되지 않거나 같은 선단(船團) 소속이 아니면 동형자매선이라 부르지 않고 동형선이라 부른다.

사람들은 “루시타니아“호 대신에 기다렸다가 ”리코니아“호나 ”프린코니아“호를 타고 갔다고 한다.

바스룸 쉽(Bathroom Ship, 목욕탕의 배)이란 별명으로 불리곤 하였는데 그것은 이 배가 “루시타니아”호나 “모리타니아”호보다 월등히 많은 목욕실과 샤워실을 가지고 있다 하여 붙여진 것이었다. 즉, “루시타니아”호나 “모리타니아”호와 달리 이 배는 3등 승객구역에도 목욕실과 샤워실들을 설치하여 당시 먹을 것이 없어 미국으로 이민을 가야만 했던 때에 찌든 유럽의 가난한 사람들이 주를 이루던 3등 승객들에게는 이 목욕실과 샤워실들이 더 없이 인기가 높았다.

1912년에 취항한 북대서양 항로, 큐나드 해운의 정기여객선, “라코니아”-1호의 외형

(종래의 4개의 연돌과 4개의 마스트 대신에 1910년대에 들어오면서 처음으로 소개되는 2개의 높은 연돌과 2개의 마스트를 갖는 이 외형은 “라코니아-1”호와 그 동형자매선 “프란코니아-1”호에 의해 처음으로 소개 되었다. 이처럼 높은 연돌의 설계는 당시 유럽에서 유행하던 신사들의 높은 모자인 톨헤트(Tall hat)와 연관이 있는 것으로 보인다.

1914년에 영국정부의 명령에 따라 6인치 함포를 장착한 무장상선이 되어 영국이 독일령 식민지인 탄자니아를 공격할 때에는 작전지휘본부가 되기도 하였다. 이후, 1917년 7월에 무장을 해제하고 큐나드의 대서양 정기여객선으로 컴백하여 다시 북대서양 항로를 뛰기 시작하였다. 그러나 당시 적국이었던 독일은 이 배를 요주의 무장상선으로 인지하고 운항하는 정확한 항로와 운항시간 등을 탐지하고 있었다. 1917년 2월 25일, 미국을 출발하여 영국으로 돌아오던 “라코니아-1”호는 파스트넷(Fastnet) 서쪽 10km 떨어진 해상에서 이틀이나 이 배를 기다리고 있던 독일 해군의 UB-50 유-보트 잠수함의 잠망경에

21세기 초에 유행하였던 유럽 신사들의 Tall hat

포착되고 만다. UB-50 유-보트의 함수(艦首) 어뢰발사관에서 발사된 첫 번째 어뢰가 우현 선체 중앙부 기관실에 명중되었으나 "라코니아-1"호는 침몰되지 않았다. 뒤이어 두 번째로 발사된 어뢰 역시 기관실에 명중되면서 "라코니아1"호 기관실 우현 외판이 완전히 함몰이 되고 만다.

순식간에 거세게 밀려드는 해수로 기관실의 보일러가 폭발하고 배가 순식간에 침몰되기 시작하여 잠깐 사이에 "라코니아-1"호는 흰 물줄기와 수증기 거품을 내뿜으면서 해저로 그 모습을 감추고 말았다. 어뢰에 피격되고 "라코니아-1"호가 해저바닥으로 자취를 완전히 감추기에는 불과 30분도 채 걸리지 않았다.

침몰한 "라코니아-1"호의 빈자리를 메우기 위하여 새로 건조한 "라코니아-2"호의 측면도
("라코니아-1"호가 2개의 연돌을 가진 반면에 더 높아진 1개의 마스트를 가진 이 배의 외형은 대형 여객선의 외형에서 새로운 시대를 열게 된다)

"라코니아-1"호보다 꼭 10년 뒤인 1922년에 같은 조선소인 스완헌터 조선소에서 건조된 총톤수 19,695톤, 전장 183.26m, 선폭 22.43m의 "라코니아-2"호(RMS Laconia-II)는 "라코니아-1"호보다 1,550톤 정도가 더 커진 선체에 승객구역도 한층 더 고급화되었고 또 증기왕복동 엔진 대신에 증기터빈 엔진의 당시 최신의 추진기관을 가지고 있었다. 7년이라는 짧은 수명으로 마감한 "라코니아-1"호의 명성을 계승할 목적으로 건조된 "라코니아-2"호는 "리코니아-1"호가 두 개의 높은 연돌을 가진 것에 반하여 더 높아진 단 하나만의 연돌을 가진 외형으로 일반에 그 모습이 공개되었다. 곧 하나뿐인 연돌을 가진 "라코니아-2"호의 외형이 1910년대와 완연히 달라진 1920년대 이후부터 출

"라코니아-1"호의 동형자매선으로 1911년에 건조되어 1916년에 유-보트에 의해 격침됨으로써 "라코니아-1"호 및 "라코니아-2"호와 똑같은 운명을 맞이한 "프란코니아-1"호의 모습

현하는 대형 여객선의 새로운 외형의 시대를 알린 셈이다.

동절기에는 북대서양 항로의 정기운항 대신에 세계 일주 크루즈 항해를 하여 호화 여객선의 대명사가 되기도 하였던 "라코니아-2"호는 2차 대전이 발발하자 6인치(구경 152mm) 함포 8문에 3인치(구경 76mm) 대공 고각포 2문 및 20mm 대공기관포 2문을 장착한 영국해군의 무장병력수송선이 됨으로써 독일 유-보트 잠수함의 중요한 공격 대상이 되었다.

그러던 1942년 9월 12일, 대서양의 어센션(Ascension)섬에서 214km 떨어진 해상에서 독일 U-156호 유-보트 잠수함의 어뢰공격으로 침몰을 맞이하게 된다. 연이어 명중된 2발의 어뢰로 "라코니아-2"호는 한 시간 만에 완전히 해저로 그 모습을 감추게 된다. "루돌프 샤프(Rudolph Sharp)" 선장의 퇴선지시가 있었지만 이 지시가 떨어지기도 전에 이미 상당수의 사람들은 배 위에서 사망한 상태에 있었다. 결과적으로 "라코니아-2"호는 2,732명의 승선자 중에서 1,113명이 희생되는 대형 해난사고를 남기고 사라져갔다.

이에 추가하여 "라코니아-1"호의 동형자매선인 큐나드 해운의 "프란코니아-1"호(RMS Franconia-I)도 1916년, 그리스의 살로니카(Salonika, 공식명칭은 데살로니카) 항구로 향하던 중, 독일의 잠수함 UB-47 유-보트가 발사한 어뢰를 맞고 말타(Malta) 섬 동쪽 322km 해상에서 침몰된다. 이때 마침 병력을 태우지 않았지만 314명의 선원들 중에서 12명만 사망하고 나머지 승선자들은 영국 해군의 병원선 "도버캣슬"호(HMHS Dover Castle)에 의해 구조된다. 즉, "라코니아-1"호의 동형자매선인 "프란코니아-1"호도 "라코니아-1"호와 똑같은 상황으로 마지막을 장식하였던 것이다.

같은 선명을 가지고 10년의 간격으로 건조된 두 척의 자매선과 또 다른 한 척의 동형자매선이 모두 똑같은 상황으로 마지막을 맞이한 이러한 예는 여객선의 역사에서 이 세 척의 배들을 제외하고 더 이상 찾아볼 수 없다.

4.6 1913년의 "임페라터"호(S.S Imperator), 5만 톤급의 여객선 시대를 개막한 호화여객선

독일 함부르그의 풀칸(Vulcan) 조선소에서 1912년 5월에 진수되고 1913년 6월에 취항한 "임페라터"호는 1914년에 취항하는 "파터란트"호(S.S Vaterland)와 "비스마르크"호(S.S Bismarck)와 더불어 "빅 쓰리(Big Three)"로 불리었으며 제 1호선에 해당된다.

총톤수 52,117톤, 전장 276m, 선폭 29.95m로 영국의 올림픽 급 세 척의 북대서양 정기여객선 즉, 1911년의 "올림픽"호와 1912년의 "타이타닉"호에 비해서는 약 6,000톤 정도, "브리타닉"호에 비해서는 약 5,000톤 정도 더 큰 선체를 가지고 있었다. 승객구역도 매우 호화롭게 공사가 되어 있었는데 그 고급수준은 "올림픽"호나 "타이타닉"호 보다 위에 있었다고 한다. 영국이 1911년에 총톤수 45,324톤의 "올림픽"호를 취항시키며 세계 최초로 대양여객선의 4만 톤급의 시대를 열자 이에 뒤질세라 2년 뒤에는 독일도 이 "임페라터"호를 취항시키며 5만 톤급의 대양여객선의 시대를 개막하였다.

참 고

이 책에서는 독일어의 단어들을 가능한 독일어의 발음에 가깝도록 적었다. 예를 들면 Zeiting은 "짜이퉁"이 아닌 "차이퉁"으로, Volks는 "볼크스"가 아닌 "폴크스"로, 박사의 Doktor는 "독토르"가 아닌 "독터"로, Geld는 "겔드"가 아닌 "겔트"로, 모국의 Vaterland는 "바테르란트"가 아닌"파터란트"로 적었다.

세계 최초의 5만 톤급 대형 여객선, 독일의 "임페라터"호의 모습
(영국의 "타이타닉"호와 달리 이 배는 3개의 연돌을 가졌으며 한층 더 세련된 외형을 보이고 있다)

선수 전면에 "Mein Feld ist die Welt(마인 펠트 이스트 디 벨트)" 즉, "나의 마당은 세계이다"라는 뜻의 하팍(HAPAG) 선주사의 모토를 새긴 엠블렘(Emblem, 상징)을 붙이고 항해한 이 배는 여객선의 역사에서 어느 대형 여객선에 결코 뒤지지 않는 큰 발자국을 남겼다. 취항과 동시에 세계에서 가장 큰 선박, 가장 호화로운 여객선이 된 "임페라터"호는 세 개의 크고 웅장한 연돌을 탑재하고 있었는데 연돌의 크기는 각각 길이와 폭과 높이가 9.8m, 5.5m, 21m가 되었다.

9층 갑판에는 가장 넓은 공실 중의 하나이며 가장 뛰어난 설계로 인정받는 1등 승객전용 스모킹룸(Smoking Room, 끽연실)이 있었다. 또 9인승의 엘리베이터 4대가 3층 갑판에서 11층 갑판까지 오르내리고 폭이 7m나 되는 넓은 그랜드 실내계단이 40m 거리를 두고 여섯 군데에 설치되어 있어 승객들의 편리하고 완벽한 교통체계를 설계한 당시의 안목 깊은 설계개념에 감탄하게 된다.

또 10층의 갑판에 승객구역이 펼쳐져 있었는데 특히 F갑판과 G갑판 즉, 7층과 8층 갑판, 두 층에 갑판에 걸쳐 배치가 된 로마식의 목욕탕(Roman bath)은 당시 처음으로 이 배를 본 사람들에게는 실로 충격 그 자체였다. 실내가 2층 구조로 된 이 큰 온수(溫水)목욕탕은 수영장을 겸하고 있었는데 온수수영장 즉, 목욕당은 길이가 20m, 폭이

12.5m, 최대깊이가 2.74m인 엄청난 크기였고 모두 대리석과 닉켈 도금의 브론즈(황동, Bronze)로 만들어졌다. 또 이 온수수영장과 연결되어 터키탕과 미네랄(Mineral)탕, 적외선탕은 물론, 이발소와 미용실, 손톱관리실, 피부미용실과 휴게실 등이 모두 구비되어 있어 이것이 한동안 미국과 유럽의 신문에 대서특필이 되기도 하였다.

1등 승객들이 처음 승선하면서 만나게 되는 1등 승객의 화려한 출입구 로비는 그 크기가 폭이 29m, 길이가 21m로 609㎡(약 185평)의 면적으로 되어 있었다. 이것 역시 당시의 어느 여객선에서도 찾아볼 수 없는 아주 넓고 호화로운 것이었다.

1차 대전이 끝나고 1919년 초에 잠간 동안 미국해군의 수송선이 되어 유럽전선에서 철수하는 미군병력과 군속들의 귀국교통편이 된 후, "임페라터"호의 소유권은 1919년 말에 전쟁보상금조로 영국의 큐나드 해운으로 양도되고 이후, 1939년까지 약 20년간 큐나드 해운을 대표하는 호화여객선이 되어 매우 바쁜 항해를 하였으나 1936년에 좌초되어 대규모의 수리를 받은 후부터 성능이 떨어지고 연속적인 고장을 일으키게 된다. 이로 인해 큐나드 해운이 1939년에 최종적으로 내린 결정에 따라 운항이 중단되고 계류상태에 들어간 이 배는 결국 1946년에 폐선처리로 사라지게 된다.

"임페라터"호의 장대한 로마식 수영욕탕(Swimming bath)의 모습

(실내는 2층 구조로 아래층은 욕탕 및 수영장, 위층은 휴게실과 마사지실, 미용실 및 이용실이 있었다)

(사진출처: oceansuperliners.blogspot.com)

"임페라터"호의 1등 승객구역 갑판의 그랜드 실내계단의 모습
(계단의 규모나 아름다움에서 "타이타닉"호의 그랜드 실내계단을 월등히 능가한다) (사진출처: freewebs.com)

4.7 1917년의 "벨직"호(S.S Belgic), 화려한 여객선으로 개조되어 대성공을 거둔 화객선(貨客船)

"벨직"호는 1917년, 할란드엔드 울프(Harland & wolff) 조선소에서 화객선으로 건조되었다. 건조계약 당시에는 화이트스타(White Star)해운의 세빅(Cevic)이란 프로젝트의 이름으로 총톤수 80,000톤급으로 전장이 1,000피트(304.8m)가 넘는 세계 최대의 여객선으로 건조할 계획이었으나 건조착수 직전에 영국정부의 요청으로 선체크기가 훨씬 축소된 화객선으로 바꾸어 건조를 완료한다. 건조완료와 동시에 영국해군의 병력수송선이 되어 1919년까지 그 임무를 훌륭히 수행하였다. 병력수송선으로서의 임무를 마친 "벨직"호는 1922년, 북아일랜드의 벨파스트(Belfast)로 예인되어 그곳에서 화려한 여객선으로 새로 태어나게 된다. 이때 선주사는 화이트스타(White Star) 해운에서 레드스타(Red Star) 해운으로 바뀌고 선명도 "벨겐란드"호(S.S Belgenland)로 바뀌게 되며 배의 모습도 완전히 바뀌게 된다.

즉, 종래의 선체 위에 4층의 덱크하우스(Deckhouse)를 추가로 더 올리고 연돌도 그전의 2개에서 3개로 증가되며 내부도 당시 최고의 고급수준으로 바뀌게 된다. 따라서 총톤수도 24,500톤급에서 28,130톤급으로 커지게 되어 1923년에 이 배가 새로운 선명으로 북대서양 항로에 취항할 때, 그 항로에서 가장 호화로운 여객선 중의 한 척으로 꼽히게 되었다. 별 볼일 없었던 초라한 머슴이 일약 최고의 신사가 된 셈이다. 리버풀항과 뉴욕항 간의 정기운항 외에도 승객수가 줄어드는 동절기에는 세계일주 크루즈 항해 및 지중해 크루즈 항해를 하여 유명세를 더했다. 특히, 세기의 천재 물리학자, "아인슈타인" 박사가 독일에서 미국으로 망명할 때, 안트워프(Antwerp)항구에서 승선한 배가 바로 이 "벨겐란드"호 즉, "벨직"호였으며, 세계의 최고 부호들을 태우고 1928년 12월부터 다음 해 4월에 돌아오는 133일간의 세계일주 크루즈 항해에서 이 배의 명성은 절정에 달한다.

이때 3개의 수영장, 2개의 실내체육관, 5개의 바(Bar)와 카페 및 4개의 라운지 등을 모두 갖춘 이 배는 사실 28,000톤급의 여객선으로써는 당시 최상급의 호화 여객선이었다.

1932년에는 레드스타(Red Star) 해운의 호화 여객선의 운항을 끝내고 미국의 PPL(Panama Pacific Line) 해운으로 팔려가서 대대적인 개조공사를 거친 후, 뉴욕

"벨직"호가 평범한 화객선에서 호화여객선으로 개조된 후의 모습

(3개의 연돌, 2개의 마스트로 전체적으로 매우 안정되고 균형 잡힌 외형을 가지고 있었다. 사실, 평범한 화객선에서 이처럼 아름다운 여객선으로 변모된 것을 볼 때, 이 배의 개조설계가 매우 뛰어났음을 의미한다)

항구와 쿠바의 하바나(Havana) 항구 간을 운항하는 미국선적의 호화 크루즈 선이 된다. 이때 선명은 "콜럼비아"호(S.S Columbia)로 다시 바뀌게 되어 화려한 크루즈 선, "콜럼비아"로 미국에서 이름을 날렸다. 이때 "콜럼비아"호는 미국 선적의 여객선으로는 가장 크고 가장 화려한 여객선이었다.

그러나 이 배의 화려한 명성도 여기까지였다. 이후부터 예기치 않은 고장이 자주 발생하여 선주사를 계속 괴롭히다가 결국 1936년에 운항이 중단되고 폐선처리가 된다.

평범한 화객선에서 호화 정기여객선으로 개조되고 다시 호화 크루즈 선으로 개조되어 이 배처럼 크게 명성을 날린 배는 없다. 또한, 이 배가 1933년에 대양여객선에서 크루즈 선으로 개조될 때에 선수부분을 완전히 뜯어고쳐 구상선수(球狀船首, Bulbous bow)의 선형을 가짐에 따라 1927년에 취항한 미국의 "매로로우"호(S.S Malolo), 1929년에 취항한 독일의 "브레멘"호와 "오이로파"호 및 1935년에 취항한 프랑스의 "노르망디"호와 더불어 구상선수를 가진 최초의 여객선 중의 한 척이 되기도 하였다.

4.8 1924년의 "콜럼버스"호(S.S Columbus), 나포(拿捕) 대신에 자침(自沈)으로 난민(難民)이 된 선원들의 여객선

이 배는 1차 대전 이전인 1913년에 독일의 쉬카우(Schichau) 조선소에서 건조에 착수하였으나 세계대전으로 건조자재 공급의 문제가 발생하여 건조가 중단되었다가 건조에 착수한 지 11년만인 1924년에야 비로소 건조가 완료되고 취항을 하게 된 독일 해운의 호화여객선이다.

총톤수 32,851톤, 전장 236m, 선폭 25m로 1,750명의 승객정원을 가진 매우 호화로운 여객선으로 건조 착수 당시의 본래 선명은 "힌덴부르그(Hindenburg)"호였으나 이 배의 동형자매선인 "콜럼버스"호가 1차 대전의 전쟁보상금조로 영국의 화이트스타(White Star) 해운으로 소유권이 양도됨에 따라 이 동형자매선의 선명인 "콜럼버스"를 이 배가 계승하게 되었다(영국의 팔려간 이 배의 동형자매선인 본래의 "콜럼버스"호는 영국에서 "호머릭(Homeric)"호가 된다).

1924년에 건조된 독일의 호화여객선. "콜럼버스"호의 모습

독일이 자랑한 호화여객선인 "브레멘"호(S.S Bremen)나 "오이로파"호(S.S Europa)보다 각각 5년과 6년 앞서 건조된 이 배가 취항할 당시, 독일 선적으로는 가장 큰 여객선, 가장 빠른 여객선이 되었으며 또한, 상부갑판에 실외수영장을 설치한 최초의 여객선인 동시에 폭로갑판(暴露甲板, 천장과 벽이 없는 넓은 갑판)에 야간 무도장을 개설한 최초의 여객선이 될 정도로 획기적인 설비들을 많이 가지고 있었다. 이것은 위에서 말한 북대서양 항로의 다른 여객선들과 달리 이 배의 운항하는 항로가 북대서양이 아닌 카리브해와 남미 등이었기 때문에 실외수영장이 가능했었던 것이다.

또 취항 11년 후인 1935년에 "콜럼버스"호는 위에 언급한 자매선(姉妹船)들인 "브레멘"호 및 "오이로파"호와 격(格)을 맞추기 위해 대규모의 재치장공사(再治裝工事, Refurbish work, 배의 의장설비를 더 좋게 만드는 공사)를 실행하여 더욱 호화로워짐에 따라 미국과 카리브해에서 크루즈 운항을 겸하여 이름을 떨쳤다.

1939년 6월, 독일의 브레머하펜(Bremerhaven) 항구를 출항하여 카리브해에서 크루즈 운항을 하던 중에 2차 대전이 발발하여 독일정부로부터 급히 본국으로 회항하라는 전문을 받게 된다. 그때 마침, 쿠바의 하바나(Havana) 항구를 출항하여 미국으로 향하던 "콜럼버스"호는 급히 뱃머리를 하바나 항구로 돌려서 하바나 항구에 승객들을 모두 하선시키고 다시 독일로 향하게 된다. 그때 미국해군의 구축함들의 칸보이(Convoy, 호위)를 받으며(그때는 아직 미국이 2차 대전에 참전을 결정하지 않은 때였다) 공해상으로 나온 "콜럼버스"호를 발견한 영국해군의 구축함이 "콜럼버스"호에게 투항할 것을 요구한다. 마침 근처에서 미국해군의 중순양함, "터스카루사(Tuscaloosa)"함이 중립을 지킨 채 지켜보는 가운데, "콜럼버스"호의 "빌헬름 다네(Wilhelm Daehne)" 선장은 적에게 나포되기보다는 차라리 자폭(自爆)을 하고 자기들은 미국에 난민(難民)이 되기로 결심하게 된다.

영국 구축함의 계속되는 투항요구에 맞서, "다네" 선장은 576명의 선원들을 한 명도 빠짐없이 모두 구명정에 태워서 미국해군의 중순양함으로 보낸 뒤에 배 안에 미리 설치한 80kg의 폭약을 터뜨려 "콜럼버스"호를 완전히 폭파시켜 버린다.

폭파 약 30분 뒤, "콜럼버스"호는 수면 아래로 그 모습을 감추고, 미국 순양함에 난민으로 구조된 선원들은 뉴멕시코의 포트스텐턴(Fort Stanton)으로 보내졌다가 다시 샌프란시스코만에 있는 엔젤(Angel) 섬의 난민수용소에 정착하게 된다. 그 후, 2차 대전이 종전된 뒤에 그동안에 사망한 일부 선원들과 탈주한 6명의 선원들을 빼고 나머지 512명의 독일 선원들 전원이 다시 조국인 독일의 품으로 되돌아간 이 감동적인 실화를 만든 "콜럼버스"호는 1924년부터 1939년까지 15년 동안의 훌륭한 항해를 끝으로 이렇게 자폭으로 대서양의 해저로 사라져갔다.

4.9 1927년의 "스텔라 폴라라스"호(S.S Stella Polaris), 아름다운 외형의 요트 (Yacht)풍 초특급 호화 크루즈 선

노르웨이의 베르겐(Bergen) 해운이 발주하여 스웨덴의 괴타베르켄(Goetaverken) 조선소에서 1927년에 건조된 이 배는 총톤수 5,209톤, 전장 127.1m, 선폭 16.6m의 선체크기로 199명의 1등 승객만을 태우는 호화크루즈 선으로 요트풍의 외형으로 설계되어 역대 크루즈 선 중에서 가장 아름다운 외형을 가진 배로 인정받는다.

유럽의 부호들이 즐겨 찾았던 이 호화 크루즈 선은 주로 지중해와 카리브해에서 크루즈 항해를 하고 또 주기적으로 세계일주 항해도 하였다. 세계일주 크루즈 항해 시에는 승객들의 수와 거의 대등한 수의 선원들이 승선하여 24시간 최상의 서비스를 제공한 것으로도

백색의 선체와 왕실 전용요트풍의 외형을 가졌던 역대 가장 호화롭고 고급스런 크루즈 선으로 명성을 날렸던 "스텔라 폴라리스"호의 아름다운 외형과 대리석 바닥을 가진 이 배의 그랜드 포이어(Grand Foyer, 넓은 현관의 뜻)의 모습 (사진출처: TGOL-StellaPoralis)

유명하다. 다시 말해서 199명의 승객을 위해서 승선하는 선원의 수가 무려 180명 이상이나 되어 4개의 객실마다 이 객실을 담당하는 전속 스튜어드(Steward)가 따로 배정되어 시간에 관계없이 언제든지 신속한 서비스가 제공될 정도로 승객들에게 최고의 대우를 하였다. 왕실전용 요트의 냄새가 물씬 풍기는 외형에 클리퍼(Clipper) 범선의 날렵한 선수

형상과 아주 고급스러운 인테리어로 가져 이 배의 운항 당시, 고급수준에서 이 배와 겨눌 만한 크루즈 선은 없었다.

200명도 채 안 되는 199명을 위한 승객갑판에는 수영장과 체력단련실과 미용실, 이용실 및 마사지실과 영화관과 쇼 공연장 등의 위락설비를 모두 갖추고 있었던 이 배의 건조선가는 같은 크기의 다른 호화 크루즈 선들보다 50% 정도나 더 높아서 가장 비싼 건조비가 소요된 크루즈 선으로 정평이 나 있었다.

취항 후, 12년이 지난 1939년부터 1941년까지 노르웨이의 오스터피욜드(Oster Fjord)에 정박하여 독일해군의 무훈병사들의 휴양설비로 사용되었다. 2차 대전이 끝나고 1951년부터 1969년까지 18년간 다시 최고급의 호화 크루즈 선으로 운항을 재개한 뒤에 선체의 노후로 크루즈 운항이 중지되고 일본 회사가 이 배를 구입하여 해상호텔로 사용하였다.

이 배에 대한 향수(鄕愁)를 지니고 있던 스웨덴의 한 회사가 이 배를 일본으로부터 다시 사들인 후에 스웨덴으로 가져가서 대대적인 재건수리를 하기로 하였다. 이 배의 스웨덴까지 장거리 항해에 앞서 임시적인 선체보수를 위해서 중국의 조선소로 예인을 하던 중, 도쿄 남쪽 280해리 떨어진 해상에서 선체외판 사이로 스며드는 해수로 인해서 앞에서 이 배를 끌고 가던 예인선에서 미처 손을 쓸 사이도 없이 침몰되어 버렸다. 장기간 운항을 하지 않고 정박상태에 있던 이 배의 선체상태가 원양항해에 적합한지를 세밀히 점검하지 않은 채 무리하게 항해에 들어간 실수로 인해서 최고의 아름다움을 자랑하던 이 배는 덧없이 사라져 갔다.

참고

클리퍼(Clipper)는 날렵하게 생긴 선수와 경사진 마스트를 가진 쾌속 범선으로 19세기 중반에 처음 출현하였다. 이 클리퍼 범선 중에서 가장 빨랐던 것은 돛의 힘만으로 일반 동력선보다 더 빠른 17.5놋트(시속 32.4Km)의 경이적인 속도를 보여 주었다.

4.10 1929년의 "바이스로이 오브 인디아"호(S.S Viceroy of India), 영국과 인도 항로의 역대 최고급 호화여객선

피엔오(P&O) 상선이 영국의 글라스고우(Glasgow)에 있는 알렉산더 스테판(Alexander Stephen & Sons) 조선소에서 영국과 영국의 식민지였던 인도 간의 직항로에 투입할 목적으로 건조되어 1929년에 취항한 이 여객선은 당시 다른 어떤 여객선도 견줄 수 없는 호화롭고 고급스런 인테리어를 가졌던 여객선으로 기록되고 있다.

총톤수 19,650톤에 전장 178.6m, 선폭 23.2m의 선체크기를 가졌던 이 여객선은 본래는 "타지마할(Taj Mahal)"호로 부르기로 하였으나 명명식 바로 직전에 "바이스로이 오브 인디아"호로 바뀌었고 배가 워낙 호화로워서 "가버너 오브 인디아(Governor general of India, 인도총독)"호로도 불리었다.

영국의 틸베리(Tilbury) 항구와 인도의 봄베이(Bombay) 항구 간을 19~20노트(시속 35.2~37km)의 항해속도로 논스톱으로 뛴 이 정기여객선은 5층의 승객갑판에 415명의 1등 승객과 258명의 2등 승객만을 태웠다. 이 여객선이 3등 승객구역을 없이 하고 1등과 2등 승객만을 태운 것은 당시의 다른 대양여객선에서는 매우 드문 경우로 이것은 그만큼 이 배가 다른 대양여객선에 비하여 고급스러웠다는 것을 의미한다.

영국과 인도 항로의 호화 정기여객선, "바이스로이 오브 인디아"호의 모습

특히, 이 여객선은 터보-일렉트릭(Turbo-Electric) 즉, 증기터빈으로 구동되는 발전기에서 생산된 전기로 2기의 6,300kw(약 8,500마력) 추진 전동모터를 돌리는 전기식 추진장치를 갖추고 있었는데 이것은 세계 최초로 전기식 추진장치를 가졌던 선박으로 알려져 있는 1935년의 호화여객선, "노르망디"호의 전기식 추진장치보다도 6년이나 앞서는 것이고 함정을 포함한 모든 선박을 모두 합쳐서 역대 세 번째로 전기식 추진장치를 가진 배가 된다.

영국 최초의 여류비행사이자 유명한 인테리어 디자이너였던 엘시맥케이(Elsie Mackay, 제임스맥케이 경(卿)의 딸로 이 배의 인테리어 설계 후에 대서양 무착륙 횡단비행 중에 사망함)가 설계한 승객구역의 인테리어도 매우 뛰어나서 고급스럽게 장식된 실내수영장과 마사지실은 물론이고 도박장과 호화로운 무도장까지 갖추고 있었으며 1등 승객의 객실은 육상의 여느 호텔의 스위트 객실도 따라올 수 없을 정도로 호화롭게 설비가 되어 있었고 또 각 객실에는 인도사람의 하인들이 별도로 배치될 정도로 고급스러웠다고 한다(대양여객선에서 1등 객실마다 객실담당 하인이 별도로 배치된 것은 이 배가 처음이자 마지막이 된다).

2차 대전이 발발하자 영국해군의 병력수송선이 되어 활약하다가 취항 13년이 되는 1942년 11월 11일, 알제리에 영국군 병력을 상륙시키고 지브롤터(Gibraltar)로 귀항하던 중, 알제리의 북쪽 해상에서 독일해군의 U-407호 유-보트 잠수함이 발사한 4발의 어뢰 중에 2발에 명중되어 침몰된다. 이때의 침몰시각은 동이 트기 바로 직전인 새벽 5시 24분경이었다.

다행히 "바이스로이 오브 인디아"호가 어뢰에 피격된 즉시 급히 달려온 영국함정들에 의해 갑판에서 사망한 4명의 선원을 제외한 673명의 승선자 전원이 안전하게 구조됨으로써 어뢰에 피격되어 침몰한 여객선 중에서 가장 적은 수의 사망자를 낸 해난사고로 기록된다.

역대 여객선 중에서 가장 호화로웠고 가장 고급스러웠던 여객선 중의 한 척으로, 1920년대에 건조된 여객선 중에서 가장 고급스럽고 호화로웠던 여객선이자 가장 혁신적인 기술로 건조된 여객선으로 인정받았던 "바이스로이 오브 인디아"호는 침몰되는 과정에서 영국해군의 함정들이 필사적으로 이 배의 예인을 시도하였으나 이 배는 끝내 그 구조를 거부하고 지중해의 해저로 모습을 감추고 말았다.

독일 유-보트 잠수함의 어뢰를 맞고 동이 트기 바로 직전, 침몰되어 가는 "바이스로이 오브 인디아"호의 마지막 모습으로 이 사진이 촬영되고 곧 해저로 사라져버렸다. (사진출처: shipsnostalgia.com)

4.11 1930년의 "발뢰란"호(D.M.S Baloeran), 적십자 마크의 병원선으로 격침된 여객선

1929년 8월에 네덜란드의 피엔놀드(Fijennoord) 조선소에서 진수가 되고 의장공사(艤裝工事)는 데쉴데(De Schilde) 조선소에서 시공하여 1930년 4월에 건조가 완료된 "발뢰란"호는 네덜란드와 당시 네덜란드의 식민지였던 인도네시아 간의 정기운항을 목적으로 동형자매선 "뎀포"호(S.S Dempo)와 더불어 건조된, 총톤수 16,981톤, 전장 174.6m, 선폭 21.44m의 선체크기에 634명의 승객정원을 가진 호화 정기여객선이었다.

취항과 더불어 끊임없는 재난을 당하면서도 항해를 계속 이어간 특이한 기록의 여객선이다. 즉, 취항 1년 뒤인 1931년 3월에는 캐나다의 화물선인 "실버비치"호(M.S Silver Beech)와 해상충돌로 선수부분을 전면적으로 새로 만들어야 하는 대규모의 수리공사를 받게 된다. 또 그다음 해인 1932년에는 짙은 안개 속에서 좌초되어 선체 하부에 심대한 손상을 입었으나 용케도 침몰을 면하고 대대적인 수리를 받았다. 그러나 이 공사 후, 추진 장치의 성능이 시원찮아 1940년부터 1년 동안 네덜란드에서 육상에 전력을 공급하는 해상발전소가 된다.

1941년 5월에는 네덜란드로 진군해온 독일군에 의해 나포되어 독일이 보유한 14척의 병원선 중의 한 척인 "스트라스부르그"호(M.V Strassburg)가 되었다.

독일은 이 배의 문제 있는 추진장치를 전반적으로 수리하여 1942년 말부터 독일군 부상병들의 치료와 수송임무에 투입시킨다. 그러나 운항이 재개된 지 8개월도 채 지나지 않는 1943년 9월 1일, 함부르그로 항해하던 이 배는 영국해군이 설치해 놓은 기뢰(機雷, Mine)에 저촉되어 또 한 번, 선체에 심대한 손상을 입게 되어 항해불능상태가 되어 암초에 좌초되고 만다.

1931년에 촬영된 "발뢰란"호의 모습

참 고

이 배와 똑 같은 선명을 가진 독일 해군의 순양함 "스트라스부르그(SMS Strass- burg)"호도 있다.

이로부터 18일 뒤, 이 배가 암초에 걸쳐져 항해불능 상태에서 이번에는 영국 어뢰정(MBT 617정)이 발사한 어뢰에 선미부분이 피격되면서 완전히 기능을 상실한 선박이 된다.

하루 뒤, 이 배의 침몰을 확인하기 위해서 날아온 영국공군 폭격기의 집중폭격을 받아 선체 전체가 화염에 쌓인 채 결국은 침몰을 하게 되는데 이때 이 배의 선체에는 녹색의 띠가 돌려져 있었고 연돌에는 선명한 적십자 마크가 붙어 있었다.

이것은 취항 후 13년이 지난 때였고 그 13년 동안 네 번의 심대한 선체 손상을 입으면서도 용하게 살아남았으나 마지막 다섯 번째에는 마땅히 적의 공격을 면할 수 있는 병원선의 표식을 하고 있었지만, 갑판 위에 장착되어 있었던 대공포 때문에 병원선이 아닌 함정으로 간주되어 영국공군 폭격기의 가차 없는 집중공격으로 처참한 모습으로 최후를 장식한 전설적인 여객선이 되고 말았다.

이 침몰사고에서 승객들과 선원들의 대부분은 이 배가 암초에 좌초되었을 때 구명정으로 모두 육지로 상륙을 하여 이 배가 침몰할 당시 희생된 사람은 아무도 없었다.

호화 여객선 "발리란"호가 독일의 병원선 "스트라스부르그"호로 개조되어 항해하는 모습
(선체에는 초록색 띠를 두르고 적십자 마크를 붙여 병원선임을 표시하고 있었으나 선수에 장착한 대공기관포 때문에 무장선으로 간주되어 영국 폭격기로부터 공격을 받게 되었다) (사진출처: N.V Rotterdamsche Lloyd 소개책자)

4.12 1931년의 "후잘-5호"(S.S Hussar-V), 현재도 운항 중인 가장 오래된 범선형 크루즈 선

"후잘-5"호는 독일 키일(Kiel)에 있는 크루프 게르마니아(Krupp Germania) 조선소에서 1931년에 건조가 완료된 바크(Barque) 형의 범선으로 현재 4성급의 크루즈 선, "씨 클라우드"호(S.V Sea Cloud)로 운항하고 있다. 따라서 1923년에 건조된 총톤수 585톤의 "후잘"호(S.V Hussar)와는 전혀 다른 배이다.

총톤수 2,532톤, 배수톤수 3,849톤, 전장 117m, 선폭 16m로 3개의 마스트(Mast, 돛대)에 23개의 돛을 달아서 3,000m²의 돛 면적을 가지고 있다. 항해에는 주로 돛을 사용하며 최대 14노트(시속 25.9km)의 속도로 항해를 할 수 있으며 무풍(無風)의 해상에서는 1,600마력의 디젤엔진 2대로 2개의 추진 프로펠러를 구동하여 10노트(시속 18.5km)의 속도로 항해를 한다. 승객정원은 47실의 객실에 94명이지만 선원들은 무려 65명이나 타며 승객구역은 매우 화려하고 고급스럽게 꾸며져 있다. 특히 스위트 객실의 경우, 18세기 루이 왕조 스타일의 클래식한 무드로 꾸며져 있어 승객들에게 매우 인기가 높다.

1923년에 건조가 되었으므로 2017년 현재, 86살의 고령(高齢)으로 오늘날 운항하고 있는 크루즈 선 중에서 가장 오래된 배가 된다. 취항 후, 지금까지 양호한 선체상태를 그대로 유지해 오고 있는 것이 실로 대단하다 하겠다.

처음에는 왕실 전용요트로 건조되었지만 1935년에 미국해군이 구입하여 기상관측선이 되었다가 1942년에는 미연방 연안경비대(USCG)의 기상관측선으로 소속이 바뀌었다. 그래서 한때는 3인치(구경 76mm) 함포를 가진 무장의 함정이 되기도 했었다. 1961년에는 도미니카 공화국의 대통령 전용요트가 되고 1966년에는 해양실습선 "파트리아"호(School ship, Patria)가 되기도 하였다.

참 고

바크(Barque)형 범선은 Bark 또는 Barc라고도 한다. 3개 또는 3개 이상의 돛대를 가지고 있으며 주(主)돛대(Main mast)에는 사각의 돛을 달고 선미돛대(Mizzen mast)에는 삼각돛을 가진 범선의 한 종류로 상당히 빠른 속도를 낼 수 있다.

고풍스런 인테리어로 매우 화려하게 꾸며진 "씨 클라우드"호의 스위트 객실
(사진출처: SV Sea cloud 소개책자)

1978년에는 다른 여객선들 같으면 운항을 하지 못할 47살의 늙은 나이에 "씨 클라우드 크루즈"(Sea Cloud Cruises GmbH) 해운이 인수하여 독일의 브레머하벤(Bremerhaven)에 있는 MWB 조선소에서 대대적인 개조공사를 거친 뒤에 현재의 "씨 클라우드-2"호(S.V Sea Cloud-II) 크루즈 선이 되었다.

크루즈 전문잡지인 버릿츠 크루징가이드(Berlitz Cruising Guide)는 이 배를 가리켜서 "The most romantic sailing ship afloat(해상에서 가장 낭만적인 범선)"이라고 평하고 있다. 2011년에 다시 대규모 선체보수공사를 실행하여 현재까지 매우 양호한 선체상태를 유지하고 있어 향후 10년 정도는 더 항해를 하여도 충분할 것으로 알려지고 있어 크루즈 업계에서는 이 배가 크루즈 선 최초로 취항 후, 100살의 나이를 채우지 않을까 하는 기대로 주목을 하고 있으며 소속 해운회사에서도 이 배의 100주년을 가지기 위해서 현재 이 배에 각별한 관리를 하고 있다고 한다.

석양 속에 정박 중인 낭만의 범선형 크루즈 선

4.13 1932년의 "럴라인"호(S.S Lurline), "윌리엄 깁스" 설계의 미국 국적 최고의 호화여객선

"럴라인"호는 미국의 매트슨(Matson) 해운이 미국의 포어리버(Fore River) 조선소에서 1933년에 건조한 미국 국적의 호화여객선이다. 1932년에 진수가 되고 다음 해에 취항한 이 여객선은 미국이 자랑하는 조선기술의 귀재, "윌리엄 프란시스 깁스(William Francis Gibbs)"가 처음으로 설계한 여객선으로도 유명하다("윌리엄 깁스"는 이 배로부터 시작하여 1937년에 "아메리카"호(S.S America), 1949년에 "유나이티드 스테이츠"호(S.S United States) 등, 유명한 여객선들을 설계하게 된다).

총톤수 18,163톤, 전장 192.6m, 선폭 24.2m에 2대의 증기터빈 엔진으로 2기의 추진 프로펠러를 돌려 최대 22노트(시속 41km)의 속도로 항해할 수 있었다. 또, 5층의 승객갑판에 715명의 승객정원을 가지고 있었는데 이 승객정원에는 다른 대양여객선들과 달리 3등 승객구역이 없었다. 이것은 미국 국적의 여객선으로서는 최초가 된다. 1987년, 55살의 늙은 나이로 폐선이 될 때까지 아주 훌륭한 항해를 한 이 배는 미국인들의 기억 속에 결코 잊을 수 없는 호화여객선으로 남아 있다.

첫 항해에 나서는 "럴라인"호를 그린 그림

(2개의 연돌과 2개의 마스트를 가진 1930년대의 전형적인 대양여객선의 모습이다. 연돌에는 매트슨 해운을 의미하는 "M"자의 마크가 그려져 있다)

첫 항해에 들어갈 때, 미국 신문들은 이 배를 가리켜 "A very handsome liner (매우 멋진 정기여객선)"이라고 떠들었다. 미국의 뉴욕 항구를 출발하여 파나마 운하를 경유하고 샌프란시스코를 거쳐 호놀룰루와 호주 및 남태평양 간을 정기 운항하였던 이 호화여객선은 그 당시 북대서양의 항로를 뛰던 기라성 같은 다른 대형 여객선들에 조금도 뒤지지 않는 매우 호화롭고 고급스러운 인테리어의 승객구역을 가지고 있었으며 당시의 미국인들은 그래서 이 배를 사랑하였고 무척 자랑스럽게 생각하였다.

2차 대전이 발발하자 미국해군의 병력수송선이 되어 미국 병력과 호주 병력의 수송에 큰 공로를 세웠다. 2차 대전이 끝나자 1946년부터 다시 예전의 항로로 되돌아온 이 배에 미국 국민들은 예전보다 더 많은 애정을 보여 주었다. 1957년, 대대적인 개선공사(改善工事, 배를 더 좋게 만드는 공사)를 실행하는데 이때 2등 승객구역마저도 없애고 1등 승객만을 태우는, 마치 크루즈 선과 같은 호화 대양 여객선이 된다. 그러나 이 대대적인 개선공사에도 불구하고 1960년부터 대형 제트여객기에 밀려 여객선 시장이 붕괴되면서 이 배는 결국, 1962년부터 항구에 발이 묶이는 계류상태에 들어가게 된다.

이 계류상태에서 1963년에 챤드리스(Chandris) 해운이 이 배를 구입하여 또 한 번의 대대적인 개선공사를 실행하여 이 배를 완전한 호화 크루즈 선으로 바꾸게 된다. 이때 새로 주어진 선명이 유명한 "엘리너스(Ellinis)"이다. 1981년까지 "엘리너스"호는 4성급의 호화 크루즈 선으로 명성을 날리고 챤드리스 해운에게도 막대한 수익을 가져다주었다. 그러나 노령에 따른 선체노후는 피할 수 없어 그때부터 잦은 고장으로 선주사가 애를 먹다가 이 배를 1986년에 고철로 매각하고 1987년, 결국 54살의 나이로 대만에서 폐선처리가 된다.

취항 이후, 한창때는 "A very handsome liner(아주 멋진 정기여객선)"로, 폐선이 되기 직전에는 "A Grand old lady(위대한 늙은 숙녀)"로 불리었던 이 배는 미국이 건조하였던 여객선 중에서 가장 성능이 뛰어났었고 또 그 긴 세월의 운항기간 중에 별다른 큰 사고도 없이 훌륭한 항해를 했었던 행운의 여객선으로 기록을 남기고 사라져 갔다.

미국해군 병력수송선이 되어 작전 중인 "럴라인"호의 모습

4.14 1935년의 "노르망디"호(S.S Normandie), 선상(船上)화재로 단명(短命)한 세기(世紀)의 호화여객선

20세기 최고의 호화여객선으로 인정받는 "노르망디"호는 프랑스의 생나제르(Saint Nazaire)에 있는 아트랑티크(l'Atlantique) 조선소에서 1935년에 건조된 호화여객선

으로 세 개의 크고 웅장한 연돌과 두 개의 높은 마스트에 매우 아름다운 외형을 가지고 있었다.

1935년의 취항 당시, 총톤수 79,289톤, 전장 299.1m, 선폭 35.9m에 12층의 갑판으로 만들어진 선체에는 848명의 1등 승객과 670명의 2등 승객 및 454명의 3등 승객을 승객정원으로 하고 1,345명의 선원들이 1,972명의 승객들과 함께 승선하였다. 특히, 670명의 1등 승객구역에는 승객수와 거의 맞먹는 620여 명의 선원들이 배치되어 있었는데 때로는 1등 승객구역에 400명도 채 안 되는 승객들이 승선하고 출항할 때도 있어, 이런 경우에는 승객보다 이 구역을 담당하는 선원들의 숫자가 승객들보다 훨씬 더 많을 정도로 최고의 서비스가 제공되고 있었다. 1등 승객구역의 승객정원과 담당하는 선원들 간의 이 최고의 비율은 오늘날의 최고급 호화크루즈 선들도 넘보지 못하는 값이 된다.

프랑스 CGT 해운의 발주로 건조가 시작된 이 호화여객선은 1929년 초부터 1930년까지 2년 동안에 설계가 완료되어 1931년 1월에 건조에 착수하고 1932년 10월에 역사적인 진수 및 명명식을 가졌다. 선체설계는 러시아에서 망명한 조선공학자 "블라디미르 유르케비치(Vladimir Yourkevitch)"박사가 지휘하였는데, "노르망디"호의 혁신적인 구상선수(球狀船首, Bulbous bow)를 가진 날렵하고 멋진 선형은 그의 최고작품이 된다.

세기의 호화여객선, 프랑스의 "노르망디"호의 항해 모습

"노르망디"호는 선형(船形, 선체의 형상)뿐만 아니라 전체적인 외형에 있어서도 과히 독보적이고 파격적으로 아름다운 여객선이었다. 또한 아르데코(Art Deco) 양식으로 만들어진 화려하고 아름다운 인테리어로 장식되어 세계 최고의 호화 여객선이란 또 다른 타이틀을 받고도 남음이 있는 여객선이었다.

그 예로 1등 승객의 만찬식당인 다이닝사롱(Dining Salon)은 848명의 모든 1등 승객이 동시에 착석하고도 남을 860석의 좌석과 테이블을 가지고 있는, 길이 93m, 폭 20m인 1,860㎡(약 564평)의 길고 큰 방이었다. 3층의 갑판을 한 공간으로 하였기 때문에 실내천장의 높이는 무려 8m가 넘었으며 출입문은 선수와 선미 쪽에 각각 따로 설치하였는데 그 출입구 로비에는 직경 3m의 거대한 크리스털 샨데리아가 찬란하게 빛나고 있었고 만참식당의 양쪽 벽면에는 4m 높이의 큰 벽면 조명등(壁燈, Wall light)이 모두 38개나 설치되어 있었고 또 실내의 천장 중앙에는 12개의 큰 천장조명등이 두 줄로 걸려있어 만찬식당의 안은 대낮처럼 밝았다. 그래서 사람들은 "노르망디"호를 빛의 배 즉, "The Ship of Light"라고 불렀다.

"노르망디"호의 1등 승객 만찬식당(Dining Salon)을 입구에서 본 모습

(식당의 좌, 우 벽에는 창문이 없었다. 즉, 양쪽의 벽에는 기관실에서 연돌로 올라가는 폐기연통 때문에 창문을 낼 수 없었다. 그래서 창문 대신에 4m 높이의 큰 벽등을 벽면 전체에 걸쳐 5m 간격으로 설치하여 조명등으로 창문을 대신토록 하였다. 또 만찬식당의 천장에는 12개의 큰 천장등이 2열로 설치되어 있었기에 실내는 항상 대낮처럼 밝았다)

(사진출처: Book, The Great Ocean Liners)

참고

아르데코(Art Deco)는 세계 1차 대전이 끝나고 프랑스에서 출현한 시각예술 디자인의 한 양식으로 2차 대전이 끝난 뒤에도 아르데코 양식의 유행은 계속 되었다. 즉, 1920년대에서 1950년대 초까지 세계 디자인계에 큰 획을 그은 양식이다. 풍부한 색감과 두터운 기하학적인 문양 및 호화로운 장식이 이 양식을 대변한다. 선박, 특히 대형 여객선의 실내의장 설계에서도 이 아르데코 양식이 1930년대 중반부터 1950년대 중반까지 대세를 이루었다.

그러나 1등 승객 만찬식당의 설계에는 일반인들이 모르는 이야기가 하나 있다. 즉, 이 배의 설계자들은 "노르망디"호의 얼굴인 1등 승객의 만찬식당인 다이닝사롱(Dining Salon)을 설계함에 있어 그 크기와 웅장함을 내세우려고 했으나 갑판 위에 적당한 위치를 찾을 수가 없었다. 그래서 고심 끝에 찾아낸 방안이 배의 중심부에 이 다이닝사롱을 배치하되 기관실로부터 연돌로 올라가는 폐기관(廢氣管, Exhaust Duct, 연기가 올라가는 통)들을 다이닝사롱의 양쪽 벽의 안쪽을 통해서 위로 올려 보내고 그 가운데에 이 다이닝사롱을 배치하는 것이었다.

참고

그 당시의 대형 여객선들은 기관실과 연돌이 모두 배의 중앙부에 있었으므로 승객구역의 중앙부는 기관실에서 연돌로 올라가는 폐기관(廢氣管)과 기관실로 통하는 출입구들 때문에 승객구역의 설계에서 항상 큰 방해가 되었다.

그 결과, 다이닝사롱은 좋은 위치에 원하는 면적을 얻을 수 있게 되었지만 아쉽게도 이 다이닝사롱의 양측 벽면에는 연돌로 올라가는 폐기관들이 막고 있어 밖을 볼 수 있는 창문을 설치할 수가 없었다. 창문이 없음으로 인해서 답답해진 문제를 해결하고자 제시된 방안이 바로 이 거대한 크기의 벽면조명등을 양쪽 벽면에 설치하여 창문을 대신하게 하는 것이었다.

또 1등 승객과 2등 승객구역의 경계선에 있었던 엘리베이터 케이싱(Elevator casing, 엘리베이터를 둘러싸고 있는 벽체)은 오늘날 우리가 일반적으로 보는 밀폐식이 아니라 엘리베이터들의 오르내림이 그대로 모두 보이는 노출식으로 되어 있었다. 그래서

"노르망디"호의 아름답고 호화로운 엘리베이터 로비(Lobby)의 모습
(당시 세계에서 가장 큰 실내조명등인 직경 5m의 천정 조명등이 걸려 있었고 엘리베이터 케이싱(Casing)은 청동주물로 만든 조각벽체로 되어 있었다. 바닥은 천연대리석으로 마감되어 있어 세계에서 가장 아름답고 가장 호화로운 엘리베이터 로비로 인정받았다)
(사진출처: www.coolhunting.com)

이 엘리베이터의 케이싱은 청동주물의 조각품으로 벽체로 만들고 엘리베이터 로비의 천장에는 일찍이 본 적이 없는, 직경이 5m가 넘는 특대형의 천장 조명등이 설치되어 있었으며 바닥은 옅은 베이지색의 천연 대리석으로 마감되어 있어 이 엘리베이터 로비를 처음 본 사람들은 누구나 그 아름다움과 호화로움에 감탄을 하였다고 한다.

"노르망디"호가 드높은 명성을 날리며 북대서양 항로를 한창 신나게 항해를 하고 있을 즈음, 세계 2차 대전이 발발하고 이어서 프랑스가 독일에게 함락된다. 그때 뉴욕 항구에 정박해 있었던 "노르망디"호는 귀국을 포기하고 뉴욕항에 장기계류상태에 들어간다.

1941년 12월, 미국해군의 병력수송선으로 징발되어 선명도 "라파예트(Lafayette)"로 바뀌게 된다. 선체의 색상도 옅은 회색의 보호색으로 바뀌게 되고 선체내부도 많은 병력을 태우고 가능한 많은 군사장비를 선적할 수 있도록 대대적인 개조공사에 들어가게 된다.

그러나 이 개조공사가 거의 끝나갈 무렵, 하부갑판에서 작업을 하던 용접사의 과실로 화재가 발생하였다. 이때는 1942년 2월 9일 오후 2시 30분경이었다. 처음 화재가 발생한 곳은 1등 승객 라운지로 추정된다. 바닥에 곳곳에 쌓여진 공사잔재와 가연성의 자재들로 인해서 불은 삽시간에 배 전체로 옮겨 붙어 필사적인 화재진압작전에도 불구하고 불길은 점점 더 맹렬한 기세로 "노르망디"호를 타들어갔다. 그때 마침, 미국에 있었던 "노르망디"호의 선체설계자 "블라디미르"박사(그때 그는 마침 미시간 대학교의 조선공학과에서 강의를 맡고 있었다)는 화재현장으로 달려가서 "노르망디"호를 외항으로 멀리 예인한 후에 소방정들이 배를 둘러싸고 사방에서 집중적으로 살수할 것을 충고하였다. 그러나 이 조언은 선박에 대한 지식이 전혀 없는 뉴욕 소방본부의 최고지휘자인 소방본부장에 의해서 일언지하에 묵살된다. 배를 끌고 밖으로 나가는 것은 다른 배에게 위험이 될 수 있으며 또 이러한 진화방법은 소방수들을 다치게 할 수 있기 때문에 외항에 나가지 않고도 지금 그 자리에서도 충분히 화재진압이 가능하다는 것이었다.

화재가 발생한 지 3시간이 지난 오후 5시 30분경, 뉴욕 소방본부는 이제 화재의 불길은 자기들의 통제 안에 있으며 곧 화재가 진압될 것이라고 보도하였다.

배의 우현이 부두와 계류된 상태에 있으므로 배의 좌현 쪽에 포진한 뉴욕시의 소방정(消防艇) 다섯 척이 3시간 동안 집중적으로 화재진압 살수를 쏘아대는 작업이 시작되었다. 그러나 곧 화재가 진압될 것이라고 보도한 소방본부의 말과는 달리 불은 전혀 꺼질 기색이 없었다. 소방정들이 "노르망디"호 옆에 달라붙어 고압 살수를 쏘아댄 지 어느덧 11시간이 지났고 화재가 발생한 지도 12시간이 지났을 무렵인 다음 날 새벽 2시 45분경, 검은 연기 속에 휩싸인 "노르망디"호가 갑자기 옆으로 기울어지기 시작하였다. 소방정들이 무차별적으로 마구 쏘아 댄 화재진압의 해수가 배 안의 좌현 한 곳으로 8,000톤 이상이나 고이게 되었고 이 한 곳에 고이게 된 해수의 무게 때문에 "노르망디"호는 중심을 잃고 좌현으로 심하게 기울어진 것이다. 이로부터 20분도 채 지나지 않아 거대한 선체의 "노르망디"호는 드디어 완전히 옆으로 누워 버렸다.

얕은 수심에서 배가 이렇게 옆으로 누워버린 상태가 되면 제힘으로 다시 일어설 수 없게 된다. 이때 시각은 1942년 2월 10일 새벽 3시경으로 화재가 발생한 지 12시간 30분이 지난 시간이었다.

배에 대해서 무지했던 한 사람의 화재진압 책임자 때문에 세기(世紀)의 호화 여객선이며 세계 최대의 여객선이었던 "노르망디"호는 여기에서 허망하게 그 운명을 마치게 된다.

"노르망디"호가 뉴욕 항구 88번 부두에서 전복되어 옆으로 누운 지 1년 6개월이 지난,

1944년 초, 미국해군은 이 배를 다시 복구시켜서 항공모함으로 개조할 계획을 세웠다. 그러나 공사비가 처음 추정한 것보다 엄청나게 많이 들고 또 2년 이상의 긴 공사기간이 소요되는 것으로 판정되어 결국 개조를 포기하고 폐선을 시키기로 결론이 내려져 미국에서 폐선으로 처리되었다.

세기의 화려한 여객선이자 최대의 여객선으로, 또 북대서양 항로의 4일 벽을 돌파한 최초의 여객선으로 해운의 역사에 위대한 발자취를 남겼던 이 호화 여객선은 결국 고국으로 돌아가지도 못하고 취항 후에 5년이란 비교적 짧은 기간만을 운항한 채 타국에서 선상화재로 인해 건조된 지 7년 만에 폐선처리가 되는 비운(悲運)의 여객선이 되고 말았다.

뉴욕 항구의 88번 부두에서 화재로 인해 좌현으로 완전히 드러누운 "노르망디"호의 마지막 모습
(중심을 잃고 옆으로 누워버린 "노르망디"호에 바짝 붙어 진화작업을 하고 있는 소방정의 모습이 보인다)

(사진출처: www.americafireboat.org)

참고

① "노르망디"호를 이야기 하게 되면 늘 경쟁의 상대였던 영국 큐나드 해운의 "퀸 메리"호(RMS Queen Mary)를 빠뜨릴 수 없다. "퀸 메리"호는 "노르망디"호보다 1년 뒤인 1936년 5월에 취항하였고 크기는 총톤수 81,237톤, 전장 310.7m, 선폭 36m로 자기보다 1년 전인 1935년에 취항한"노르망디"호보다 총톤수도 1,948톤이 더 컸었고 전장(全長)도 11.6m

가 더 길었었다. "퀸 메리"호가 "노르망디"호보다 더 큰 선체로 취항하고 거기에다 "노르망디"호가 수립한 블루리밴드의 속도기록마저도 쟁취해 가버리자 자존심이 상한 프랑스 해운은 1936년 겨울에"노르망디"호의 운항을 중단하고 대대적인 선체확장 및 추진장치의 개선공사에 들어갔다. 이 공사의 결과로 "노르망디"호의 총톤수는 처음보다 4,134톤이나 더 커진 83,423톤이 되었고 선체의 길이도 종전보다 14.5m가 더 길어진 313.6m가 되어 명실공히 세계 최대의 여객선이자 세계 최장의 여객선 자리를 재탈환하게 되었다.
즉, "퀸 메리"호보다 2,186톤이나 더 크고 2.9m가 더 긴 여객선으로 다시 태어난 것이다.

② 결과적으로 "노르망디"호가 총톤수와 속도 면에서 "퀸 메리"호를 다시 눌렀지만 운항의 성과는 그렇지 않았다. "노르망디"호가 취항 5년 만에 선상화재로 소실되고 다시 4년 뒤에 폐선처리로 사라진 반면에"퀸 메리"호는 취항 후 33년간을 훌륭히 항해를 마치고 1967년12월, 항로에서 퇴역한 뒤에 지금은 로스안젤리스에서 자동차로 한 시간 거리인 캘리포니아의 롱비치항구에 영구 계류한 해상호텔 겸 해상관광설비가 되어 있다.

③ "퀸 메리"호가 33년간의 운항기간에서 항해한 거리는 330만 해리(약 610만 Km), 대서양항로 1,001회 왕복항해, 탑승연인원 210만 명이라는 미증유의 기록을 남겼다. 33년의 운항기간 중, 1,001번의 대서양 횡단항해를 위해 대서양의 항로 안에 있었던 시간은 약 27년이 된다. 나머지 6년은 항구에서 승객의 탑승 및 하선, 화물의 선적 및 하역과 수리, 정비에 소요된 시간이었다. 즉, 생애기간 중에 82%의 시간을 실제로 항해에 소모한 것이었다. 이것 또한 미증유의 기록으로 이 82%의 기록을 깬 여객선은 아직 없다.

롱비치 항구에서 해상호텔 겸 관광시설이 된 "퀸 메리"호의 최근 모습 (사진출처: funny-pictures.picphotos.net)

4.15 1940년의 "아메리카"호(S.S America), 53년을 훌륭히 항해하고 사라져간 호화여객선

미국 버지니아에 있는 뉴포트뉴스(Newport News) 조선소에서 1939년 8월에 진수가 되고 1년 뒤, 1940년 8월에 취항한 미국국적의 "아메리카"호는 총톤수 26,454톤의 북대서양 항로의 정기여객선으로 건조되었다. 그 당시 북대서양의 여객선 항로는 영국을 비롯한 프랑스, 독일 및 이탈리아 등, 유럽해운회사들의 경쟁무대로 미국은 이 항로에서 유럽의 대형 호화여객선들과 경쟁을 할 수 있는 대형 여객선을 가지고 있지 않았다. 여기에 과감하게 도전장을 내민 미국의 유나이티드 스테이츠 해운(United States Lines)은 이 항로에 새로 투입할 최신의 대형 여객선을 건조하기로 결정하는데 그 배가 바로 "아메리카"호 이다.

취항 당시에 전장 220.14m, 선폭 28.47m, 10층의 승객갑판에 1.202명의 승객정원을 가졌던 이 배는 3등 승객구역을 없애고 1등과 2등 승객만 태웠고 여기에 승객정원의 절반 정도에 해당하는 많은 선원들을 태웠다.

승객구역의 설계는 당시 미국 건축계에서 최고의 지명도를 가지고 있었던 "에그스 엔드 히건스(Eggers & Higgins)" 설계회사가 맡았고 특히 20개가 넘는 공실(公室)들의 인테

1940년, 신규취항 당시 "아메리카"호의 모습
(성조기를 연상시키는 색상으로 도색된 두 개 거대한 연돌과 잘 빠진 선체로 설계되어 당시 유럽의 대양여객선들과는 외형에서 상당히 다른 느낌을 주고 있었다)

리어는 역시 이 분야에서 최고의 명성을 날리던 "패트릭 스미스(Patrick Smyth)"와 "울콸트(Urquart)" 등이 맡아 설계를 하여 취항 후에는 여객선에 관련한 사람들의 견학코스가 될 정도로 이 여객선의 인테리어는 유명세를 날렸다.

쟁쟁한 선명으로 자기나라의 국기를 날리며 뉴욕 항구에 당당하게 입항하던 유럽국가의 대형 여객선들 사이에서 이제 미국의 성조기를 휘날리는 최신의 이 여객선을 본 미국사람들은 "위대한 선구자"로 부르며 무척이나 자랑스러워하였다. 취항 후 10개월이 지날 무렵, 병력수송선의 부족을 느낀 미국해군은 이 여객선을 징발되어 한 번에 7,300명 이상의 병력을 태울 수 있는 병력수송선으로 개조하고 6인치 함포와 3인치 함포로 무장시켜 "웨스트포인트"함(USS West Point)으로 부른다. 1946년까지 미국해군의 병력수송선으로써 어떤 때는 한 번에 9,300명 이상의 병력을 태우고 항해를 하기도 하였으며 30여 차례나 수송작전에 참가하여 임무를 훌륭히 수행하고 그 공로로 다섯 차례나 미국정부로부터 훈장을 받기도 하였다.

1946년, 다시 북대서양 여객선의 정기항로로 돌아온 이 배는 장착하고 있던 무장체계를 내리고 4개월에 걸쳐 재취항을 위한 개선공사(改善工事)를 한 후에 옛 이름인 "아메리카"를 되찾고 1952년까지 6년간 예전에 자기가 항해하였던 북대서양의 항로에서 미국의 성조기를 날리며 다시 항해하였다. 이때 이 여객선은 6년간 수명기간 중 최고의 황금기를 맞이하게 된다.

그러나 1952년에 이 배의 자매선이며 이 배보다 월등히 크고 속도도 훨씬 빠른 총톤수 53,330톤급의 "유나이티드 스테이츠"호가 취항함에 따라, 종전까지 영국 큐나드의 "퀸 엘리자베스"호 및 "퀸 메리"호와 더불어 세 여왕 중 하나(One of The Three Queens)로 불리었던 이 배는 그 자리를 "유나이티드 스테이츠"호에 물려주고 뒷전으로 밀려나면서 쇠락의 길로 들어서게 된다.

그렇지만 항로에서 완전히 퇴역하지 않고 1960년대 초반까지 그런대로 유지를 하고 있었다. 그러나 대형 제트여객기의 발달로 인해 북대서양 항로의 여객선시장이 붕괴되면서 이 배도 1962년에는 전년도에 비해 승객의 수가 반으로 감소하게 되고 더욱이 1963년에는 취항 후, 처음으로 적자운항을 하게 됨에 따라 선주사인 유나이드 해운(United Lines)은 이 배를 매각하기로 결정을 내린다.

"아메리카"호가 "오스트랄리스"호로 선명이 바뀐 뒤의 선체 측면도
(완전히 순백색으로 도장한 선체와 두 개의 연돌에는 챤드리스 해운의 트레이드 마크인 짙푸른색 바탕에 백색의 엑스 마크를 붙인 이 배는 유럽에서 호주 및 뉴질랜드로 이민을 가는 사람들에게 14년간 최고의 인기를 누렸다)

1964년에 그리스의 챤드리스 그룹Chandris Group)은 이 배를 구입하고 당시 돈으로 1,000만 달러를 투입하여 유럽에서 호주 및 뉴질랜드로 가는 항로의 정기여객선 겸 크루즈 선으로 개조하고 선명도 오스트랄리아의 라틴어인 "오스트랄리스(Australis)"로 바뀌게 된다.

1등 승객구역을 없애고 모두 2등 승객구역으로 통일함과 동시에 선미부분의 슈퍼스트락취를 확장하여 960명의 승객정원을 가지게 된 "오스트랄리스"호는 1978년까지 14년

새로 단장된 "오스트랄리스"호의 스모킹 룸(Smoking room)
(짙은 청색과 장미색 및 노란색의 색상배열로 설계된 240석의 아름다운 공실로 빠(Bar)가 딸려 있었다)

간, 미국의 "유나이티드 스테이츠"호와 영국의 "퀸 엘리자베스"호 및 "퀸 메리"호가 운항하지 않았던 유럽과 호주 간의 항로에서 맹주 노릇을 하며 예전의 명성을 되찾아 제 2의 황금시기를 맞이하였다.

1978년, 카리브해에서 2~3일의 짧은 항해기간의 크루즈 운항을 목적으로 챤드리스 해운에서 미국의 벤춰 크루즈(Venture Cruises) 해운으로 양도되었으나 이 해운회사의 경영압박으로 이전의 소유주였던 챤드리스 크루즈(Chandris Cruises) 해운이 다시 이 배를 매입하여 이번에는 이탈리아의 숙녀라는 뜻인 "이탈리스"호(S.S Italis)로 불리게 된다. 이때 설치되어 있던 두 개의 연돌 중에 선수 쪽에 있는 연돌을 없애고 최상부 갑판에 넓은 리도덱크(Lido deck. 일광욕과 수영장의 갑판)를 가지게 된다. 그리고 배의 외형도 단 한 개의 연돌을 가진 참신한 최신형의 여객선으로 바뀌게 되었다.

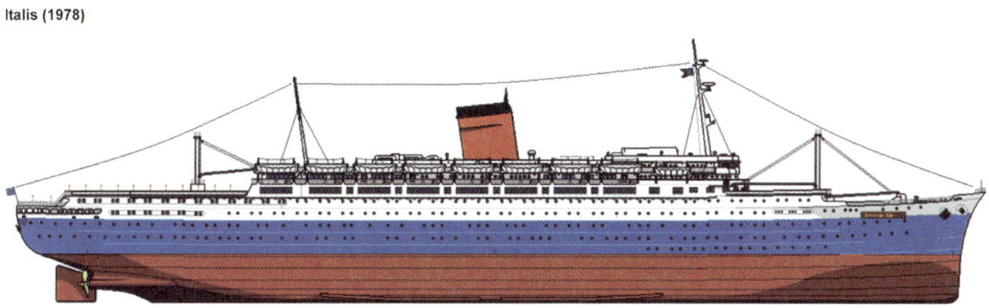

"오스트랄리스"호에서 다시 "이탈리스"호로로 바뀐 뒤의 선체 측면도

(앞서 가지고 있던 2개의 연돌 중에서 선수 쪽의 것을 없애고 선미의 것을 선수 쪽으로 조금 당겨서 배의 중앙부에 놓았다. 이로서 지난날의 1940년대의 고풍스러운 모습이 사라지고 이 배는 이제 현대식 외형을 가지게 되었다)

취항한 지 40년이 지난 1980년, 다른 배들 같았으면 마땅히 퇴역할 나이에 이 배는 또다시 다른 해운회사에 양도되어 선명이 "노가"호(S.S Noga)호로 바뀌게 된다. "노가"호의 이름으로 4년간을 더 운항한 뒤 즉, 취항 44년이 지난 1984년에 이 배는 또다시 다른 선주에게 양도되어 선명이 라틴 말로 천국이란 뜻의 "알퍼도스"호(S.S Alferdoss)로 바뀌게 된다. 1993년까지 9년 동안 즉, 취항 후 53살이 될 때까지 이 배는 노후한 선체로 아름다운 항해를 계속 유지해 갔다.

1993년 11월, 이 노후한 선체로 더 이상의 운항은 어렵다고 판정을 내린 이 배의 선주

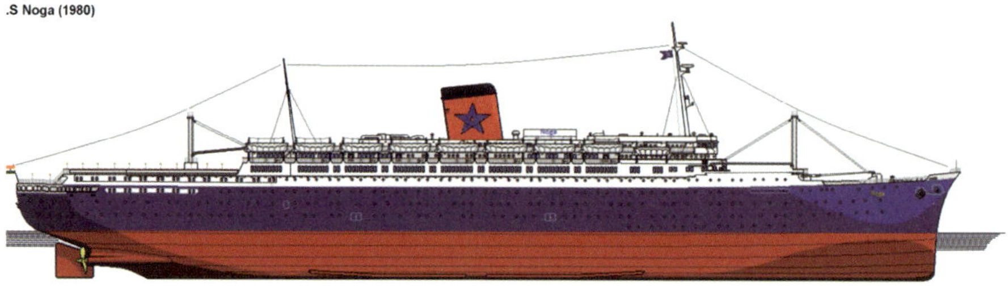

1980년, "이탈리스"호에서 "노가"호로 바뀐 뒤의 선체 측면도
(취항 후 40년이 지난 이 "노가"호의 선체에는 이때부터 서서히 노후가 진행되고 있었다)

인 실버문 페리(Silver Moon Ferries) 해운은 이 배의 운항을 중단시키고 이 배를 구입하여 해상호텔로 바꾸고자 하는 타이랜드의 한 부동산 업체에게 이 배를 양도하였다. 이때 이 배에는 "아메리칸 스타"호(S.S American Star)의 새로운 선명이 다시 주어져 있었다. 이로서 "아메리카"호는 1940년에 취항한 이래, "아메리칸 스타"호가 되기까지 53년 동안에 8회에 걸쳐 선명이 바뀐 셈이 된다.

1993년 12월 31일 밤, 우크라이나 국적의 원양 예인선(연안이나 근해가 아닌 원양에서도 예인작업을 할 수 있는 능력을 가진 큰 예인선)에 예인되어 타일랜드로 가는 100일간의 항해를 위해 그리스를 출항한 이 배는 1994년 1월 12일, 지브롤터 해협을 지나고 다시 아프리카 서쪽 해안을 따라 대서양을 남하하던 중, 갑자기 몰아닥친 폭풍우 속에 들어가게 된다. 더 이상의 예인 항해를 계속하면 예인선 자체가 위험에 빠질 수 있다는 판단 아래, 예인선은 "아메리칸 스타"호와 연결된 토우라인(Tow Line, 예인 줄)을 풀어버린다. 이때 "아메리칸 스타"호는 출항 전에 이미 추진장치가 제거되어 무동력상태로 되어 있었기 때문에 예인선과 연결이 끊어진 상태에서 폭풍에 떠밀려 혼자 표류하다가 대서양의 카나리아 제도(Canary Islands)의 서쪽 해안에서 배의 한 가운데 부분이 암초에 좌초되고 만다. 좌초된 이후, 폭풍우 속의 거대한 파도에게 3일간에 걸쳐 사정없이 강타당한 이 배는 이미 선체가 상당히 부식된 상태였기 때문에 배의 중앙부분에서 선체가 맥없이 두 부분으로 끊어져 버렸다.

1994년 7월 6일, 이 배에 대해 토탈로쓰(Total Loss, 전체상실 또는 완전상실)가 선언되고 이 배를 타일랜드로 예인하여 가던 타일랜드의 새로운 선주는 이 배를 포기해 버린다.

이 배를 예인해 가던 원양예인선에서 토우라인(Tow line, 예인줄)을 끊으면서 폭풍에 떠밀려 좌초되고, 격렬한 파도에 의해 선체가 두 토막으로 부러진 "아메리카"호의 마지막 모습
(선체의 중간 부분이 좌초된 상태에서 3일간에 걸쳐 선수와 선미에 계속해서 가해진 강력한 파도의 충격으로 선체는 거대한 칼로 잘린 것처럼 맥없이 이렇게 되고 말았다)

이후, 선수부와 선미부로 양단된 "아메리칸 스타"호의 두 토막 선체는 따로따로 암초에 걸쳐진 상태에서 파도에 맞으면서 서서히 붕괴되기 시작하였다. 1996년까지는 서로 떨어져서 붕괴되고 있는 선수부분과 선미부분을 볼 수 있었지만 2005년에 이르러서는 붕괴되어 가던 선체의 대부분이 모두 파도에 유실되어 "아메리칸 스타"호의 흔적은 완전히 사라지게 되었다.

1940년에 취항하여 6년간의 미국해군 병력수송선, 18년간의 호화 대양여객선 및 29년간의 크루즈 선으로 별다른 해상사고도 없이 53년간의 훌륭한 항해를 마친 이 전설적인 여객선은 이전의 그 어떤 여객선들도 보여주지 못한, 9년간에 걸쳐 파도에 서서히 붕괴되어가는 선체의 모습을 생생하게 보여주고 사라져 갔다.

4.16 1948년의 "고딕"호(S.S Gothic), 영국 여왕의 전용요트가 된 화객선(貨客船)

"고딕"호는 승객과 화물을 같이 취급하는 화객선(貨客船)에서 영국왕실의 전용요트가 된 전설적인 배이다. 완전한 여객선도 아닌 화객선에서 왕실전용 호화요트로 개조된 것은 이 배가 유일하다.

"고딕"호는 1948년에 스완헌터(Swan Hunter)조선소에서 승객과 화물을 같이 취급할 수 있는 화객선으로 건조되어 그해 12월에 취항하였다. 총톤수 15,902톤에 171m의 전장과 22m의 선폭을 가지며 4층의 승객갑판에 900명의 승객을 태우고 화물창에는 약 8,000톤의 화물을 실을 수 있었다.

영국의 리버풀과 호주의 시드니 간을 정기 운항하던 중, 1952년에 영국정부가 이 배를 매입하여 영국왕실 전용요트로 개조하게 된다.

영국여왕의 해외순방을 위한 영국왕실 전용요트의 필요성이 제기되자 경비절감을 위해 적당한 중고선을 매입하여 왕실요트로 개조하자는 안이 제출된다. 이에 적당한 선박을 물색하던 중, 이 배가 선체상태가 매우 좋고 1등 객실의 설비도 아주 훌륭하게 꾸며져 있어 왕실요트로 개조하는 데에 가장 적합하다는 검토결과가 나옴에 따라 이 배를 매입하여 1952년 말부터 1953년 중반까지 약 9개월에 걸쳐 화객선에서 호화 요트로 바꾸는 대대적인 개조공사에 들어가게 된다. 그 결과, 보잘 것 없었던 화객선에서 세계에서 가장 크고 가장 호화로운 왕실요트로 거듭 태어난 이 배에 일약 세계적인 톱스타가 되는 신데렐라의 꿈이 펼쳐진 것이다.

1953년 11월 10일, 새로 즉위한 "엘리자베스" 여왕을 태우고 런던항을 출항하여 자메이카와 호주 및 뉴질랜드에 이르는 영연방 세계일주 순방에 올라 그 당시 이 배의 명성은 실로 대단하였다. 그 후, 민간에 불하되어 호화 크루즈 선이 된 이 배는 1962년, 1963년, 1964년 및 1966년 네 차례에 걸쳐 세계의 부호들을 태우고 세계일주 크루즈 항해에 나섰다. 그때 왕실요트 당시에 영국여왕이 사용하였던 전용객실과 응접실의 이용에는 일반 스위트 객실의 다섯 배가 넘는 엄청난 프리미엄이 별도로 붙었었다고 한다.

1966년, 뉴질랜드를 출항한 이 배에 예상치 못한 선상회재가 발생하여 선원들의 필사

흑색도장 선체의 화객선이었던 1948년 당시의 "고딕"호의 모습(상)과 1952년에 순백색도장 선체의 영국왕실 전용요트가 된 뒤의 "고딕"호의 모습(하)
(사진출처: ssmaritime.com 및 gcaptain.com)

적인 화재진압에도 불구하고 호화롭던 객실의 대부분이 소실되고 만다. 뉴질랜드 해군의 도움으로 간신히 뉴질랜드의 웰링턴 항구로 예인되어 온 이 배는 임시수리만을 한 채, 본격적인 수리를 위해 영국으로 향했다. 리버풀에서 대대적인 수리를 받았으나 완전한 복구는 되지 않아 예전의 그 호화롭고 아름다움은 결코 되찾을 수가 없었다.

이 수리공사 후, 1966년부터 1968년까지 약 2년간 잠시 운항을 재개하였으나 지난번의 화재로 인한 원인으로 계속 잦은 고장에 시달리게 되어 예전의 명성은 끝까지 회복되지 않았다.

"고딕"호, 4층 갑판에 있는 영국여왕이 사용하던 전용응접실의 모습 (사진출처: pic2fly.com)

1968년에 "고딕"호는 결국 운항을 접고 대만의 한 업체에게 고철로 팔리게 된다. 1년 뒤인 1969년 8월 13일, 마지막 자력(自力)의 항해로 대만의 가오슝 항구에 도착한 이 배는 그곳에서 고철로 사라지게 된다. 평범했던 화객선에서 세계에서 가장 화려한 왕실요트가 되어 명성을 날리다가 선상화재로 인해 20년의 비교적 짧은 수명으로 사라져간 이 배 역시 한 척의 전설적인 여객선으로 남게 된다.

4.17 1948년의 "스톡홀름"호(M.S Stockholm), 불침선(不沈船)으로 불리며 장수(長壽)한 호화여객선

1948년 2월, 스웨덴의 괴타보그(Götaburg) 조선소에서 건조되고 그달에 첫 항해에 나선 스웨덴 해운소속의 "스톡홀름"호는 2017년 3월 현재도 크루즈 선으로 운항을 하고 있어 현존하는 크루즈 선 중에서 가장 오래된 배로 인정받고 있는 여객선이다.

총톤수 12,615톤, 전장 160.8m, 선폭 21.04m의 선체 크기로 건조되어 113명의 1등 승객과 282명의 2등 승객을 태우는 북대서양 항로의 정기여객선으로 취항한 이 여객

요트풍의 날렵한 외형으로 취항한 대서양 정기여객선 "스톡홀름"호의 취항 당시의 모습
(연한 아이보리 색상의 선체도장에 날렵한 외형을 가진 이 배는 대양여객선보다는 호화요트처럼 보였다)

선은 비록 선체크기는 북대서양 항로의 다른 정기여객선들에 비하여 조금 작았지만 요트풍의 준수한 외형을 가진 호화여객선으로 3등 승객구역을 없애고 1등과 2등 승객만을 태웠다. 따라서 승객구역의 고급수준으로 보면 그 당시 최고의 호화 여객선이었던 "퀸 메리"호나 "퀸 엘리자베스"호보다도 더 뛰어났다고 한다.

1953년에는 승객들의 편안한 항해를 위해서 선박의 안정장치인 핀 스태빌라이저(Fin Stabilizer, 날개형의 선박 안정장치, 본 책의 1.23을 참조)를 새로 추가 설치하고 총톤수도 3,500톤이나 증가시키는 대규모 선체개조공사를 실행하였다.

1956년, 뉴욕 항구를 출항하여 스웨덴으로 향하던 중, 매사추세츠주의 낸터킷트(Nantucket) 섬의 해상에서 총톤수 29,100톤급의 이탈리아의 호화여객선 "안드레아 도리아"호(S.S Andrea Doria)의 우현 측면과 이 배의 선수가 충돌하는 큰 해난사고를 만난다. 이 해상충돌 사고로 "안드레아 도리아"호(S.S Andrea Doria)는 결국 충돌 11시간 후에 침몰되어 버렸고 "스톡홀름"호는 선수가 9.5m 이상 뭉그러져 없어진 처참한 상태(즉, 배의 길이가 9.5m나 짧아진 것과 같은 상태가 되었다)에서 예인선의 도움을 받지 않고 200해리(370km)를 자력으로 항해하여 뉴욕 항구로 되돌아왔다. 외형상으로는 요트 풍으로 날렵하게 생겨서 약하게 보였었지만 실제로는 대단히 강력한 체형을 가진 여객선임을 이 충돌사고에서 증명해 보인 셈이다.

"스톡홀름"호가 1953년에 개조공사를 받은 후에 바뀐 외형
(이 공사를 통해서 슈퍼스트럭춰가 종전보다 크게 확장되어 총톤수가 16,100톤 급으로 커지고 승객정원수도 395명에서 548명으로 대폭 증가되어 외형도 달라지게 된다)

자기보다 2배 이상이나 더 큰 "안드레아 도리아"호와의 충돌로 선수부분이 완전히 뭉그러져 없어진 상태에서 자력으로 항해하여 뉴욕 항구에 입항한 "스톡홀름"호를 본 사람들은 이 배가 침몰되지 않고, 그것도 자기 배와 충돌하여 침몰하는 "안드레아 도리아"호로부터 승객들과 선원들을 672명이나 구출하여 자기 배에 함께 태우고 200해리 이상을 항해해 온 것에 대하여 이 배의 강인한 선체와 범상한 행운에 모두 감탄을 하지 않을 수 없었다. 따라서 이후부터 이 배는 종종 불침선의 여객선으로 불리게 되었다.

1960년까지 12년간을 북대서양 항로에서 호화 정기여객선으로 운항한 "스톡홀름"호는 북대서양 여객선 항로의 사양화로 인해 다른 해운회사로 팔려간다. 이후, 6년간 독일 해운회사의 여객선으로 운항한 뒤에 또 한 번의 대규모 개조공사를 거쳐 1986년부터는 호화 크루즈 선이 되어 크루즈 운항을 하였다.

1989년에 낡은 디젤엔진을 신형 디젤엔진으로 교체함으로써 이 배의 추진장치는 아직 생생하다고 한다(늙은 몸에 심장이식 수술을 한 것과 같다). 선체가 처음부터 아이스 클래스(Ice Class, 결빙된 바다를 항해할 수 있는 선체 등급)로 건조되면서 당시, 최고 품질의 강재를 사용하였기 때문에 이 같은 장수가 가능한 것으로 여겨진다.

더욱이 이 배는 2006년, 즉 취항 후 58살의 나이에 종래의 크루저(Cruiser)형 선미에서 최근에 크게 유행하고 있는 덕테일 선미(Ducktail stern, 오리꽁지 선미형)로 개조공사를 실행하여 최신의 선형을 가지게 되었다(이것은 마치 노인이 유방확대 수술을 하고 뱃

살 제거의 성형수술을 한 것과 같다). 한편으로 그것은 이 배의 선체상태가 그러한 대규모 개조공사를 수용할 수 있을 정도로 아직도 생생하다는 것을 보여준 셈이 된다.

여하튼 1948년에 건조된 이 대형 여객선이 이제 70살이 되었지만 아직 건재하게 운항하고 있다는 그 자체만으로도 전설의 여객선이 되고도 남음이 있다 하겠다.

1994년에 촬영된 "이탈리아"호 때의 외형(상)과 2013년에 촬영된 "아데나"호 때의 외형(하)
(처음 취항할 때인 1948년의 모습은 물론, 1953년의 모습도 전혀 찾아볼 수가 없을 정도로 완전히 변모된 외형을 가지고 있다 최근에는 여기에 더하여 선미가 최신 유행의 덕크테일 선미로 개조를 하여 선체의 외판도 20살이 안된 배처럼 아직도 튼튼하고 깨끗한 상태를 유지하고 있다)

4.18 1948년의 "카로니아-2"호(RMS Caronia-II), 녹색의 여신 또는 백만 장자들의 전용요트로 불리었던 호화여객선

1948년 12월, 스코틀랜드의 존 브라운(John Brown) 조선소에서 총톤수 34,180톤급의 최신의 대형 여객선인 "카로니아 2"호가 선주에게 인도되었다. 전장 217.9m에 27.8m의 선폭을 가졌던 이 대형 여객선은 8층의 승객갑판에 1등 승객 581명과 2등 승객 351명으로 932명의 승객정원을 가진 북대서양 정기여객선 운항 및 크루즈 선 운항을 겸할 수 있는 이중(二重) 목적의 여객선이었다.

19세기 중엽에 설립되어 20세기 초부터 수많은 우수 선박들을 건조하여 할란드울프(Harland and Wolff) 조선소를 제치고 영국 조선산업계를 대표하는 선두주자가 된 존 브라운 조선소가 세기의 걸작 대형 여객선인 "퀸 메리"호와 "퀸 엘리자베스"호를 1936년과 1940년에 건조한 데 이어서 8년 만에 그들 조선소의 특출한 실력을 다시 보여준 배가 바로 이 "카로니아-2"호이다.

선체는 전체적으로 옅은 녹색으로 도장을 하여 녹색의 여신(Green Goddess)이라고

"카로니아-2"호의 세련되고 아름다운 외형

(총톤수가 34,000톤이 넘는 대형 선체인데도 불구하고 당시의 다른 대형 여객선들이 일반적으로 두 개 또는 세 개의 연돌을 가지던 고전적인 외형을 과감히 탈피하여 단 한 개의 육중한 연돌을 배의 중앙부에 위치시킨 혁신적인 외형을 처음으로 보여 주었다. 전체적으로 균형이 잡히고 볼수록 매력을 느끼게 하는 이 배의 아름다운 외형에서 죤브라운 조선소의 엔지니어들의 뛰어났던 당시의 설계기술을 엿볼 수 있다)

불린 이 여객선은 승객들에게 넉넉하고도 여유 있는 실내공간을 제공하기 위해서 선체의 크기로 볼 때 같은 톤수의 다른 대형 여객선에 비하여 절반에도 못 미치는 매우 적은 수의 승객들을 태웠으며 모든 객실마다 고급스러운 욕실이 딸려 있었고 또 모든 공실과 객실에는 완전한 냉난방 설비를 갖추고 있었다(지금은 마땅한 것이지만 당시로서는 완전한 냉난방 설비란 실로 대단한 것이었다).

더욱이 승객들의 배 멀미를 피하고 편안한 항해를 위하여 그 당시 처음으로 소개된 최첨단의 롤링(Rolling) 감소장치인 데니브라운(Denny Brown) 사의 접는 식 핀 스테비라이져(Retractable Fin Stabilizer)를 최초로 설치하여 최고급의 첨단 호화여객선임을 과시하였다.

이러한 고급사양 때문에 그 당시 돈 많은 사람들은 북미와 유럽을 오갈 때 다른 대형 여객선들을 마다하고 일부러 기다렸다가 이 배를 타고 갈 정도로 부자들에게 인기가 높았기 때문에 사람들은 이 배를 백만장자들의 요트라고도 불렀다. 그러나 "카로니아"호의 이 화려했던 항해도 1960년대를 맞이하면서 대형 제트 여객기에 의한 북대서양 항로의 사양화로 인해 승객이 감소하면서 이 배도 결국 항구에 발이 묶이게 된다.

그러나 "카로니아"호의 화려했던 지난날에 대한 미련을 버리지 못한 큐나드 해운은 막대한 공사비를 투입하여 승객구역의 인테리어를 개선하고 스위트 객실을 증가시키고 또 리도갑판(Lido deck, 실외수영장이 있는 일광욕 갑판)을 새로 만드는 등의 대대적인 재치장공사(再治裝工事, Refurbish work)를 실행하여 "카로니아"호의 시장경쟁력을 재고시키고자 하였다.

그러나 이렇게 부단한 노력에도 불구하고 "카로니아"호의 경쟁력은 결코 회복되지 않았다. 다시 말해서 1960년부터 급감한 승객수로 인해 930여 명의 승객정원 중에서 겨우 200명의 승객들을 태우고 운항하는 예가 빈번할 정도로 적자운항을 계속하던 큐나드 해운은 결국 "카로니아"호의 정기운항을 포기하기로 결정을 내리고 1968년, 미국과 파나마의 합작회사인 스타쉽핑(Star Shipping) 해운에 이 "카로니아"호를 매각한다.

"카로니아"호를 매입한 스타쉽핑은 종전에 이 배가 20년간 유지해 온 연한 녹색의 선체 도장을 지우고 백색의 선체로 바꾸면서 선명도 "콜럼비아"호(S.S Columbia)로 개명하고 카리브해를 주(主)무대로 하는 크루즈 선으로 운항을 개시하였다.

참고

1924년에 건조된 총톤수 32,851톤의 호화 여객선으로 건조되어 1939년, 영국 해군에 나포되기 보다는 자폭하여 스스로 침몰한 독일 해운의 "콜럼버스"호(S.S Columbus, 본 책 4.8을 참조)와 이 배는 전혀 별개의 여객선 이다.

시대를 앞선 기술로 설계된 "카로니아-2"호의 1등 승객전용 베란다 카페(Verandah Cafe)의 참신하고 세련된 실내 모습(지금으로부터 70년 전에 설계된 인테리어인데도 현재의 우리의 눈에도 전혀 생소하거나 구식으로 보이지 않는다)

그러나 이유를 알 수 없는 잦은 고장으로 결항이 잦아지며 크루즈 운항의 결과도 시원찮았다. 1969년, 스타쉽핑은 "콜럼버스"호(이전의 "카로니아"호)에 다시 재치장(再治裝)공사를 실행하여 크루즈 운항을 재개하였으나 두 번째 항해에서 기관실의 고압증기배관이 과압(過壓)으로 폭발되는 사고가 발생하여 기관실에 있던 선원들 중에 한 명이 현장에서 즉사하고 서너 명이 중상을 입는 큰 안전사고가 발생하였다. 이 사고로 스타 쉽핑은 "콜럼비아"호를 다른 해운회사에 매각을 하게 되고 이 배를 매입한 새로운 선주는 "콜럼비아" 대신에 "카리비아(Caribia)"라는 새로운 이름을 이 배에 주게 된다.

"카리비아"호로 선명이 바뀐 "카로니아"호는 크루즈 선의 운항재개를 위해서 수리공사를 받던 중, 기관실에서 또다시 화재가 발생함으로써 새로운 선주도 이 배의 운항을 포기함으로써 1974년 초까지 약 4년 반 동안 뉴욕 항구에서 계류상태에 있게 된다. 결과적으

폭풍 속의 예인항해 중에 토우라인(예인줄)을 풀어버림으로써 풍랑에 떠밀려와 결국 방파제 바위 위에 좌초하게 된 "카로니아-2"호의 마지막 모습(이 사진 촬영 하루 뒤에 "카로니아-2"호는 격렬히 몰아치는 거대한 파도 속에서 선체가 세 토막으로 부러지며 침몰해 버렸는데 이 배의 침몰 상황이 1994년, 폭풍을 만나 카나리아 군도(群島)에서 좌초되어 선체가 두 토막으로 부러지며 침몰한 "아메리칸 스타"호의 경우와 놀랍도록 서로 닮았다)

로 1968년 이후부터 이상할 정도로 이 배는 스스로 운항을 포기한 것 같았다.

그 후 이 배의 상태에 대한 세밀한 선체검사 끝에 선급(船級)으로부터 더 이상의 안전운항은 불가능하다는 결론이 내려지자 선주는 이 배의 재(再)취항을 포기하고 대만의 폐선업자에게 이 배를 매각하게 된다.

독일 선적의 원양예인선에 예인되어 뉴욕 항구를 출발하여 파나마 운하를 경유하고 대만으로 향하던 이 배가 60일의 여정 중에서 20일의 항해일수를 남겨둔 시점, 하와이의 근처 해상을 지날 때 심한 폭풍을 만나게 되었다.

2일 동안의 격렬한 풍랑 속에서 이 배를 포기하지 않고 무사히 예인하기 위해 사력을 다하던 원양예인선은 더 이상의 예인작업은 자기들 본선 자체가 위험하다는 결정을 내리고 "카리비아"호를 예인하고 있던 토우라인(Tow line, 예인로프)을 풀어버린다. 무동력 상태에 있었던 "카리비아"호는 토우라인이 풀림과 동시에 격랑에 떠밀려 표류하다가 결국, 괌의 아프라(Apra) 항구 외항에 있는 바위로 된 방파제에 얹히고 만다. 바위 방파제 위에 좌초된 "카리비아"호는 격렬히 몰아치는 거대한 파도 속에서 좌초 하루 뒤에 선체가 세 토막으로 부러지면서 토막이 난 선체들은 결국 모두 바다 속으로 유실되어 버렸다. 이것은 마치 1940년의 "아메리카"호의 마지막 모습이 다시 재현되는 것 같았다(본 책의 4.15를 참조).

세기의 호화 여객선으로 녹색의 여신 또는 백만장자들의 요트로 불리었던 1948년의 "카로니아-2"호는 운항개시 10년 후부터 북대서양 항로가 쇠퇴기로 접어드는 때가 되어 명성만큼 운이 따르지 않았으며 수명도 다른 대형 여객선에 비하여 비교적 짧은 24년간이었다.

다시 말해서 2차 대전이 종전된 직후, 세계최고의 조선기술을 자랑하던 영국의 존 브라운 조선소 기술진들이 심혈을 기우려 건조한 최신의 호화여객선 "카로니아"호는 취항 후에 그 누구도 견줄 수 없었던 11년간의 찬란했던 항해기간과 13년간의 고난의 항해기간 및 비참한 마지막 모습을 모두 보여주고 간 전설의 여객선이 되었다.

4.19 1952년의 "유나이티드 스테이츠"호(S.S United States), 미국의 자존심이었던 세계에서 가장 빠른 대양여객선

미국과 유럽을 연결하는 교통로였던 북대서양 항로에서 영국과 프랑스 및 이탈리아의 대형 호화여객선들에 비견될만한 여객선을 가지지 못해 늘 열세에 놓여 있었던 미국이 2차 대전이 끝나고 그들의 자존심을 내걸고 야심차게 건조한 대형 여객선이 바로, 1952년에 미국의 버지니아에 있는 뉴포트뉴스(Newport News) 조선소에서 건조된 미국국적의 북대서양 항로 정기여객선 "유나이티드 스테이츠"호 이다.

총톤수 53,330톤급으로 전장이 301.7m, 선폭은 30.5m로 선체는 12층의 갑판으로 되어 있었다. 그중에 9층의 갑판이 승객갑판으로 되어 있었고 승객갑판에는 695개의 객실과 30개의 공실을 가지고 있었는데 여기에 1,928명의 승객을 정원으로 하고 있었다.

선체설계는 1940년에 건조된 걸작(傑作) 대양여객선, "아메리카"호(S.S America)를 설계하였으며 당시 미국의 조선기술을 대표하였던 "윌리엄 깁스(William Gibbs)"가 맡았다.

"윌리엄 깁스"는 "유나이타드 스테이츠"호를 설계함에 있어 세계에서 가장 빠른 여객선, 재급유 없이 가장 긴 항해거리를 가진 여객선, 가장 강력한 방화대책을 갖추어 화재가 나지 않는 여객선 및 가장 독창적이고 가장 참신한 인테리어를 가진 여객선으로 건조하다는 설계기준을 먼저 설정하였다.

이 설정된 설계기준을 위하여 "윌리엄 깁스"는 먼저 혁신적인 선형의 설계에 착수하였다. 그가 설계한 "유나이티드 스테이츠"호의 기본설계도면은 아직까지 모두 공개가 된 적이 없을 정도로 비밀사항이 많은 설계로 알려지고 있으며 수중에서 선체가 최소의 저항을 받도록 설계된 "유나이티드 스테이츠"호의 특출한 선형설계는 대형 선박의 선형 중에서 역대 가장 우수한 것으로 인정받고 있다.

첫 항해에서 신기록 수립을 위해 전속으로 항주하고 있는 "유나이티드 스테이츠"호의 모습
(2개의 거대한 연돌과 1개의 레이더 마스트를 가져서 "퀸 메리"호나 "퀸 엘리자베스"호와는 사뭇 다른 외형을 가지고 있다. 연돌은 길이는 18.3m, 높이는 5층 건물의 높이가 조금 넘는 16.76m나 되는 거대한 크기로 되어 있다)

또 최고속도를 가지기 위해서는 가벼운 선체가 필수적인데 설계자 "윌리엄 깁스"는 이것을 위해서 과감하게도 선체의 일부를 알루미늄으로 제작할 것을 결정하였다. 즉, 상갑판 상부의 슈퍼스트럭처 전부와 연돌 및 레이더마스트는 물론이고 거주구(居住區)의 모든 벽체와 천장재, 그 속에 들어가는 가구류 및 의장품들도 모두 알루미늄으로 제작하기로 한다. 즉, 역대 여객선에서 이처럼 많은 양의 알루미늄이 소모된 여객선은 이 배 이전에도 없었고 이후에도 없을 정도로 많은 양의 알루미늄이 이 배의 선체건조에 소요되었다.

한편, 신기록 제조기로도 불리었던 "유나이티드 스테이츠"호가 취항한 후, 수립한 신기록들을 살펴보면 다음과 같다.

- 가장 강력하고 가장 큰 스팀터빈 엔진을 탑재한 상선이었다. 즉, 60,000마력의 스팀터빈 엔진을 4대나 탑재하여 총출력은 240,000마력이나 되었다(항공모함을 제외한 일반 상선에서 이렇게 큰 출력을 가진 엔진을 탑재한 배는 아직 없다),
- 공식적인 최고속도는 38.32노트(시속 70.97km)로 총톤수 500톤급 이상의 단동선(單胴船, 하나의 선체로 된 선박)에서 아직 이 기록을 돌파한 선박이 없다.
- 3일 10시간 40분의 시간으로 북대서양 항로를 주파함으로서 최초로 대서양 횡단 4일의 벽을 깨뜨렸다.
- 20노트의 속도로 항해할 때 재급유를 받지 않고도 10,000해리(18,500km)를 항해할 수 있다(재급유를 받지 않고 한 번에 이처럼 멀리 항해할 수 있는 상선은 없다).

"유나이티드 스테이츠"호의 프라머네이드 덱크(산책갑판, 유보갑판)의 오늘 현재의 모습
(건조된 지 65년이 지난 오늘 현재, 강철로 만들어진 하부선체는 심각한 부식상태에서 볼품이 없게 되었지만 알루미늄으로 만들어진 상부구조물 내부는 이처럼 아직도 생생하다. 페인트 칠만 다시하면 금방 새 것이 될 정도로 상태가 매우 양호하다. 이것이 바로 알루미늄 구조물의 가장 큰 장점이 된다. 이 배의 설계자인 "깁스"는 설계당시 알루미늄의 이 특성을 잘 알고 있었던 것이다)

- 전시(戰時)에는 한 번에 사단병력이 훨씬 넘는 15,000명의 병력을 수송할 수가 있다(이런 큰 수송능력을 가진 병력수송선은 아직 없다).

- 단 한 번의 기계적인 고장도 없이 400회의 항해 즉, 277만 마일을 항해하는 기록을 세웠다.

- 슈퍼스트럭처와 연돌 및 마스트의 제작에 약 5,000톤 이상의 알루미늄을 사용함으로써 약 10,000톤 이상의 선체무게를 경감시켰다(결과적으로 이 가벼운 선체무게 때문에 "유나이티드 스테이츠"호가 신기록의 속도를 낼 수 있었다). 또 한 척의 배를 제작함에 있어 이렇게 많은 양의 알루미늄을 사용한 예는 아직 없다.

- 역대 상선 중에서 가장 강력한 방화설비를 갖추었다(설계자 "윌리엄 깁스"는 1942년의 호화여객선 "노르망디"호의 화재사건에서 크게 느낀 바가 있어 여객선의 방화설비의 강화에 대해서 누구보다도 그 필요성을 역설한 사람이었다. 따라서 카페트와 커텐과 같은 모든 섬유류들도 모두 난연 처리를 하였고 목재와 같은 가연성의 재질도 그 사용을 극히 제한하였는데 그 예로, 볼룸(Ball room, 무도장)에 사용될 그랜드 피아노조차도 목재가 아닌 알루미늄으로 만들 것을 요구하였다가 알루미늄으로 만들 경우, 좋은 음질이 나올 수 없다는 피아노 제작회사의 주장에 결국 한발 물러서서 난연 처리가 된 목재로 제작하는 것으로 양보한 적도 있었다.

1952년에 7,940만 달러(현재의 시세로는 약 7억 3,000만 달러에 상당한다)의 거대한 공사비로 건조된 이 대형 여객선은 1969년 11월의 항해를 마지막으로 항로에서 퇴역하게 된다. 이때는 이 배와 같은 항로에서 함께 운항하였던 같은 선적의 대형 여객선 "아메리카"호도 이 항로에서 운항을 종료한 지 벌써 8년이 지난 상태였고 이 배와 어깨를 나란히 하여 경쟁을 하던 "퀸 메리"호와 "퀸 엘리자베스"호도 이 항로에서 퇴역한 지가 벌써 몇 년이 지난 상태였으니 서로 경쟁을 하던 상대들이 모두 없어진 항로에서 홀로 마지막까지 운항을 한 셈이다.

1970년에서 1990년까지 노퍽(Norfolk) 국제터미널 부두에서 20년간 계류를 하고 이후, 다시 필라델피아 항구의 82번 부두로 옮겨가서 지금까지 26년 이상을 계류상태에 있는 이 세기(世紀)의 여객선을 그냥 폐선을 시키기에는 너무 아까워서 그간 몇 차례에 걸쳐 이 배에 대한 회생방안이 제시되곤 했었지만, 번번이 무위로 그쳤다.

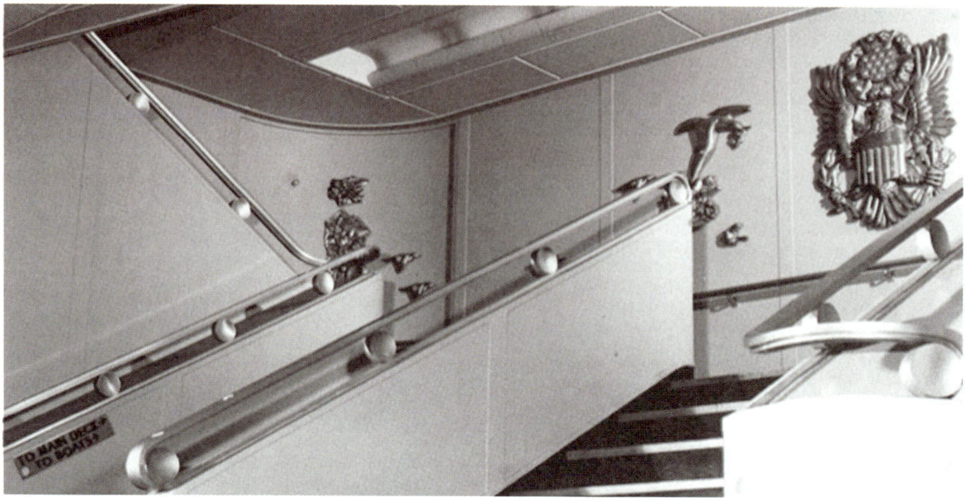

"유나이티드 스테이츠"호의 1등 승객 구역 그랜드 실내계단(상)과 영화관의 모습

(거주구역은 전반적으로 잡티가 전혀 없는 깔끔하면서도 산뜻한 인테리어를 하고 있었다. 또 사용된 재질도 알루미늄이 주를 이루고 있어 기존의 다른 여객선들의 인테리어와 사뭇 다른 질감을 주었다. 이것이 독창적인 면도 있었으나 한편으로 승객들에게서 별로 좋은 호감을 얻지 못하였다)

(사진출처: phily.curbed.com)

최근에 크리스탈 크루즈 해운이 이 배를 수리하여 400실의 최고급 스위트 객실에 800명의 승객정원을 가진 최고의 호화 크루즈 선으로 운항시키는 계획을 세웠으나 최종 정밀검사에서 다시 운항을 재개하기에는 손을 봐야 할 부분이 너무 많아 여기에 소요될 막대한 공사비로는 결코 수지를 맞출 수 없다는 결론이 내려짐에 따라 결국 폐선하기로 가닥이 잡혔다고 한다.

세계에서 가장 아름다운 외형을 가진 여객선, 세계에서 가장 빠른 대양여객선. 가장 비싼 건조비가 투입된 여객선, 가장 최신의 기술이 투입된 여객선 및 가장 많은 신기록을 보유한 여객선으로 세계의 이목을 집중시켰던 이 세기(世紀)의 여객선은 운항을 중단한 후에도 가장 오랜 기간 폐선을 기다려온 여객선이 되는 또 하나의 기록을 추가하고 사라지게 될 것 같다.

4.20 1953년의 "안드레아 도리아"호(M.S Andrea Doria), 최단명(最短命)으로 사라진 호화여객선

"안드레아 도리아"호는 1953년, 이탈리아의 제노아에 있는 안살도(Ansaldo) 조선소에서 건조된 이탈리아 해운 소속의 북대서양 항로를 정기(定期) 운항하는 1.241명의 승객정원을 가진 총톤수 29,080톤급의 호화 여객선이었다.

이탈리아가 자랑한 호화 여객선 "안드레아 도리아"호
(1개의 연돌을 가진 아름다운 외형이었지만 그 이면에는 복원력 부족이라는 극히 위험한 요소를 가지고 있었다)
(사진출처: www.pic2fly.com)

9일간의 항해로 이탈리아 제노아 항구와 뉴욕 항구 간을 정기 운항한 이 배는 취항할 당시, 이탈리아가 보유한 여객선 중에서 가장 큰 여객선이자 가장 빠른 여객선이며 가장 아름다운 여객선, 가장 호화로운 여객선, 가장 최신설계의 여객선이라고 자랑할 정도로 이탈리아의 자존심 그 자체였다(이탈리아 선적으로 이 배보다 더 큰 여객선들이 많이 있었지만 이 배가 취항할 당시에는 그러한 여객선들이 모두 퇴역하였거나 침몰 등의 해난사고로 사라지고 없는 상태였었다). 이에 더하여 이 배를 설계하고 건조한 안살도 조선소는 이 배를 가리켜 세계에서 가장 안전한 구조로 설계된 여객선으로 소개하고 있었다.

"안드레아 도리아"호의 댄스홀인 1등 승객 볼룸(Ball room)
(1952년의 설계인데도 지금에 보아도 전혀 후진 느낌을 주지 않는 훌륭한 설계이다)

(사진출처: Andreadoris.org / Alessandra Chiarelli)

1953년 6월 10일에 취항한 "안드레아 도리아"호가 취항한 지 3년이 조금 지났을 무렵인 1956년 7월 25일 밤 11시 10분경, 제노아를 출항하여 목적지인 뉴욕 항구를 얼마 남겨두지 않은 미국 매사추세츠(Massachusetts)주의 낸터킷트(Nantucket) 섬 근처에서 뉴욕항을 출항하여 스웨덴으로 향하던 스웨덴 국적의 대서양 정기여객선 "스톡홀름"호(M.S Stockholm)에게 우현의 중앙부 5번과 6번 횡격벽(橫隔壁, Transverse Bulkhead, 트랜스버스 벌키드, 배의 가로방향의 강력벽체)의 중간부분에 강하게 추돌을 당한다. 이 해상충돌로 "안드레아 도리아"호를 충격한 "스톡홀름"호의 선수부분은 길이

방향으로 약 9.5m가량의 형상이 없어질 정도로 완전히 뭉개져버린 상태가 되고 충격을 받은 "안드레아 도리아"호의 우현 외판에는 "스톡홀름"호의 선수(船首, 뱃머리)가 파고 들어가면서 만들어낸 가로 8m, 세로 7m 가량의 큰 구멍이 생겼다. 아이스클래스 선체(Ice Classed Hull, 결빙된 바다를 항해할 수 있는 강력한 구조의 선체)로 만들어진 "스톡홀름"호의 강력한 선수가 "안드레아 도리아"호의 허리 한가운데를 여지없이 파헤쳐 버린 것이었다.

충격으로 생긴 큰 구멍을 통하여 노도와 같이 밀려든 해수는 "안드레아 도리아"호의 5번과 6번의 수밀구역을 순식간에 해수로 채워버리고 이 해수 무게로 인해 균형을 잃은 배는 우현으로 기울어지기 시작하였다.

세계에서 가장 안전한 여객선으로 자랑하였던 "안드레아 도리아"호가 사실은 안정성(安定性)에 문제가 있다는 것이 이 배의 모델테스트(Model test, 모형시험)와 공식(公式) 시운전과정에서 몇 차례나 지적이 된 적이 있었으나 이 배가 가지는 11개의 수밀구역에서 2개의 수밀 구역이 동시에 해수로 채워져도 배의 안정성에는 하등 문제가 될 것이 없다는 조선소 측의 강변(强辯)으로 이 지적된 문제점들이 그냥 넘어간 것이다.

지적된 문제점은 이 배가 20° 이상 기울어지면 그때부터 급속하게 복원력(復原力, 배가 기울어졌을 때 바로 설려는 힘)을 상실한다는 것과 이 복원력 상실의 원인이 이 배의 톱헤비

복원력이 상실되면서 우현으로 점점 더 기울어져 가고 있는 "안드레아 도리아"호의 침몰 모습
(스웨덴의 대양여객선 "스톡홀름"호에게 받친 후, 5시간이 경과한 때의 모습으로 "안드레아 도리아"호는 충돌 후에 11시간이나 물 위에 떠 있었다)
(사진출처: dailyherald.com)

상태(Top Heavy condition, 배의 윗부분이 무겁게 만들어진 상태)에 있다는 것이었다.

이 문제점의 원인은 이 배가 빠른 속도를 얻기 위해서 다른 여객선에 비하여 좁은 선폭을 가지게 된 반면에 호화로운 승객구역을 만들기 위해서 너무 큰 상부구조물(上部構造物) 즉, 큰 규모의 슈퍼스트럭처(Superstructure)를 탑재한 것에 비롯된 것이었다. 조선(造船)전문가의 소견으로 볼 때, 이것은 근본적으로 잘못된 설계라고 할 수 있다.

곧 모델테스트와 시운전 과정에서 지적되었던 문제점이 해상충돌에서 그대로 현실로 나타난 것이다. 이 해상충돌 당시에 "안드레아 도리아"호는 이탈리아를 출발하여 목적지인 뉴욕 항구를 지척에 두고 있었기에 긴 항해에서 연료가 거의 다 소모됨으로써 선저에 있는 연료탱크들이 모두 빈 상태가 됨으로서 안 그래도 톱 헤비(Top Heavy) 현상으로 불완전한 안정성을 가졌던 이 배를 더욱더 불안정한 상태로 만들어 주게 되었다.

복원력에 이상이 없는 여객선 같았으면 이러한 충돌사고에서 침몰을 면할 수가 있었겠으나 "안드레아 도리아"호의 경우에는 그렇지가 않았다. 긴급히 밸러스트의 이동(Ballast shifting, 밸러스트 탱크 안의 해수를 급히 다른 탱크로 이동시켜 배의 균형을 잡는 것)과 선외배수(船外排水) 등의 모든 방법을 동원하였으나 시간이 지날수록 기울어진 상태가 점점 더 악화되자 해상충돌 후 4시간이 경과할 무렵인 새벽 3시경, "안드레아 도리아"호의 선장은 이 배의 포기를 선언하였다. 이때는 이미 46명의 사망자를 제외한 나머지 1,660여 명의 승선자들이 모두 "안드레아 도리아"호로부터 탈출을 완료한 상태였다.

해상충돌 8시간이 경과할 무렵인 아침 7시경, 우현 쪽으로 50° 이상 기울어진 "안드레아 도리아"호로부터 선장과 선원 몇 사람이 마지막으로 탈출을 하였다.

해상충돌 9시간 30분이 경과한 오전 9시 45분경, 우현으로 65° 이상 기울어진 "안드레아 도리아"호는 더욱 빠른 속도로 침몰이 되기 시작하였다. 이로부터 다시 15분 후, 90°로 완전히 모로 누운 "안드레아 도리아"호는 좌현 선체 일부만이 물위에 남아있었다.

이로부터 다시 9분 후인 곧 오전 10시 9분, "안드레아 도리아"호의 선체는 수면 아래로 완전히 그 모습을 감추고 말았다.

충돌사고로부터 "안드레아 도리아"호가 침몰이 되는 데에는 충돌로부터 11시간이란 비교적 긴 시간이 걸린 셈이다. 이것은 안살도 조선소가 이 배를 설계할 때에 선체를 이중선

우현 쪽으로 옆으로 누운 채 수중으로 모습을 감추고 있는 "안드레아 도리아"호의 마지막 모습
(이 사진 촬영 후, 2분 만에 "안드레아 도리아"호의 선체는 물속으로 완전히 자취를 감추었다)
(사진출처: foto-post.blogspot.com)

체(두 겹의 선체. Double Hull)로 하고 선체를 11개의 완전한 수밀구역으로 나눈 덕택이었다. 결과를 놓고 볼 때, 이 해난사고는 이 배가 복원력 부족으로 전복위험성이 크다는 지적사항을 안살도 조선소가 접수하였더라면 피할 수 있었던 사고였었다.

"퀸 메리"호와 "퀸 엘리자베스"호 및 "노르망디"호 이래로 가장 호화롭고 가장 고급스런 여객선임을 자랑했었던 이 배는 단 3년의 짧은 기간만을 항해한 후, 설계상의 잘못으로 사라져 갔다.

그러나 다행히 숙련된 선원들의 침착한 위기대응과 충돌 후 침몰까지 11시간이라는 긴 시간의 덕분에 46명의 사망자만 발생하고 1,160명의 나머지 모든 승선자들이 구조된 것이 2,240명의 승선자들 중에서 710명만이 구조되고 1,514명이 사망한 1912년의 "타이타닉"호의 해난사고와 크게 대조가 된다 하겠다.

4.21 1955년의 "서더른 크로스"호(S.S Southern Cross), 최초로 소개된 선미기관실(船尾機關室)형 여객선

1955년에 북 아일랜드의 벨파스트(Belfast)에 있는 할란드 울프 조선소에서 건조된 "서더른 크로스"호는 종래의 여객선들과는 판이하게 다른, 선미 끝단에 위치한 연돌을 가진 독창적이고 특이한 외형을 최초로 보여준 전설적인 여객선으로 기록을 남긴다.

오늘날 대부분의 선박들은 선미(船尾)에 기관실을 두고 있어 이것이 선박의 통상적인 외형으로 받아들여지고 있지만 이 "서더른 크로스"호가 처음으로 선미부분에 기관실이 위치한 선미기관실 형의 선박을 소개하기 이전까지 모든 선박들은 배의 중앙부에 기관실을 두고 있었으며 당시에는 이것이 선박에 있어 당연하고도 가장 최선의 것으로 여겨지고 있었던 것이 사실이다.

그러나 이 "서더른 크로스"호가 당시로써는 이전에 전혀 본 적이 없었던 생소한 모습의 선미기관실의 선형으로 출현하자 조선업계는 물론 해운업계에서도 놀란 입을 다물지 못했다.

"저것이 무슨 배냐?" "무슨 배가 저렇게 생겼냐?" "배를 과연 저렇게 만들어도 괜찮은가?" 등등의 의문으로 "서더른 크로스"호가 정박하는 부두에는 이전에 볼 수 없었던 생소하고도 특이한 외형을 가진 이 배를 구경하러 오는 사람들도 한 동안 늘 붐볐다.

"서더른 크로스"호의 독창적인 외형을 측면에서 본 모습

(연돌이 선미 끝단에 위치시킨 선미기관실형의 이 외형은 당시로써는 실로 기상천외한 것이었다. 이렇게 함으로써 넓은 갑판을 확보할 수 있는 장점이 있었으나 여객선의 외형에서 균형미를 매우 중요시했었던 당시의 사람들에게는 이 생소한 외형이 쉽게 받아들여 지지 않았다)

2차 대전이 끝나고 1950년대에 들어와 유럽에서 호주 및 뉴질랜드로 가는 이민자들이 대폭 증가하는 바람에 이민자들을 태우고 갈 대형 여객선의 부족이 심각한 상태에 있게 되었다. 이에 따라 영국의 쇼사빌(Shaw Saville) 해운은 이 수요를 충당할 새롭고 혁신적인 여객선을 건조하기로 결정하고 이 여객선의 건조를 할란드엔드울프(Harland & Wolff) 조선소에 맡긴다.

이때 쇼사빌 해운이 조선소에 제시한 건조조건은 첫째, 넓은 폭로갑판(暴露甲板)을 보유할 것과 둘째, 종래의 외형과 다른 혁신적이고 매력 있는 외형을 가질 것의 두 가지 이었다. 선주의 요구를 만족시키기 위해서 할란드울프 조선소는 기관실이 선미 끝단에 위치하는 아주 독창적인 외형의 여객선을 설계하게 되는데 그것이 바로 이 "서더른 크로스"호

1955년에 건조된 "서더른 크로스"호(상)과 1962년에 건조된 자매선 "노더른 스타"호(하)의 비교

(1955년의 "서더른 크로스"호와 1962년의 "노더른 스타"호(RMS Northern Cross)는 총톤수에만 약간 차이가 있을 뿐, 외형은 판박이처럼 똑 같아서 서로 구별이 잘 되지 않는다. 이후 1972년에 건조된 "선 프린세스"호도 이 배들과 비슷한 외형을 가졌지만 앞의 두 배들처럼 연돌이 선미 끝단에 위치하지 않았다. 따라서 선미끝단에 연돌을 가진 대형 여객선으로는 이 두 척의 배가 유일하며 이 두 척 이외에 이것과 동일한 외형을 가진 여객선은 더 이상 건조되지 않았다)

가 처음으로 소개한 선미기관실의 외형이었다.

1861년에 영국의 조선기술자 할란드(Harland)와 독일 출생의 조선기술자 구스타브 울프(Gustav Wolff)에 의해 설립된 할란드엔드울프 조선소가 자기들 조선소에서 1912년에 건조된 당시 세계 최대의 선박이자 최고의 여객선이었던 "타이타닉"호가 첫 출항에서 빙산과 충돌하여 침몰한 이후 조선소의 사세(社勢)가 극히 침체된 상황에서 그들이 보유한 뛰어난 선박건조기술을 다시 한 번 더 세상에 알리고자 하는 일념에서 심혈을 기울어 설계한 것 배가 바로 이 "서더른 크로스"호 이다.

총톤수 20,204톤, 전장 194.5m, 선폭 24m의 선체크기를 가졌던 이 여객선은 20,000마력의 증기터빈 엔진으로 영국의 사우샘프턴(Southampton)과 호주의 시드니 항구 간을 20노트(시속 37km)의 순항속도로 정기운항 하였다.

당시의 다른 여객선에 비하여 이 "서더른 크로스"호의 가장 큰 특징은 프로펠러 샤프트(Propeller shaft, 배의 프로펠러를 돌리는 축계)의 길이가 10m 정도 밖에 되지 않아 다른 배의 프로펠러 샤프트 길이에 비해서 그 길이가 20~25% 정도로 극히 짧아서 추진효율이 대폭 향상되고 선체진동이 감소하여 배가 조용해졌을 뿐더러 또 194.5m의 선체길이에서 기관실의 전면격벽(前面隔壁)에서 선수 끝까지의 길이가 무려 168m나 되어 다른 여객선에 비하여 활용할 수 있는 공간이 무척 넓은 것이었다.

기관실의 앞부분에 168m 길이의 넓은 공간은 당시의 여객선으로써는 상상도 할 수 없는 광대한 것으로 이 정도의 공간을 만들기 위해서는 최소한 총톤수 3만 톤급 이상이 되어야만 가능했으나 이 배는 2만 톤급으로도 이러한 넓은 공간을 마련할 수 있었던 것이다.

따라서 할란드엔드울프 조선소의 엔지니어들은 이 배가 비록 총톤수 2만 톤급의 별로 크지 않은 여객선이었지만 3만 톤급 이상의 여객선과 맞먹는 면적의 승객구역을 설계할 수 있었다. 즉, 2개의 실외 수영장과 460㎡ 면적의 스포츠 갑판을 포함한 넓은 리도 갑판(Lido Deck, 실외수영장이 있는 일광욕 갑판) 및 2층 구조의 영화관 등은 3만 톤급 이상의 여객선에서나 가능했으나 이 배는 2만 톤급으로써 이런 것들을 충분히 수용할 수 있었던 것이다.

2차 대전이 끝나고 유럽에서 호주로 가는 이민(移民) 러쉬(Rush, 봇물) 속에서 1972

년까지 17년간 이 배는 유럽에서 호주나 뉴질랜드로 가는 이민자들에게는 더 할 수 없이 훌륭한 선편이 되어 주었으며 또 유럽에서 호주로 여행을 가는 관광승객들에게는 가장 매력적인 여객선이 되어 주었다. 그러나 유럽에서 호주와 뉴질랜드로 가는 이민자들의 수가 감소하기 시작한 1973년에 쇼사빌(Shaw Saville) 해운은 이 배의 정기운항을 접고 유리씨즈 해운(Ulysses Lines)에 이 배를 매각하였다. 유리씨즈 해운은 "서더른 크로스"호를 부분적으로 개조하여 크루즈 선으로 바꾼 뒤에 "칼립소(Calypso)"의 선명으로 지중해와 카리브해에서 본격적인 크루즈 운항을 개시하였다.

1982년에는 프리미어 크루즈 해운(Premier Cruise Lines)이 다시 이 배를 인수하여 또 한 번의 대규모 재치장공사(再治裝工事)를 실행한 뒤, "오우션 브리즈"호(M.S Ocean Breeze)로 선명을 바꾸고 2003년까지 장장 21년간 크루즈 선으로 활발한 운항을 한 뒤에 이 배는 48년간의 긴 수명을 마치고 폐선처리로 사라져 갔다.

처음 취항할 때, 많은 사람들이 생소한 외형을 가진 이 배의 안전성에 대해 불안해했던 것과 달리 "서더른 크로스"호는 48년간이나 아무런 문제없이 다른 어떠한 여객선보다도 더 훌륭한 항해를 하고 전설의 여객선으로 사라져갔다.

"서더른 크로스"호가 처음으로 보여준 선미기관실 선형의 기대이상의 효율성은 곧 조선산업에 급속히 전파되어 선미기관실 선형의 여객선들이 속속 건조되기 시작하였다. 즉, 1961년에 건조된 피엔오(P&O)해운의 총톤수 45,270톤급의 "칸베라"호(S.S Canberra) 및 "서더른 크로스"호의 자매선으로 1962년에 건조된 쇼시빌 해운의 총톤수 24,730톤급의 "노더른 크로스"호(S.S Northern Cross) 등이 좋은 예이다.

1960년대 중반 이후부터 이전의 중앙부기관실 형의 여객선들은 사라지고 선미기관실 선형이 대세를 이루어 선미기관실 형의 여객선들이 당연한 듯이 건조되기 시작하면서 일반 화물선들도 중앙부기관실의 선형에서 선미기관실의 선형으로 바뀌기 시작하였다. 그러나 여기에서 한 가지 참고사항으로 짚고 가야할 것은 오늘날의 여객선 외형설계에서는 "서더른 크로스"호와 그 자매선 "노더른 크로스"호가 보여준 것과 같은, 선미 최끝단에 연돌이 위치하는 외형은 이 두 척으로 끝나고 오늘날의 대형 여객선의 설계에서 선미기관실 선형의 연돌의 위치는 대략적으로 선수에서부터 3/4~4/5의 지점에 있는 것이다.

4.22 1957년의 "몬터레이-3"호(S.S Monterey-III), 태평양 정기항로의 마지막 호화 대양여객선

1956년 말에 선주에게 인도되어 1957년 1월 7일부터 취항에 들어간 "몬터레이-3"호는 본래 1952년에 미국 매릴랜드 주의 베들레헴(Bethlehem) 조선소에서 건조된 미국 정부의 표준형 수송선인 마리너(Mariner) C4형의 화물선이었으나 1955년에 미국의 매트슨(Matson) 해운이 이것을 매입하여 오리건 주의 포트랜드(Portland)에 있는 위리어메트(Williamette) 조선소에서 호화 여객선으로 개조한 것이다.

참 고

마리너 C4형 화물선은 일반적으로 C4급 화물선으로 불린다. 미국정부의 해양관련 기구인 말콤(MARCOM)이 2차 대전 중에 설계하여 91척이나 건조되었다. 총톤수 9,700톤, 재화중량 13,400톤의 수송선 또는 병력수송선의 목적으로 만들어져 속도도 빠르고 성능도 매우 훌륭한 편이었다.

태평양의 여객선 정기항로에서 30년간 이름을 날렸던 호화여객선, "몬터레이-3"호의 모습
(1급 호화여객선으로 2개의 연돌과 2개의 마스트를 가진 1930년대의 클래식한 전형적인 외형이다)

이 "몬터레이-3"호는 같은 형의 마리너 급 수송선으로 역시 같은 해에, 같은 조선소에서 함께 개조된 "매리포사-2"호(S.S Mariposa-II)와 함께 취항을 하였다. 선명은 과거 1932년에 건조되어 무려 30년간 매트슨 해운회사에 큰 공로를 세웠던 "몬터레이-2"호의 선명을 그대로 계승하여 "몬터레이-3"호(S.S Monterey-III)로 명명되어 졌으며 함께 개조공사를 받은 다른 한 척은 과거 1930년대에 매트슨 해운에서 훌륭한 운항을 하였던 "매리포사"호(S.S Mariposa)의 선명을 계승하여 "매리포사-2"호(S.S Mariposa-II)로 명명되었다.

참 고

몬터레이와 매리포사(또는 마리포사)는 캘리포니아 주의 지방도시 이름을 따온 것이다. 특히 몬터레이는 캘리포니아 주의 중앙부에 위치한 오래된 작은 항구로 매우 유명한 곳이다.

따라서 이 두 척의 호화여객선은 번갈아 가며 미국의 샌프란시스코 항을 출발하여 하와이의 호놀룰루와 사모아, 피지, 호주, 뉴질랜드 및 타이티 섬을 거쳐 로스엔젤리스로 돌아오는 태평양 정기항로의 최고급 호화 정기여객선 겸 크루즈 선으로 운항되어 이 항로를 이용하는 교통승객들은 물론이고 호주와 태평양의 섬들로 휴가를 가는 크루즈 승객들로부터 최고의 인기를 모았다.

"몬터레이-3"호와 "매리포사-2"호의 개조설계는 당시 미국 조선업계에서 최고의 권위와 명성을 날리던 선박설계전문가 "윌리엄 깁스(William F. Gibbs)"의 작품이다. 다시 말해서 1930년대 초에 "매로로우"호(S.S Malolo)와 "매리포사-1"호(S.S Mariposa-I)를 설계하고 1938년에 "아메리카"호(S.S America)를 설계하였으며 또 1949~1950년에는 "유나이티드 스테이츠"호(S.S United States)를 설계함으로서 최고의 지명도와 명성을 가졌던 "윌리엄 깁스"가 1955년에 이 배들의 개조설계를 맡은 것이다.

화물선에서 여객선으로 개조가 되면서 총톤수도 14,800톤급으로 커지고 이전의 화물창 구역에는 호화로운 승객거주구역이 추가로 만들어지게 되었다. 5층의 승객갑판에는 불과 365명의 1등 승객만을 태우고 여기에 264명의 선원들이 승선할 정도로 최고의 호화 여객선이 되었다. 당시 이 두 척의 호화 여객선들이 보여준 고급스런 인테리어는 오늘날

항해하고 있는 순백색 선체의 호화여객선 "몬터레이-3"호의 멋진 모습
("몬테레이-2"호와 달리 1개의 연돌과 1개의 레이더마스트를 가진 외형으로 전체적으로 균형이 잘 잡혀있었고 아주 세련된 모습을 하고 있었다)

의 최고급 크루즈 선들과 비교하여도 조금도 밀리지가 않을 정도였다.

즉, 모든 객실은 모두가 스위트 급의 고급객실로 되어 있었고 레스토랑과 라운지, 카페, 실내수영장 등의 공실들이 차지하는 면적이 전체 승객구역면적의 50%가 넘어 오늘날의 정상급 호화 크루즈 선들이 전체 승객구역면적에서 공실들이 차지하는 면적비율과 대등한 값을 가지고 있었다.

취항 후, 26년간의 황금 운항기간을 가졌던 "몬터레이-3"호는 이후부터 속속 취항하는 최신형 크루즈 선들의 위세에 눌려 1970년대 중반부터 승객감소로 수지악화에 시달리게 되었다. 1978년, 이 여객선은 드디어 계류상태에 들어가 새로운 주인을 기다리게 된다. 그간에 몇 차례나 새로운 주인이 나타났으나 모두 취항의 기회를 제대로 살리지 못하였다.

1986년, 알로하패시픽 크루즈(Aloha Pacific Cruise) 해운이 이 여객선을 인수하여 핀란드의 발트실라(Wartsilla) 조선소로 보내어 그곳에서 대규모의 승객구역 재치장공사를 실행하여 새로운 크루즈 선으로 거듭 태어난다. 즉, 총톤수도 21,000톤급으로 커지고 선미에는 대형 크루즈 선의 리도갑판(Lido deck, 실외수영장 갑판)만큼 큰 새로운 리도

"몬터레이-3"호의 호화로운 메인 라운지(Main Lounge) 모습
(선수 쪽에 위치한 150석의 규모의 라운지로 선미 갑판에 이러한 라운지를 하나 더 가지고 있었다)
(사진출처: Pinterest.com)

갑판이 신설되고 객실도 증설되어 580명의 승객을 정원으로 하는 호화 크루즈 선이 된 것이다.

개조공사가 완료되어 1988년 7월, 코펜하겐에서 샌프란시스코까지 46일간의 크루즈 항해로 크루즈 선의 첫 운항 테이프를 끊었다. 이후 "몬터레이-3"호는 뉴욕에서 샌프란시스코까지 26일간의 크루즈 운항과 카리브해에서 4박 5일의 단기(短期) 크루즈 운항을 위주로 하여 1996녀까지 미국인들에게 인기 높고 사랑받는 크루즈 선이 되었지만 당시 하루가 멀다 않고 계속 신규 취항하는 최신형의 크루즈 선들과의 경쟁 속에서도 연로한 선체이지만 결코 주눅이 들지 않고 매우 훌륭한 항해를 계속 하였다.

이후 2005년까지 MSC 크루즈 해운 소속의 크루즈 선이 되어 지중해와 카리브해에서 크루즈 운항을 계속하여 갔다. 그러나 이 배의 행운은 여기까지였다. 보일러와 배관의 전반에 걸쳐서 심각하게 노후현상이 발생하고 승객구역 또한 급속히 노후가 진행되면서 이 배의 겔리(Galley, 선박의 취사장을 겔리라고 부른다)도 FDA(미국연방 식품의약국, 미국에는 선박, 항공기 등의 위생검열이 매우 엄격하다)의 위생검열에서 지적을 당함으로서 운항이 전면 중단된다. 더 이상 이 배를 존속시키기에는 너무나 과도한 수리비용이 요구됨에 따라 선주는 결국 이 배를 폐선하기로 결심하게 된다.

참고

FDA(미국연방 식품의약국)의 여객선의 취사장 및 식당 등의 위생검열은 아주 엄격하고 철저하다. 취사장의 취사설비를 포함하여 식당의 가구 및 벽체, 천장까지 검열대상에 들어간다. 검열에서 지적을 받으면 운항이 정지 당하는 것은 물론이다. 미국 선적이 아니더라도 미국 영해 안에서 운항을 하면 검열을 받아야 한다.

2007년, 예인선으로 예인되어 제노아 항구를 떠난 "몬터레이-3"호는 인도의 폐선처리장으로 가서 그곳에서 고철로 사라져 갔다. 처음에 수송선으로 건조된 때로부터 55년이 되고 여객선으로 개조가 된 때부터는 50년이 되는 해이다. 군용 수송선으로 건조되고 5년 뒤에 호화여객선으로 개조되면서 1978년까지 20년간 태평양 항로의 마지막 정기 호화여객선이 되었고 다시 2006년까지는 호화 크루즈 선이 되었다가 선체노후로 폐선처리가 되는 날까지 아주 순탄하고 아름다운 항해를 계속 이어간 여객선으로 기록을 남긴다.

1952년의 "유나이티드 스테이츠"호(S.S United States) 및 1958년의 "산타로

핀란드의 발트실라 조선소에서 호화 크루즈 선으로 개조된 후의 "몬터레리-3"호의 선미 모습
(선미의 리도(Lido)갑판을 지나치게 넓게 만들다보니 선미형상이 이처럼 이상하게 되어 버렸다. 일본 어선들의 선미형상처럼 되어버려서 아름답던 이 배의 본래의 외형이 망치게 되었다)

사-3”호(S.S Santa Rosa-III)와 더불어 가장 위대한 미국국적 여객선 중의 한 척으로 뽑히는 이 여객선은 수명기간 중에 큰 사고도 없어 승객들에게는 잊을 수 없는 아름다운 추억의 여객선이 되었으며 선주(船主)에게는 성공적인 운항으로 큰 성공을 거둔 행운의 배로 기록이 되고 사라져갔다.

한편, “몬터레이-3”호와 함께 호화여객선으로 개조가 되고 또 태평양 정기항로에서 같이 운항하였던 동형자매선, “매리포사-2”호도 매우 훌륭한 항해를 하였지만 이 배만큼의 행운은 따라주지 못하였다. 즉, 이 배와 함께 같은 해에 태평양의 정기항로에서 운항을 중단한 이후, 1981년에 일본으로 팔려갔다가 다시 1983년에 중국으로 팔려가 1996년에 폐선이 될 때까지 중국국적의 “진지앙”호(S.S Jin Jiang, 錦江)로 운항을 하였지만 “몬터레이-3”호와 달리 1978년 이후로 호화 정기여객선 및 크루즈 선으로서의 운항은 더 이상 지속하지 못하였다.

4.23 1958년의 “산타로사-3”호(S.S Santa Rosa-III), 54년의 긴 세월 동안 아름다운 항해를 하였던 행운의 호화여객선

“산타로사-3”호는 미국의 그레이스 해운(Grace Lines)이 발주하고 1958년 6월에 미국의 뉴포트 뉴스(Newport News) 조선소에서 건조되어 그해 7월부터 취항에 들어간, 북, 남미 정기항로의 총톤수 15,371톤, 전장 179.2m, 선폭 25.6m의 호화객화선(客貨船)으로 건조되었다.

6층의 승객갑판에 2등 및 3등 승객구역을 두지 않고 오직 300명의 1등 승객만을 태우는 미국국적의 호화객화선 이었다. 처음에는 300명의 승객 이외에도 4개의 화물창에 4,000톤 이상의 화물도 함께 선적하는 객화선으로 건조되었으며 얼마 후에 완전한 여객선으로 개조되었으므로 어떤 자료에서는 이 배를 대양 여객선이라고 소개를 하고 있다.

이 배가 처음에는 객화선으로 건조가 되고 중도에 여객선으로 개조가 되었으나 전설적인 여객선으로 선정되는 것은 300명의 승객정원수와 거의 맞먹는 인원수의 246명의 선원들이 승선을 하여 승객들에게 최고의 서비스를 제공하였으며 또 6층의 승객갑판에는 완

첫 항해에 오른 "산타로스-3"호를 상공에서 본 모양

여객선이 아닌 객화선인데도 1940년의 "아메리카"호 및 1952년의 "유나이티드 스테이츠"호보다도 더 아름답고 세련된 외형을 가지고 있었으며 갑판에는 실외 수영장까지 갖추고 있었다.

전한 냉난방시설을 갖추고 있었고 20여 개의 승객 공실(公室)들은 어느 호화여객선 못지않게 호화롭고 고급스러운 인테리어로 꾸며져 있었으며 여기에 더하여 승객들의 편안한 항해를 위해 대형 여객선들도 설치하고 있지 않던 당시 최신의 롤링(배의 좌우 흔들림)감쇠장치였던 자이로핀(Gyrofin) 안정장치를 설치하여 승객들이 배 멀미를 하지 않도록 배려를 하였고 또 모든 객실에는 최고급의 객실전용 욕실이 딸려 있었을 정도로 호화로웠기 때문이다.

따라서 완전한 여객선도 아닌 객화선이 이처럼 최고급의 승객구역을 갖춘 예는 매우 이례적인 것으로 이 배가 유일하다. 다시 말해서 객화선이기 때문에 배 전체가 아닌 승객구역만을 놓고 볼 때, 이 배의 고급스럽고 호화로운 승객구역은 당시 어느 호화 여객선들도 보다도 뛰어난 것이었다.

1850년대에 설립되어 미국의 4대 여객선해운회사 중의 하나에 속하던 그레이스 해운이 1932년에 건조하여 큰 성공을 거둔 자사선단의 총톤수 9,000톤급의 객화선 "산타로사-2"호(S.S Santa Rosa-II)와 "산타폴라-3"호(S.S Santa Paulo-III)가 노후 됨에 따라 이 배를 대체하기 위해 최신의 객화선 두 척을 건조하기로 결정하고 당시 대표적인 호화여객선으로 이름을 날리고 있던 북대서양 항로의 정기여객선, "아메리카"호와 "유나이티드 스테이츠"호를 설계하여 신박설계의 귀재로 불리던 "윌리엄 깁스"에세 이 배의 설계를 맡기고 건조는 그 시대 조선기술의 정상의 위치에 있던 뉴포트 뉴스(Newport News) 조선소에 맡기기로 함에 따라 이 두 척의 배는 취항하기도 전에 조선업계와 해운업계로부터 비상한 관심을 끌게 되었다.

1932년에 건조되어 52년의 긴 운항기간 동안 큰 성공을 거두었던 그레이스 해운의 "산타로사-2"호의 외형(한 개의 연돌을 가진 "산타로사-3"호와 달리 "산타로사-2"호는 두 개의 연돌을 가지고 있어 서로 구별이 된다)

"윌리엄 깁스"는 업계의 비상한 기대와 관심에 걸맞게 이 배들을 당시의 다른 어떤 객화선과도 차별이 되는 과히 혁신적이고 특출한 객화선으로 설계해 주었다. 따라서 선주인 그레이스 해운은 운항에서 대단한 성공을 거두었던 자기들 선단의 1917년의 "산타로스-1"호(S.S Santa Rosa-I)와 1932년의 "산타로사-2"(S.S Santa Rosa-II)호의 선명을 이 배에 계승하기로 결정하고 "산타로사-3"호(S.S Santa Rosa-III)로 명명을 하였다.

한편, 같이 건조된 다른 배에는 "산타폴라-1"호(S.S Santa Paula-I)와 "산타폴로-2"(S.S Santa Paula-II) 및 산타폴라-3"(S.S Santa Paula-III)의 선명을 계승하여 "산타폴라-4"(S.S Santa Paula-IV)호로 명명하였다.

주로 북, 남미간의 항로에서 정기운항을 하였던 이 두 척의 호화객화선은 기대한 것 이상으로 큰 인기를 모으며 그레이스 해운을 크게 만족시켰다. 즉, 남미로 휴가를 떠나는 미국의 부자들에게는 이 두 척의 여객선이 그들에게는 가장 매력이 있고 가장 호감이 가는 배가 되어 주었다. 이 두 척의 배가 취항 한지 어느 듯 14년이 지난 1972년, "산타로사-3"호의 동형자매선으로 함께 건조된 "산타폴라-4"호는 추진장치의 결함으로 자주 문제를 일으켜 결국 그리스 선주에게 매각되어 그레이스 해운을 떠남에 따라 "산타로스-3"호와 헤어지게 되었다. 그 후 "산타폴라-4호"는 지중해를 중심으로 6년 동안 크루즈 선으로 운항하다가 1978년 이후부터 쿠웨이트에서 해상호텔이 됨으로써 추진장치가 해체되어 결국은 운항을 하지 못하는 해상호텔이 되고 말았다. 더욱이 1991년에는 쿠웨이트로 침공한 이라크 군대의 방화로 인해 완전히 소실되고 그 이듬해 해체되어 사라지게 되었다. 그러나 "산타로사-3"호는 그레이스 해운에서 객화선이 아닌 완전한 여객선으로 개조가 된 뒤에도 본래의 북, 남미 정기항로에서 홀로 남아 훌륭한 항해를 계속하였다.

호화객화선 "산타로사-3"호가 1989년에 크루즈 선으로 개조된 후의 모습
(상부 슈퍼스트락춰의 선미부분이 크게 확장되고 현대식 형상의 연돌이 추가되어 이제 이 배는 화려한 크루즈 선의 모습을 갖추었다. 선박에서 개조공사를 실행하면 이같이 배의 외형이 완전히 새로운 모습으로 바뀌게 되어 예전의 모습은 찾아보기가 어렵게 된다)

"산타로사-3"호가 취항한 지 어느덧 31년이 되는 1989년, 이제 "산타로사-3"호도 중년을 지나 노령의 나이로 접어들어 더 이상의 호화 객화선의 자리를 지키기가 버거워졌고 또한 그레이스 해운에도 재정상의 문제가 생겨서 이 배를 그리스의 레라키스 그룹(Lelakis Group)에게 좋은 값을 받고 양도하게 된다. 레라키스 그룹은 이 배를 인수한 후, 화물창들을 없애고 546명의 승객을 태우는 지중해의 크루즈 선으로 개조한다. 그러나 그것도 잠시, 이 배는 1992년에 유명한 크루즈 해운사인 레전시 크루즈(Regency Cruises) 해운으로 다시 양도되어 "레젼트 레인보우"호(S.S Regent Rainbow)가 된다. 이때 레젼시 크루즈 해운은 7,000만 달러 이상의 막대한 개조공사비를 투입하여 "산타로사-3"호를 종래의 총톤수에서 60%나 더 커진 총톤수 26,340톤급의 호화 크루즈 선으로 새로 태어나게 만든다. 승객갑판도 종래의 6층의 갑판에서 8층의 갑판으로 바뀌고 슈퍼스트럭처의 크기도 더욱 커져서 960명의 승객정원을 가지게 되며 선명도 "에메랄드"호로 바뀌게 된다.

객화선 "산타로사-3"호가 크루즈 선 "에메랄드"호로 바뀐 후의 모습
(1950년대의 객화선이 이처럼 현대식의 크루즈 선으로 변신할 줄은 그 누구도 예상하지 못했다)

8층의 승객갑판에 480개의 객실과 23개의 호화로운 공실을 갖춘 "에메랄드"호는 카리브해와 지중해를 중심으로 매우 활발한 크루즈 항해를 하여 당시 3만 톤급 이하의 소형 크루즈 선들 중에서 가장 인기 높은 크루즈 선 중의 한 척으로 선정되기도 하였다.

특히, 이 배의 몬떼까를로 카지노 라운지와 스타라이트(Starlight) 라운지는 해상 최대 규모의 라운지 중의 하나로 꼽힐 정도로 그 규모가 아주 컸었고 또 아름다웠으며 또 숙녀들의 미용실과 드레스 룸은 최고로 호화로운 설비로 이름을 날려 선박은 물론이고 건축 인테리어 관련자들의 견학코스가 되기도 하였다.

이후, 1996년에 루이스 크루즈 해운으로 다시 양도되었으나 2012년까지 "에메랄드"의 선명을 그대로 유지하고 2011년까지 꾸준히 크루즈 항해를 계속하였다. 취항 후 54살의 나이로 접어들자 이 배의 선체노후는 피할 길이 없었으며 더욱이 계속 새로 소개되는 첨단의 최신 크루즈 선 앞에서는 더 이상 경쟁력을 유지할 수 없게 되었다. 그래서 2012년 봄에 가진 마지막 항해를 끝으로 이 배는 폐선 처리됨으로써 영원히 사라지게 되는데 이때 이 배의 나이는 어느덧 54살이 되는 해였다.

처음에 객화선으로 취항하였지만, 호화 여객선 이상으로 인기를 누렸고 그 후에 크루즈선으로 개조된 뒤에도 높은 인기를 계속 누리며 54년의 긴 세월을 항해하였다.

“퀸 메리”호나 “퀸 엘리자베스”호 및 “유나이티드 스테이츠”호 등의 당대의 유명한 대형 여객선들보다 비록 덩치는 작았으나 그들 못지않게 높은 인기를 모으며 큰 사랑을 받았던 이 배는 한편으로 소속 해운회사에게 큰돈을 벌어다 준 행운의 여객선으로 기록되고 사라져갔다.

4.24 1962년의 “프랑스”호(S.S France), 시대를 앞서 간 세계최고의 호화 여객선

프랑스의 생나제르에 있는 아트랑티크(l’Atlantique) 조선소에서 1962년에 건조된 총톤수 66,340톤급의 “프랑스”호는 시대를 앞선 최신설계의 여객선으로 “노르망디”호 이후 최고의 호화여객선으로 불린다. “노르망디”호가 1942년, 뉴욕 항구에서 개조작업 중에 용접사의 실수로 인한 선상화재로 완전 소실되고 하루 뒤에 침몰하는 사고를 당한 후, 북대서양 정기항로에서 프랑스의 세제테(CGT) 해운은 1927년에 건조된 총톤수 44,360톤급의 “일드 프랑스”호(S.S Ile de France)와 1930년에 독일에서 “오이로파”호(S.S Europa)로 건조되었지만 1950년부터 프랑스의 국적선이 되어 운항하고 있는 “리베르테”호(S.S Liberte), 두 척에 의존하고 있었다. 그러나 이 두 척의 대형 여객선들이 모두 30살이 넘은 늙은 여객선으로 이 두 척의 노후한 여객선을 대체할 목적으로 건조된 배가 바로 이 “프랑스”호 이다.

1912년에 건조된 “프랑스-2”호의 이름을 계승한 이 배의 선명을 정확히 말하면 “프랑

매우 세련되고 우아한 외형을 가졌던 "프랑스"호의 멋진 모습
(짝을 이룬 두 개의 선수 마스트와 두 개의 선미 마스트 그리고 붉은 색으로 도장된 두 개의 거대한 날개형 연돌 및 날렵하고 세련된 형상의 슈퍼스트락춰가 서로 조화를 이룬 우아하고 아름다운 외형은 다른 여객선들이 결코 따라올 수 없는 독보적인 것이었다) (그림출처: DVO Marine Design)

스-3"호가 된다. 취항 당시 이 배가 보여준 1,637명의 승객정원 및 1,253명의 선원의 수는 이 배에 앞서 세계최고의 호화 여객선이라고 자부해온 "퀸 메리"호나 "퀸 엘리자베스"호 및 "노르망디"호의 고급 수준보다 훨씬 뛰어난 것이었다. 다시 말해서 승객 1명당 40.5톤의 총톤수가 배분될 정도로 넓은 승객구역의 면적과 승객 1.3명당 한 명의 선원이 승선하는 이 비율은 북대서양 항로의 대형 여객선에서 일찍이 어느 여객선에서도 볼 수 없었던 최고급의 수준이었다.

또 빠른 속도를 얻기 위하여 이 여객선은 1952년에 취항한 미국의 "유나이티드 스테이츠"호처럼 슈퍼스트럭처(Superstructure, 갑판 위의 상부구조물)를 알루미늄으로 제작하였다. 이것으로 선체무게를 8.000톤 이상이나 줄일 수 있게 되어 결과적으로 이 배가 30노트(시속 55.5km)의 최고속도를 얻는데 결정적인 역할을 하게 된다.

이 배의 날렵하고 우아한 외형은 이전의 어느 대형 여객선들보다 아름다웠으며 뛰어난 외형의 아름다움은 역대 여객선들 중에서 최고 중의 최고로 인정받고 있다. 특히 이 배의 아름다운 외형을 더욱 빛나게 한 것은 이 배만이 가진, 유일하고도 독창적인 형상으로 설계된, 날개를 가진 연돌 즉, 윙퍼늘(Wing Funnel, 날개연돌)로 이 연돌은 일찍이 누구도 생각지 못했던 기발한 아이디어로 설계가 된 것이었다.

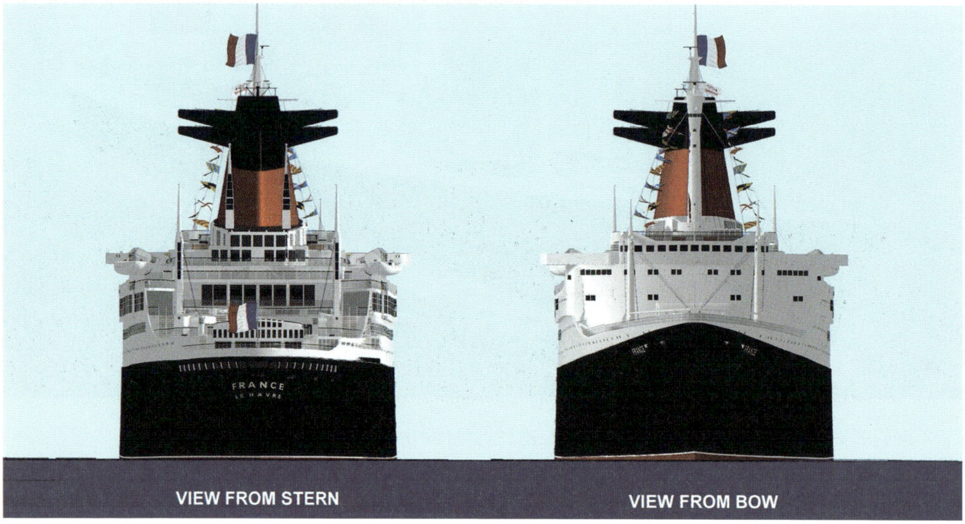

호화여객선 "프랑스"호의 독창적인 날개연돌을 선수와 선미 쪽에서 본 모양
(이 배의 날개연돌은 과히 독창적인 명품이었다. 두 개의 연돌은 높이가 서로 달라서 이 연돌을 배의 선수와 선미 쪽에서 보게 되면 이 연돌들이 겹쳐져서 그림과 같이 보이게 된다. 좌측 그림은 선미에서 본 모양이며 우측 그림은 선수에서 본 모양이다)
(그림출처: DVO Marine Design)

그 시대 대부분의 여객선들은 연돌로부터 갑판 위로 떨어지는 매연과 거스름 때문에 골머리를 앓고 있었다. 일광욕을 즐기는 승객들이 폭로갑판(暴露甲板, 천장이 없는 열린 갑판)에 앉아 일광욕을 즐길 때는 여지없이 연돌로부터 아래로 떨어져 내리는 매캐한 연기와 거스름을 감수하여야만 했었다. 특히, 편히 쉴만한 마땅한 공실(公室)이 없어 낮 시간의 대부분을 실외갑판에서 소일해야 하는 3등 승객의 경우에는 저녁나절이 되면 대부분의 사람들의 얼굴은 연기로 인해 검게 변해 있었다고 한다. 따라서 해운회사들마다 이 달갑지 않은 연돌의 매연과 거스름을 처리하는 방법을 두고 연구에 연구를 거듭하고 있었다.

그래서 찾아낸 가장 보편적인 방법이 가능한 연돌을 높게 만들어 매연과 거스름을 멀리 날려 보내고 더불어 배의 외형도 한층 더 웅장한 모습을 가지게 하는 것이었다. 그러나 연돌을 높이 올리는 것에도 한계가 있어 너무 지나치게 높인 연돌은 배의 전체적인 외형상의 균형미가 깨어질뿐더러 또한 배의 안정성에도 문제가 된다.

이때 "프랑스"호가 처음으로 선을 보인 날개를 가진 연돌 즉, 날개연돌은 종래의 연돌과 달리 연돌의 양쪽에 날개를 달고 연기와 거스름을 이 날개의 끝단을 통해서 배출함으로써 날개끝단을 흐르는 빠른 기류에 실려서 연기와 거스름을 멀리 날려 내는 것이었다. 이렇게 함으로써 종래의 연돌보다 갑판 위로 떨어지는 연기와 거스름을 대폭 줄일 수가 있게 되어 승객들에게 큰 환영을 받았다.

곧이어 이 배의 선주회사인 세제테(CGT) 해운은 이 연돌에 특허를 걸고 자기들의 트레이드마크로 사용하게 된다. 따라서 다른 여객선들은 가질 수 없는 이 독특하고도 성능이 뛰어난 날개연돌은 곧 "프랑스"호의 상징이 됨과 동시에 이 배의 큰 자랑거리가 되었다.

"프랑스"호의 아름다운 외형과 날개연돌이 날개끝단을 통해 배기연기를 멀리 날려 보내는 모습
(이것은 "프랑스"호가 저속으로 항구를 출항할 때 찍은 사진으로 고속항해에 들어가면 이 날개연돌이 연기를 멀리 날려 보내는데 탁월한 성능을 보였다고 한다)

또 실내의장(室內艤裝)에 있어서도 "프랑스"호는 다른 여객선들의 추종을 불허할 정도로 아주 뛰어났었다. 그 예로 770m²(약 233평)의 넓이에 400석의 1등 승객 만찬식당(Dining room)과 895m²(약 272평) 넓이에 630석의 2등 승객 만찬식당 및 450m²(약 136평) 넓이의 1등 승객 스모킹룸(Smoking room) 등은 특출한 인테리어 작품으로 꼽힌다.

배의 중앙부에 위치하여 선수방향에는 1등 승객의 만찬식당과 연결되고 선미방향에는 2등 승객의 만찬식당과 연결되는 이 배의 겔리(Galley, 선박의 취사장)는 그 면적이 무려 1,500㎡(약 455평)나 되어 단일 취사장으로는 해상 최대의 크기를 자랑하였다.

그러나 "프랑스"호가 취항한 1962년에는 이미 북대서양 여객선 항로의 쇠퇴가 시작된 시기로 이 항로의 많은 여객선들이 정기운항을 접고 크루즈 선이 되거나 페리 선으로 용도를 바꾸고 있었다. 그러나 이 배는 경쟁자들이 모두 사라진 이 항로에서 취항 후에 홀로 남아 무려 12년간이나 운항을 하고 1974년에 퇴역을 하게 된다. 이것은 이 배가 처음 건조계획을 세울 때부터 향후에 북대서양의 여객선 항로가 사양화될 때를 대비하여 그때는 크루즈 선으로 운항을 할 수 있도록 이중목적을 가진 여객선으로 설계가 된 덕분으로 일부의 돈 많고 시간적으로 여유가 많은 사람들은 제트 여객기를 마다하고 일부러 호화로운 이 배를 타고 미국과 유럽을 오갔다고 한다.

1974년 12월, 드디어 "프랑스"호는 북대서양 항로에서 운항을 중단하고 프랑스의 르아브르(Le Havre) 항구의 외항에서 새로운 주인을 기다리며 1979년까지 5년간 묘박(錨

"프랑스"호의 1등 승객 라운지의 모습

(60년 전인 1959년의 설계이지만 지금의 눈으로 보아도 전혀 후진 느낌이 없을 정도로 "프랑스"호의 설계는 시대를 앞서 갔다)

泊, 정박과 같은 말로 앵커를 던져서 배를 해상에 고정시키는 것)상태에 들어갔다. 그때까지 이 배는 약 59만 명의 승객을 태워 날랐고 377회나 북대서양 정기항로를 횡단하였다.

1980년, 노르웨이크루즈 라인(Norway Cruise Lines, NCL)이 새로운 크루즈 선의 투입을 위하여 적당한 중고 여객선을 물색하던 중, 1952년에 건조된 미국의 "유나이티드 스테이츠"호와 이 배를 놓고 어느 것이 자기들에게 적합한가를 검토한 끝에 결국 이 배를 선택함으로써 "프랑스"호는 다시 재취항의 기회를 맞이하게 된다. "프랑스"호를 인수한 노르웨이 크루즈 해운은 독일의 브레머하벤(Bremerehaven) 조선소에서 대대적인 개조공사를 마친 뒤 크루즈 선으로 재취항을 시킨다. 이때 이 배에 주어진 새로운 선명이 "노르웨이"호(S.S Norway) 이다. 많은 부분이 새로 개조되어서 최신형으로 바뀐 "노르웨이"호는 이제부터 대양여객선이 아니라 1,944명의 크루즈 승객을 태우는 호화 크루즈 선이 된 것이다

1980년부터 1990년까지 10년 동안 "노르웨이"호로 선명이 바뀐 "프랑스"호는 카리브해에서 명성을 날리며 생애 최고의 황금시기를 맞이하였다. 그러나 취항 후 30살이나 넘어서자 늙은 선체에서는 자주 고장이 일어나고 내부의장에서도 후진감이 나타나게 된 것은 어쩔 수 없었다.

1990년, "노르웨이"호는 독일의 브레머하벤 조선소에서 또 한 번의 대대적인 재치장공사(再治裝工事, Refurbish work, 새롭게 단장하는 공사)를 받게 된다. 이 공사에서 최상부갑판 위에 발코니를 가진 고급 스위트 객실들이 배치된 2층의 갑판을 증설하고 총톤수도 76,050톤급으로 대폭 증가되고 선미에는 큰 리도갑판(Lido deck, 수영장이 있는 일광욕 갑판)를 신설하는 동시에 1984년에 교체하지 못해서 문제가 되고 있었던 스팀식의 엔진들을 모두 디젤엔진으로 교체하여 배의 호칭도 증기터빈 선인 S.S Norway에서 엔진 선을 의미하는 M.S Norway로 바뀌게 된다.

그러나 취항 후 40살의 나이가 넘은 2001년경부터 "노르웨이"호는 급격한 선체노후 현상을 일으키고 그 때문에 자주 결항도 하게 된다. 2003년에는 기관실 보일러의 폭발사고로 3명의 선원이 사망하고 7명의 선원들이 심각한 화상을 입는 대형 안전사고도 발생한다. 이 폭발사고로 인해 배는 전반적으로 운항이 중단되고 수리를 위해 이 배를 독일의 브레머하벤 조선소로 다시 보내게 된다.

1990년에 대규모 재치장공사를 마친 뒤, 크게 달라진 크루즈 선 "노르웨이"호의 외형
(최상부의 큰 윈도를 가진 2개 층의 갑판이 새로 확장된 갑판이다. 그러나 연돌은 "프랑스"호 때의 연돌을 그대로 사용하고 있다. 선수의 마스트가 새로운 형상으로 바뀌고 갑판 위에는 새로 설치된 위성 안테나(세트콤)들이 보인다)

조선소로부터 이 배의 사고수리와 마침 발효(發效)에 들어간 솔라스(SOLAS) 2000(2000년에 제정된 국제해양안전의 새로운 규정)에 준하여 다시 운항할 수 있도록 개조를 하기 위해서는 최소한 5,000만 달러 이상의 공사비가 소요된다는 견적을 받게 되며 2004년 3월, 선주는 이 엄청난 공사비의 투자보다는 매각하는 것이 오히려 유리하다는 결론을 얻고 이 배를 매각하기로 결정한다.

2006년, 이 배를 새로 매입한 리베리아의 선주가 이 배의 선명을 "블루래디(Blue Lady)"로 바꾸고 재취항을 시도하였으나 결국 취항을 하지도 못한 채 2007년 12월에 선박들의 공동묘지로 소문이 난 인도의 아랑(Alang)으로 보내어져 그곳에서 폐선작업에 들어감으로서 결국 사라지게 되었다.

1962년에 취항하여 여객선의 역사에서 큰 발자국을 남기고 46년 만에 사라진 이 여객선은 세계최고의 호화 여객선, 세계에서 가장 아름다웠던 여객선, 시대에 앞선 최신의 기술로 건조된 여객선, 그리고 대양여객선과 크루즈 선에서 큰 명성을 날렸던 여객선, 유엔기구의 승인 하에 마스트에 유엔의 깃발을 올릴 수 있었던 세계 유일의 여객선으로 여객선의 역사에 기록을 남기게 된다.

또한, 폐선작업 과정에서 배 안에 사용된 엄청난 양의 석면(아스베스토스. Asbestos, 발암물질로 판명되어 선급에서는 1974년부터 선박에 이것의 사용을 일체 금지하고 있다)자재 때문에 폐선작업장들 모두가 이 배의 폐선작업을 거절하는 바람에 2007년부터 2011년까지, 폐선작업장의 결정에 무려 4년이나 소요된 여객선으로 또 하나의 진기록을 추가하고 이 배는 사라져 갔다.

4.25 1969년의 "퀸 엘리자베스-2"호(Queen Elizabeth-II), 가장 아름다운 여객선으로 가장 사랑받았던 대형 여객선

역대 대형 여객선들 중에서 가장 아름다웠고 가장 사랑받았던 배를 한 척만 선택하라고 한다면 그것은 단연코 "퀸 엘리자베스-2"호가 되겠다. 이 여객선은 3등급의 승객구역과 30노트의 항해속도 및 300m 선체길이의 뜻을 가진 큐나드 해운의 "Q3" 프로젝트로 건조가 시작되었다. 1964년 10월 큐나드(Cunard) 해운이 영국의 존 브라운(John Brown) 조선소와 건조계약가 2,900만 파운드(2016년의 시세로 약 5억 1,000만 달러에 상당)에 이 배의 건조계약을 체결한 후, 3년 뒤인 1967년 9월에 진수가 되고 다시 1년 4개월이 지난 1969년 1월에 건조가 완료되어 선주인 큐나드 해운에 인도가 되었다. 건조계약체결에서 인도까지 4년 3개월이 걸린 셈이다.

이 배는 총톤수 69,053톤, 전장 293.53m, 선폭 32.06m의 선체크기에 증기터빈 엔진의 추진기관을 가진 여객선으로 1969년 5월부터 취항에 들어갔다. 취항 당시, "프랑스"호(S.S France)에 뒤이어 세계에서 두 번째로 큰 여객선이자 가장 첨단의 기술로 건조된 여객선으로 모든 매스컴에서 토픽감이 되었고 종전에 볼 수 없었던 독창적이며 아름다운 외형에 사람들은 찬사를 보냈다. 여객선의 선명(船名)을 놓고 영국을 상징하는 이름인 "그랜드 브리턴(Grand Britain)"호, "윌리엄 셰익스피어(William Shakespeare)"호, "윈스턴 처칠(Winston Churchill)"호, "브리타니아(Britannia)"호, "모리타니아(Mauretania)"호 등이 거론되었으나 결국 국왕인 "퀸 엘리자베스"여왕의 이름을 따른 "퀸 엘리자베스-2"호로 결정되었다.

1987년에 대규모의 개조공사를 거친 뒤, "퀸 엘리자베스-2호"의 변한 모습

10층의 승객갑판에 926실의 객실을 두어 1,750명의 승객정원을 가지고 있었으며 538석과 530석, 2개의 만찬식당(메인 다이닝 룸, Main dining room) 이외에 4개의 예약식 레스토랑을 포함하여 총 6개의 식당을 갖추고 있었고 9개의 바(Bar)와 라운지, 2개의 수영장, 2개의 소용돌이 풀장과 카지노 및 극장 등을 두루 갖추고 있었다.

"퀸 엘리자베스-2"호의 퀸스룸(Queens room) 라운지

(쇼 공연 및 댄스홀 및 메인 라운지 등의 다목적으로 쓰이는 공실이다. 다른 크루즈 선뿐만 아니라 육상의 많은 건축물에서도 아름답고 독창적인 이 천장과 기둥을 벤치마킹하였다) (사진출처: Cruisemates)

처음에는 총톤수 65,863톤으로 기본설계가 되었으나 중도에 슈퍼스트럭처(Superstructure, 갑판 위의 상부구조물)의 형상이 수정되어 인도하기 직전의 최종 공식총톤수는 69,053톤이 되었다. 독창적이고 아름다운 슈퍼스트럭처와 연돌의 형상은 박람회 전시장 설계전문가로 알려진 영국의 제임스 가드너(James Gardner)의 아이디어에 의한 것이었다. 이 아이디어를 존 브라운 조선소의 우수한 설계진들이 다듬고 각색을 하여 지금의 걸작품으로 설계한 것이다

사진에서 보는 것과 같이 붉은색의 연돌과 그 밑의 백색 윈드스쿠프(Wind Scoop, 바람의 방향을 바꾸어주는 판)로 멋을 부린 아름다운 형상의 연돌은 역대 선박의 연돌 중에서 가장 아름다운 연돌이며 가장 배기(排氣)의 효능이 뛰어난 연돌로 인정받음으로써 이후 큐나드 해운을 나타내는 상징물이 되어 모든 큐나드의 여객선은 이 형상의 연돌을 탑재하고 있다. 또한, 이 연돌의 앞쪽에 우뚝 솟은 레이더 마스트(Radar mast) 또한 역대 레이더 마스트 중에서 가장 아름다운 것으로 인정받고 있다.

취항 초기에는 증기터빈 엔진의 추진기관을 가지고 있었으나 영국과 아르헨티나 간의 전쟁인 1982년의 포클랜드(Falkland) 전쟁에 참전하고 돌아온 이후, 보일러에 문제가 발생하여 1986년의 겨울부터 1987년의 봄 사이, 6개월에 걸쳐 대대적인 개조공사를 실행 받았다. 그 결과 종래에 문제가 있었던 증기터빈 엔진이 디젤엔진으로 교체가 되었고 추진 프로펠러도 4엽 프로펠러(날개가 4개인 프로펠러)에서 최신 설계의 5엽 프로펠러(날개가 5개인 프로펠러)로 교체가 되었다. 따라서 추진기관의 형식을 나타내는 배의 호칭도 증기선을 뜻하는 S.S(Steam Ship의 약자)에서 디젤엔진 선을 뜻하는 M.S(Motor Ship의 약자)로 바뀌게 되고 총톤수도 종래의 69,053톤에서 70,327톤으로 증톤(增噸)이 된다. 이 때문에 "퀸 엘리자베스-2"호의 호칭을 놓고 어떤 자료에서는 증기터빈 선박을 뜻하는 "S.S Queen Elizabeth-2"로, 또 어떤 자료에서는 디젤엔진 선박을 뜻하는 "M.S Queen Elizabeth-2"로 표기를 하고 있는 것이다.

1970년대 초부터 북대서양 항로의 정기운항을 종료하고 크루즈 선으로 변신하여 4성급의 호화 크루즈 선으로 이름을 날렸다. 2008년, 크루즈 운항을 중단하고 해상호텔(프로팅 호텔)이 되기 위해 두바이의 투자기업에 팔려가기 이전까지 이 여객선은 다른 어떤 여객선도 이루지 못한, 지구 둘레 215회 선회에 해당하는 약 465만 해리(861만 km)를

"퀸 엘리자베스-2"호의 예약식 레스토랑인 프린세스 그릴(Princess Grill)의 내부모습
(단아하면서도 실용적인 설계의 인테리어로 영국풍의 냄새가 물씬 난다. 이 그릴의 유리칸막이 너머에는 또 다른 인테리어 스타일을 가진 예약식 레스토랑, 퀸스 그릴(Queen's Grill)이 위치하고 있다)

항해하고 200만 명 이상의 승객을 태운 위대하고도 과히 전설적인 운항기록을 세웠다.

1995년에는 북대서양에서 기록적인 29m 파고의 거물급 황파를 만났으나 승객 중 누구 한 사람 다친 사람도 없이 무사히 항해를 마쳐 "가장 우수한 선원들에 의한, 가장 안전한 여객선"으로 또 한 번 크게 이름을 날렸다.

1960년대 초부터 제트여객기에 밀려 서서히 붕괴되어가던 북대서양 항로의 대양여객선 사업은 1960년대 중반을 넘어서자 본래의 시장규모가 95%나 감소되면서 급격한 시장몰락의 길로 들어서게 되었다. 그때 이미 건조완료를 눈앞에 두고 있었던 이 배는 건조작업을 잠시 중단하고 향후에 크루즈 선으로 쉽게 개조할 수 있도록 설계도를 부랴부랴 수정하게 된다.

따라서 승객갑판의 인테리어도 독창적이고 아름다운 형상으로 설계가 되어 크루즈 선뿐만 아니라 육상의 건축물에서도 이 배의 인테리어를 많이 벤치마킹하였다. 실용적이면서도 군더더기가 전혀 없는 깔끔한 인테리어는 언제 보아도 정감(情感)이 가는 설계로 다듬어진 이 배의 인테리어는 취항 후 40년이 되는 2009년, 항해를 종료하고 두바이의 포트 라쉬드(Port Rashid)항구에 영구정박을 할 때까지, 오랜 세월이 흘러갔지만, 사람들에게 전혀 거부감을 주지 않는 친근하고도 매력을 느끼게 하는 설계로 남아 사람들에게 영원히 기억되고 있다.

이 배는 북대서양 정기여객선으로 건조되어 다시 크루즈 선으로 개조된 후에도 가장 오랜 기간 동안 가장 성공적으로 운항을 하였던 여객선이 되었으며 취항 때부터 선체노후로 운항을 중단할 때까지 아름다운 외형과 고급스런 인테리어로 가장 많은 사랑을 받은 여객선이 되었고 또한 가장 인기가 높았던 여객선이었다. 또 취항 후, 40년간의 긴 운항기간 동안 가장 먼 거리를 항해하였고 가장 많은 승객을 태운 전설적인 여객선으로 여객선의 역사에 큰 족적을 남겼다.

본래는 2010년부터 본격적으로 개조공사에 들어가서 2012년에는 두바이의 인공섬인 팜 주메이라(Palm Jumeirah) 앞 해상에 정박하는 5성급의 호화 해상호텔 즉, 프로팅 호텔로 개장할 예정이었으나 최근, 두바이의 경제사정 악화로 인해 이 공사가 지연되어 오고 있으며 2017년 현재까지 정식으로 개장을 못하고 있어 사막의 모래바람 속에서 선체가 서서히 녹이 쓸어가고 있다고 한다.

The Passenger ships of the World left a significant trace

The Passenger ships of the World left a significant trace

5

유일무이한 기록을 만든 대형 여객선들

5.1 적국(敵國) 잠수함을 격침시킨 여객선

영국의 북대서양 항로 정기여객선인 "올림픽"호(RMS Olympic)는 비무장의 상선으로 적의 잠수함을 격침시킨 유일한 여객선이다.

첫 항해에 들어가는 "올림픽"호의 모습을 그린 그림

("타이타닉"호의 동형자매선으로 "타이타닉"호보다 1년 앞서 취항한 "올림픽"호는 4개의 웅장한 연돌, 2개의 높은 마스트, 20척의 구명정, 269m의 선체길이, 9층의 갑판으로 이루어진 거대한 선체와 아름다운 외형을 가져 취항당시, 사람들은 그 웅대한 모습에 감탄하였다. 선미 끝에 있는 네 번째의 연돌은 연기가 나오지 않는 가짜연돌이었다)

1911년 6월에 취항한 "올림픽"호는 1912년의 "타이타닉"호(RMS Titanic) 및 1915년의 "브리타닉"호(RMS Britannic)와 더불어 올림픽 급 여객선의 제 1호선이다. 총톤수 45,324톤의 이 여객선은 전장 269m, 선폭 28.2m에 9층의 갑판을 두고 2,435명의 승객정원과 950명의 선원을 태웠다.

승객갑판의 실내설비도 매우 아름답고 고급스럽게 만들어져 있었는데 1등 승객전용의 만찬식당과 라운지는 그 당시의 모든 여객선들의 공실 중에서 가장 아름답고 가장 훌륭한 작품으로 인정받는다.

취항한 지 7년이 되는 1918년 5월 12일의 이른 새벽 시간, 수평선에 먼동이 트려면 아직 조금 더 기다려야 할 시각, 하늘에는 아직 밤이 걷히지 않아 별들이 빛나고 있었다. 그때 선수 마스트의 감시탑에서 전방을 감시하던 견시(見視)선원으로부터 "2시 방향, 1,600피트 전방에 적 잠수함 발견"이라는 긴박한 고함소리가 조타실을 울렸다. 이날 "올림픽"호는 유럽에 파병되는 2개 연대의 미국육군 병력을 태우고 미국으로부터 프랑스로 향하던 중이었고 그때 선장의 이름은 "헤이즈(Hayes)"였다.

이때 "헤이즈" 선장은 단호하게 즉각 명령을 내린다. "선수포, 선미포 포격개시, 본선은 적함으로 전속 돌진한다".

가장 아름다운 공실 중의 하나로 유명하였던 "올림픽"호의 1등 승객전용 팜(Palm) 라운지

그때 독일의 U-103호 유-보트 잠수함은 바로 10개월 전인 1917년 7월에 취역한 이후에 이미 8척의 연합국 수송선들을 침몰시키는 큰 공적을 올리고 독일의 함대기지로 귀환하는 도중에 대어(大漁)인 "올림픽"호를 발견하고 마지막 남은 두 발의 어뢰로 공격할 작정이었다. 그러나 유-보트 잠수함이 어뢰발사를 위해서 어뢰발사관에 해수를 주입하여 어뢰발사준비를 갖추기도 전에 갑자기 진로를 바꾼 "올림픽"호는 유-보트 잠수함을 향해서 전속으로 돌진하여 유-보트 잠수함이 피할 사이도 없이 거대한 선체로 잠수함을 들이박고 그대로 짓뭉개면서 지나가 버렸다.

그 순간, U-103호 유-보트 잠수함의 카닝타워(Conning tower, 잠수함의 사령탑)의 외벽과 압력선체(Pressure hull)의 외판이 뜯겨져 날아가며 잠수함은 부력을 상실한 채 수중으로 가라앉기 시작한다. 한편 "올림픽"호의 선미에 장착된 4.7인치(구경 120mm)의 함포는 침몰 중인 U-103 유-보트를 향해 포격을 계속하고 있었다.

"올림픽호"가 진로를 바꾸어 U-103호 유-보트 잠수함을 향해 돌진하고 잠수함이 수중으로 완전히 사라지기까지에는 불과 10여 분도 채 걸리지 않았다. 이후 마치 코끼리가 강아지를 밟고 지나간 것처럼 유-보트를 위에서 짓눌러 박살을 낸 "올림픽"호는 뒤도 돌아보지 않고 여유만만하게 목적지인 프랑스의 쉐르부르(Cherbourg) 항구를 향해 그대로 항해를 계속하며 멀리 사라져 갔다. 마치 그간 아무 일도 없었던 것처럼….

1차 대전 당시, 병력수송선이 되어 함포로 무장을 하고 위장도색을 한 "올림픽"호의 모습
(대양 여객선의 선체도장에서 해군함정답게 네이비그레이(Navy grey)의 도장에 위장무늬로 바뀌었다)

마침 멀리서 이 장면을 보고 "올림픽"호를 구조하기 위하여 급히 달려온 미국 해군의 DD-65 구축함이 해야 할 일이라고는 침몰한 잠수함 밖으로 탈출한 31명의 유-보트 잠수함의 생존자들을 "올림픽"호를 대신하여 구조해주는 것밖에 없었다.

이 수송작전을 마치고 영국으로 귀항한 "올림픽"호의 "헤이즈" 선장은 독일 유-보트를 격침시킨 공로로 본국정부로부터 DSO 훈장을 받았다. 이것이 전시(戰時)에 민간 상선인 여객선이 적국의 잠수함을 격침시킨 유일무이한 기록이 된다.

참 고

① 독일 해군의 U-103호 유-보트는 독일 브레멘의 베젤(Weser) 조선소에서 1917년에 건조된 잠수함으로 잠수시의 배수톤수 937톤, 전장 67.6m, 선폭 6.32m로 어뢰발사관 4문을 가진 대양작전용 잠수함이었다. 현재 우리 해군의 장보고 급 잠수함보다 조금 작은 크기 이다.
② 잠수함의 압력선체는 함체외부의 거대한 수압을 견디고 잠수함 내부의 대기압 상태의 밀폐된 공간을 보호해주는 고강도강철로 된 강력한 벽체이다.

U-103호 잠수함을 깔아뭉개어서 침몰시키고 그대로 항진해 가고 있는 "올림픽"호의 모습을 그린 그림
("올림픽"호의 충격으로 유-보트 U-103호 잠수함이 맥없이 그대로 격침되고 있으며 잠수함을 뭉갠 채 그냥 항주해 가고 있는 "올림픽"호는 선미의 함포로 침몰되고 있는 유-보트를 향해 계속 포격을 가하고 있다)

(그림출처: hdimagelib.com)

참고

DSO 훈장의 DSO는 Distinguished Service Order의 약자로 영국정부가 실제 전투에서 혁혁한 공로를 세운 군대의 장교들에게 수여하는 최고의 무공훈장이다.

5.2 서로 해상전투를 전개한 두 척의 여객선

세계 1차 대전이 발발하자 영국과 독일은 자국의 일부 상선들에게 함포 등으로 무장시켜 적국의 상선들을 공격하도록 한다. 즉, 무장상선(武裝商船, Armed Merchant Cruiser)으로 만든 것이다. 이 계획에 따라 영국의 총톤수 19,520톤급의 대형 여객선, "칼마니아-1"호(RMS Carmania)는 구경 4.7인치(구경 120mm) 함포 8문과 6문의 기관포로 무장하여 무장상선이 된다. 한편 독일이 갓 취항시킨 총톤수 18,700톤급의 대형 여객선, "캅프 트라팔거"호(SMS Cap Trafalger, 트라팔가 해전의 이름을 딴 선명임)도 역시 구경 104mm 함포 2문과 37mm 폼폼(Pom-Pom) 기관포 6문을 장착하여 무장상선이 되었다.

함포로 무장한 독일의 대양 여객선, "캅프 트라팔거"호
(1914년 3월에 호화여객선으로 취항했으나 그 해 8월에 나치정부의 지시에 따라 함포를 장착한 무장상선이 된다)

1914년 9월 14일 아침, 이 두 척의 무장 여객선이 항해 중에 서로 조우한 곳은 브라질의 리오데자네이로 항구에서 동쪽으로 740마일 거리에 있는 트린데이드 섬(Trindade, 브라질에서는 트리니나드라고 부른다) 근처였다. 영국 "칼마니아-1"호의 "노엘 그란트" 선장의 사격개시 명령에 따른 "칼마니아-1"호의 선제공격으로부터 시작된 쌍방 간의 함포사격은 약 두 시간에 걸친 치열한 교전이었다. 독일의 "캅프 트라팔거"호에서 발사한 포탄이 먼저 "칼마니아-1"호의 브리지에 명중되면서 "칼마니아-1호"의 브리지(조타실)가 날아가고, "캅프 트라팔거"호도 역시 "칼마니아-1호"가 발사한 포탄에 명중되어 갑판에 화재가 발생하였다.

서로 접근하면서 포격을 개시한 두 배는 처음에는 7,000야드(약 6,300m)의 거리를 두고 있었으나 나중에는 400 야드(약 360m)의 근접거리에서 서로 치열한 함포교전을 벌였다(이것은 1차 대전 때의 해상전투의 모습이 아니라 마치 17~18세기의 범선들 간에 벌어진 해상전투와 같았다).

약 두 시간에 걸친 해상교전의 결과, 영국의 "칼마니아-1"호는 "캅프 트라팔거"호로부터 79발의 포탄을 얻어맞고 갑판에 화재가 발생하여 간신히 물 위에 떠 있는 상태에 있었고, 독일의 "캅프 트라팔거"호도 역시 갑판에 화재가 발생하고 운이 나쁘게도 수면 하부의 선체외판에 큰 구멍이 뚫려서 선수로부터 한쪽으로 기울어지면서 서서히 침몰이 되고 있었다. 처음부터 8문의 120mm 함포의 화력과 2문의 104mm 함포의 화력은 서로 상대가 되지 않았던 것이다. 한편, "칼마니아-1"호가 "카프 트라팔거"호로부터 명중된 포탄의 수는 조선소에서 수리공사 중에 정확하게 밝혀졌지만, "캅프 트라팔거호"의 경우에는 대부분의 상급사관들이 모두 사망하고 또 배가 해저로 침몰하였으므로 정확히 몇 발이 명중되었는지 확인할 길이 없었다.

이 전대미문의 상선끼리의 해상교전에서 독일의 "캅프 트라팔거"호는 선장을 비롯하여 67명이 사망 또는 실종이 되고 침몰이 되었으며 "칼마니아-1"호도 9명이 사망하고 40여 명이 중상을 입었다(중상자 중에 몇 명은 구조 후, 병원에서 사망함). 그러나 다행히도 "칼마니아-1호"는 급히 달려온 영국해군 구조선의 긴급보수조치로 간신히 침몰은 면할 수가 있었다.

이것을 우리는 트린데이드의 진투(The Battle of Trindade)라고 부른다. 이 트린데

"칼마니아-1"호와 "캡프 트라팔거"호, 두 척의 무장상선 간에 벌어진 치열했던 해전, 트린데이드 전투의 모습을 그린 그림
(바로 앞에 보이는, 화재가 발생한 배가 큐나드 해운의 무장상선 "칼마니아-1"호, 왼편 멀리 옆으로 넘어지고 있는 배가 독일의 무장상선 "캡프 트라팔거"호이다) (그림출처: 찰스딕슨, 런던의 국립해양박물관 소장)

이드의 해상전투를 놓고 볼 때, 만약 그때에 "캡프 트라팔거"호가 "칼마니아-1"호와 대등한 화력으로 무장을 하고 있었더라면 "칼마니아-1"호도 "캡프 트라팔거"호와 마찬가지로 침몰을 면하지 못했을 것이라고 말하고 있다.

5.3 현존하는 가장 오래된 여객선

현존하는 가장 오래된 여객선은 1914년에 미국의 뉴포트뉴스(Newport News) 조선소에서 총톤수 5,430톤급 증기기관의 화객선, "메디나"호(S.S Medina)로 건조되어 2009년에 6,820톤급의 크루즈 선으로 수명을 마친 "도러스"호(M.S Doulus)와 1948년에 스웨덴의 괴타베르켄(Götaverken) 조선소에서 북대서양 정기여객선 "스톡홀름"호(M.S Stockholm)로 건조되어 2017년 현재 15,610톤급 크루즈 선으로 운항하고 "아데나"호(M.V Athena) 이다.

먼저, “도러스”호의 전신(前身)인 “메디나”호는 1914년에 총톤수 5,430톤급의 증기기관을 가진 화객선으로 건조되어 미국 연안항로에서 운항을 하다가 1948년에 이탈리아 여객선 회사에 팔린 후에 대규모의 개조공사를 통해 1949년부터 완전한 여객선이 되었다. 1949년부터 1952년까지 “로마”호(S.S Roma)의 선명으로 3년간 유럽에서 호주와 뉴질랜드로 이민을 가는 사람들의 여객선으로 운항한 후에, 1952년 말에 또 한 번의 개조공사를 하여 1953년부터 1978년까지 25년간 총톤수 6,820톤급의 크루즈 선, “프랑카 C”호(M.S Franca C)가 되어 지중해와 남미 및 카리브해에서 크루즈 운항을 하였다.

그 후, 추진엔진의 노쇠로 추진엔진을 제거한 해상호텔로 바뀌게 되는 2009년까지 30년간 해상 서적전시장 및 기독교 선교활동의 특수목적을 가진 “도러스”호(M.S Doulos)호가 되어 세계 순회항해를 하였다. 고로 이 배는 1914년의 취항 후, 항해를 중단하는 2009년까지 95년의 긴 세월 동안 바다를 항해한 선박이 되며 이 95년의 수명기간 중에 28년의 여객선 운항을 가지는 가장 오래 장수한 여객선이 된다.

즉, 2010년에 새 주인을 만나 “도러스 포스(Doulos Phos)”의 이름을 가진 해상 호텔리조트(Hotel Resort)가 되면서 선박으로서의 역활은 여기에서 끝이 난다. 1914년, 처음 취항당시에는 석탄을 연료로 사용하는 증기기관선이었으나 1922년에 기름을 사용하는 증기기관선으로 개조되고 1953년에는 다시 이 오래된 증기기관을 디젤기관으로 대체함으로써 디젤기관선이 된 이배는 95년의 긴 항해기간 중에 큰 사고 없이 끝까지 훌륭한 항해를 마쳤다. 다시 말해서 수명기간 중에 석탄연료의 증기기관선, 기름연료의 증기기관선 및 디젤기관선으로 세 차례에 걸쳐 심장이식수술을 받은 셈이 된다.

그러나 어떤 이들은 가장 장수한 여객선으로 이 “도러스”호 대신에 1948년에 스웨덴의 괴타베르켄(Götaverken) 조선소에서 여객선으로 건조된 “스톡홀름”호(M.S Stockholm)를 인정하고 있다. 그 이유는 “스톡홀름”호는 처음부터 여객선으로 건조되어 2017년 현재는 69살의 나이로 크루즈 선 “아스트리아”호(M.V Astoria)로 운항을 하고 있어 건조된 연수로 따지자면 “도러스”호에 미치지 못하지만 여객선으로서의 운항기간을 보면 “스톡홀름”호가 “도러스”호보다 월등히 더 길기 때문이다.

취항 당시에는 총톤수 12,165톤, 전장 160.8m, 선폭 21.04m의 크기로 스웨덴과 미국 간의 징기어객선으로 북대서양 항로의 정기여객선 중에서 가장 작은 여객선에 속하

크루즈 선 "도러스"호(M.S Doulus)의 외형 변화

1914년의 화물선 "메디나"호 때의 외형(상), 1948년의 여객선 "로마"호 때의 외형(중) 및 1952년의 크루즈 선 "프랑카 C"호 때의 외형(하)

(사진출처: ssmaritime.net)

였지만, 스웨덴의 조선소로서는 자기들이 건조한 여객선 중에서 가장 크고 가장 화려한 것이었다.

1960년대 초에 총톤수 15,610톤급의 크루즈 선으로 개조가 되었다. 크루즈 선으로 개조되기 전인 1956년에는 이 배가 당시 이탈리아가 자랑하던 총톤수 29,080톤급의 호화 여객선 "안드레아 도리아"호(M.S Andrea Doria, 1953년에 건조됨)를 선수로 들이받아 침몰시킨 해난사건으로 일약 유명한 여객선이 되기도 하였다. 이때 "안드레아 도리아"호를 충격한 "스톡홀름"호는 선수부분이 완전히 뭉개져 없어진 상태에서도 예인선의 도움 없이 자력의 항해로 항구로 돌아올 수 있었고 충격을 받은 "안드레아 도리아"호는 충돌 후, 선체의 가운데 부분이 활처럼 휘어진 채 한쪽으로 기울어져 11시간을 버티다가 결국 침몰함으로서 이 두 척 여객선의 선체강도(强度)를 놓고 한동안 연구과제가 되기도 하였다.

1960년 이후, 대양여객선에서 크루즈 선으로 전환하여 2005년에 "아데나"호(M.V Athena), 2013년에 "아조레스"호(M.S Azores)의 선명을 거쳐 지금은 "아스토리아"호(M.V Astoria)로 운항하고 있다. 현재의 선체상태로는 향후 10년 정도는 더 운항을 할 수 있다 하니 이 배도 이대로 가면 80살이 될 때까지 운항을 할 수 있을 것으로 예상된다. 여객선의 경우 통상적으로 수명기간을 짧게는 25년, 길게는 40년 정도로 보고 있으므로 이 배는 다른 여객선에 비하여 두 배 이상의 긴 수명을 가진 셈이 된다.

비록 15,610톤급의 소형 크루즈 선이지만 2017년 현재도 520석의 다이닝룸, 180석의 쇼(Show) 라운지, 3개의 바(Bar), 2곳의 수영장, 90석의 나이트클럽 및 카지노와 사우나, 미용실, 면세점 등을 모두 갖춘 3성급의 호화 크루즈 선으로 훌륭한 항해를 하고 있다.

어떤 자료에서는 "스톡홀름"호를 1946년산으로 표기하고 있으나 1946년은 이 배가 진수가 된 해이며 1948년에 건조완료 및 취항을 하였으므로 1948년산으로 보아야 하며 "스톡홀름"호는 2013년에 다시 "아스토리아"호(M.V Astoria)로 선명이 바뀌어 현재는 69살의 나이로 아직 3성급의 크루즈 선으로 운항을 하고 있어 이렇게 장수하는 여객선은 두 번 다시 찾아보기가 어려울 것 같다.

위의 사진은 1948년, 북대서양 정기여객선으로 취항할 때의 "스톡홀름"호의 아름다운 모습(상)과 2005년에 크루즈 선 "아데나"호(M.V Athena)로 바뀐 뒤의 모습(하) 비교
("스톡홀름"호는 처음에 390명의 승객 이외에 약 3,000톤 이상의 화물을 함께 취급하는 객화선의 외형을 가지고 있었다. 그러나 그간에 네 차례에 걸친 대규모 개조공사를 통해 현재는 처음 취항할 때의 모습을 전혀 찾아볼 수 없게 되었다)

5.4 항공기를 탑재하였던 여객선

최초로 항공기를 탑재했었던 여객선은 1927년에 취항한 프랑스의 호화여객선, "일드 프랑스"호(S.S Ile de France)와 1929년에 취항한 독일의 "브레멘"호(S.S Bremen)이다. 뒤이어 1930년에 취항한, "브레멘"호의 동형자매선 "오이로파"호(S.S Europa)도

역시 항공기를 탑재하고 있었다.

이 세 척의 대형 여객선들은 수상비행기를 탑재하고 있다가 목적지 항구에서 300~400 마일 정도 떨어진 지점에 이르면 우편물을 가득 실은 수상비행기를 캐터펄트(Catapult, 사출식 이륙장치)를 이용하여 먼저 이륙시켜서 승객들의 도착보다도 하루 정도 먼저 우편물을 배달해주는 서비스를 제공하였다, 그래서 이 항공기를 우편항공기라고 불렀다.

최초의 항공기탑재 여객선으로 "브레멘"호로 기록한 자료들도 있으나 "일드 프랑스"호가 취항 후 1년 뒤인 1928년부터 수상항공기와 캐터필터를 선미에 탑재하고 우편서비스를 실행하였으므로 "브레멘"호보다 1년이 앞선다. 그러므로 비행기를 탑재한 최초의 여객선은 "일드 프랑스"호로 보아야 한다.

1927년에 프랑스의 펜호(Penhoët) 조선소에서 건조된 총톤수 43,153톤의 "일드 프랑스"호는 당시 세계 최고의 호화 정기여객선 중의 한 척이었다.

역시 대서양 정기여객선으로 독일 브레멘의 도이췌쉬프 운트 마쉬넨바우(Deutsche Schiff und Maschinenbau, 약칭하여 데쉬마그, Deschimag, 라고도 하였다) 조선소에서 1929년에 건조된 총톤수 51,656톤의 "브레멘"호도 하인켈(Heinkel) HE-12 형 수상비행기를 탑재하고 "일드 프랑스"호 같은 신속우편배달업무를 시작하였으며 "브레멘"호보다 1년 뒤에 취항한 "브레멘"호의 동형자매선, "오이로파"호도 역시 우편항공기를 탑재하고 있었다.

따라서 "일드 프랑스"호와 "브레멘"호 및 "오이로파"호, 이 세 척의 대양여객선 이후에는 더 이상 항공기를 탑재한 여객선을 찾아볼 수 없어 이 세 척의 여객선들만이 유일하게 항공기를 탑재하고 항해한 여객선이 된다.

5.5 가장 큰 파도 속을 항해한 여객선

가장 큰 파도 속을 항해한 기록을 남긴 여객선으로는 1936년에 건조되어 당시 세계 최고의 호화여객선으로 이름을 날리고 1967년 퇴역 후, 현재는 캘리포니아의 롱비치 항구에서 해상호텔이 되어있는 "퀸 메리"호(RMS Queen Mary)와 1969년에 건조된 영국의 큐나드(Cunard) 해운 소속의 호화 크루즈 선, "퀸 엘리자베스-2"호(M.S Queen Elizabeth-2)가 있다.

먼저, 총톤수 81,237톤, 전장 310.7m, 선폭 36m의 "퀸 메리"호는 2차 대전이 한창이던 1942년 12월, 유럽전선으로 투입되는 16,000여 명의 미국 육군 보병들을 태우고 영국으로 향하던 중, 스코틀랜드의 해안으로부터 약 1,100km(700해리) 떨어진 해상에서 최대파고 28m의 극렬한 황파(荒波)를 만났다. 그때 "퀸 메리"호는 좌, 우현으로 52°까지 기우는 심히 위험한 상태에까지 들어갔었다고 한다. 그 황파 속에서 상당수의 병사들이 침상에서 떨어지거나 가구나 벽에 부딪혀 부상을 입기도 하였지만, 다행히 이 황파의 항해에서 중상이나 사망한 사람은 한 명도 없었다고 한다.

다음은 1969년에 건조된 북대서양 정기여객선이자 크루즈 선이었던 "퀸 엘리자베스-2"호 이다. 총톤수 70,327톤(1969년의 취항 당시에는 총톤수가 69,053톤이었으나 1987년의 개조공사로 총톤수가 커졌다), 전장 293.53m, 선폭 32.06m의 호화 크루즈 선인 "퀸 엘리자베스-2"호가 프랑스의 셰르부르(Cherbourg) 항구를 출항하여 미

"브레멘"호 갑판에 설치된 캐터펄트 위에서 이륙준비를 하고 있는 HE-12형 수상항공기의 모습
(26m 길이의 캐터펄트는 두 개의 연돌 사이에 설치되어 있었고 이 캐터펄트 위에서 수상항공기를 약 130Km의 속도로 사출시켰다)

S.S Bremen(1929) & S.S Europa(1930)

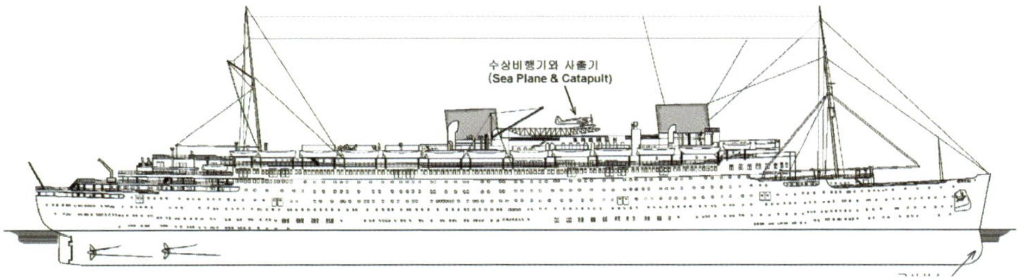

수상비행기와 사출장치 및 구상선수를 가졌던 "브레멘"호의 측면도

(두 개의 연돌 사이에 탑재된 수상비행기와 항공기 사출장치가 보인다. 선수는 당시에 볼 수 없었던 구상선수를 하고 있었는데 이것이 초기의 구상선수 형태이다)

국의 뉴욕항으로 향하던 중, 북대서양에서 1995년 9월 11일 새벽 4시경에 허리케인의 영향을 받은 파고 29m의 거대한 황파를 만난 것이다.

양현(兩舷)에 각각 2기씩 설치된 핀 스태빌라이저(Fin Stabilizer, 날개형의 선박안정장치)의 날개를 선체 밖으로 완전히 펼친 상태에서 엔진출력을 최대로 올려 배를 향해 다가오는 거대한 파도를 정면으로 타고 넘으며 무사히 항해를 마친 "퀸 엘리자베스-2"호는 노련한 항해사들의 침착하고 능숙한 대처로 이 황파항해에서 선체가 입은 파손은 선수 마스트의 휘슬(Whistle, 배의 기적장치)이 파도를 맞고 날아가 버린 것뿐이었고 다치거나 사망한 사람은 없었다.

따라서 이것이 대형 여객선이 만난 최대의 파도가 된다. 그때 파도의 모습은 마치 도버해협의 영국 쪽 해안의 흰 절벽과 같았다고 한다. 이 항해 후에 이 배의 훌륭한 선체 안정성(安定性)과 선장을 포함한 항해사들의 뛰어난 항해술이 언론에 한동안 큰 기사가 되기도 하였다.

위의 두 척의 대형 여객선이 가졌던 28m와 29m의 최대 크기의 황파 외에도 2001년 3월, 남대서양의 남극에 가까운 해역에서 1990년에 건조된 극지(極地)탐험 크루즈 선, "브레멘"호(M.S Bremen)도 파고 30m의 격렬한 황파 속을 항해한 기록을 가지고 있다.

극지탐험 크루즈 선 "브레멘호"는 총톤수 6,750톤급으로 115명의 승객정원을 가지고 있는 전장 111.5m, 선폭 17m의 소형 크루즈 선이다. 당시, "브레멘"호는 갑작스럽게

28m 파고의 거대한 파도 속을 항해하고 있는 "퀸 메리"호를 묘사한 그림
("퀸 메리"호를 뒤에서 본 모습으로 산더미 같은 파도 속에서 네 개의 추진 프로펠러가 물 밖으로 들어난 상태이다)
(그림출처: marineoilpaintings.blogspot.kr)

만나게 된 30m의 거대한 황파 속을 헤치고 나오는 과정에서 프로펠러가 고장이 나서 추진동력을 상실한 상태에서 2시간이나 표류하다가 조난신호를 받고 급파된 구난선(救難船)에 의하여 간신히 안전한 해상으로 예인될 수 있었으며 그 당시 파도의 충격으로 인해 조타실의 정면 창문들과 상부갑판 라운지의 픽쳐윈도(Picture Window, 큰 규격의 창문)들이 파도에 맞아 날아가고 선수와 선미의 의장설비들이 크게 파손되는 심각한 상태에 들어갔었다고 한다.

참 고

황파(荒波)란, 영어로 Rouge wave(로우그 웨이브, 광폭한 파도) 또는 Freak wave(프릭크 웨이브, 기형적인 파도)라고 부르며 Raging wave(레이징 웨이브, 격렬한 파도) 또는 Monster wave(몬스터 웨이브, 괴물 파도)라고도 부른다. 불규칙하게 나타나는 대양의 거대한 황파는 예측할 수가 없으며 대체적으로 10m 이상의 파고를 가진다.

황파 속을 항해하는 "퀸 엘리지베스-2"호의 모습

거대한 파도 속에서 선수가 완전히 물속으로 들어가고 선미가 공중으로 높이 뜬 순간의 "퀸 엘리자베스-2"호의 모습. 이런 황파 속에서는 7만 톤급 대형 선박도 한 낱의 가냘픈 잎사귀와 같은 모습이 된다.

참 고

WMO(세계기상기구)는 2016년 12월, 영국과 아이슬란드 사이의 북대서양에서 역대 최대의 파고인 19m의 파도를 관측하였다고 발표했다. 이 거대 파도는 시속 80Km의 세찬 바람을 동반한 것이었다. 이전의 역대 최고의 파도는 역시 같은 해상에서 2007년에 관측된 18.3m의 파고였다.

그러면 WMO가 관측한 역대 최대의 19m의 파고와 위에서 말한 "퀸 엘리자베스-2"호의 높이 29m 파고 및 2001년에 "브레멘"호가 만난 30m의 파고는 어떻게 다른가? WMO의 기록은 10~15차례의 파도높이를 평균한 값이고 "퀸 엘리자베스-2"호와 "브레멘"호가 만났던 29m와 30m의 파고는 한 번의 파도를 측정한 것으로 서로 측정기준이 다르다.

총톤수 6,750톤 급의 극지(極地) 탐험 크루즈 선, "브레멘"호의 외형

5.6 세계최대의 여객선

2016년 현재 세계에서 가장 큰 여객선은 2016년 5월 29일, 첫 항해에 오른 총톤수 226,963톤, 전장 362.12m, 최대선폭 47.12m인 거대형(巨大型) 크루즈 선인 "하모니 오브 더 씨즈"호(M.S Harmony of the Seas) 이다. 이 배보다 앞서 취항한 두 척의 동형자매선(同型姊妹船), "오아시스 오브 더 씨즈"호(M.S Oasis of the Seas)와 "아루얼 오브 더 씨즈"호(M.S Allure of the Seas, 바다의 유혹이란 뜻임)보다 총톤수가 1,681톤이 더 크다. 세계 최대의 항공모함인 미국 해군의 "니밋츠"호(USS Nimitz)도 이 배와 나란히 정박한다면 결코 크게 보이지 않을 만큼 거대한 규모의 선박이다.

2009년과 2014년에 취항한 두 척의 동형자매선들은 핀란드의 투르쿠 조선소(Turku shipyard, STX 핀란드 조선소)에서 건조가 되었으나 이 배는 프랑스의 생나제르(Saint Nazaire)에 있는 STX 프랑스 조선소(아트랑티크 조선소)에서 건조되어졌다.

앞서 취항한 두 동형자매선에 비해 상부구조물에서 약간의 개조가 있었고 이에 따라 약 590㎥(입방미터) 정도가 더 커져 결국 동형자매선들보다 총톤수가 1,681톤이나 더 큰, 세계에서 가장 큰 여객선이 되었다.

참고

핀란드의 투르쿠 조선소는 독일의 메이어벨프트(Meyer Werft) 조선소가 인수하여 현재, 메이어 투르크(Meyer Turku) 조선소로 불린다. 또 STX 프랑스 조선소도 2017년 5월에 이탈리아의 핀칸티에리(Fincantieri) 조선소가 인수하게 되어 이제는 더 이상 우리나라 STX 조선소의 가족회사가 아니다.

핀란드의 투르크 조선소의 안벽을 떠나 발트해로 나가는 "하모니 오브더 씨즈"호의 선미 모습

(370명 정원의 텐더보트가 18척이나 탑재되어 있어 2,400명을 태울 수 있는 팽창식 구명뗏목을 제외하고도 텐더보트로만 6,600여 명을 태울 수 있다. 연돌은 세계최초로 높이 가변식으로 되어 있어 큰 다리 아래를 통과할 때에는 연돌을 아래로 내려서 연돌의 높이를 낮출 수 있다) (사진출처: RCI 사의 소개책자)

이 배의 가장 아래에 있는 갑판인 탱크갑판(Tank deck) 바로 위의 1층 갑판과 2층 갑판이 선원들의 거주갑판이고 3층 갑판에서 18층 갑판까지 15개 층의 갑판이 승객갑판이다.

2,747실의 객실(客室)과 1,000개의 선실(船室)에는 5,494명의 승객과 약 2,300명의 선원들이 함께 승선하며 특히, 객실들 중에 64.4%인 1,768실의 객실들이 객실전용 베란다를 가지고 있는 스위트 급의 객실들이다.

참고

"하모니 오브더 씨즈"호와 그 자매선에는 승객들이 싫어한다는 이유로 13층의 갑판을 두지 않고 12층의 갑판에서 곧장 14층의 갑판이 된다. 그러므로 3층의 갑판에서부터 18층의 갑판까지는 숫자상으로는 16층이지만 13층이 없으므로 실제로는 15층의 갑판이 된다. 그래서 이런 사실을 모르는 일부 자료나 책자들은 이 배의 승객구역을 16층의 갑판으로 잘못 표기하고 있다.

승객전용갑판 중에서 가장 아래갑판인 3층 갑판에 이 배가 자랑하는 1,470석의 거대한 쇼 공연장인 로얄시어터(Royal Theatre)와 아이스링크(Ice link) 및 국제 회의장과 역시 내부가 3층으로 되어있는 2,200석의 만찬식당(Main dining room) 등이 있으며 특히, 로얄시어터와 만찬식당은 내부가 3층으로 되어 있다.

5층 갑판까지 각종 유흥설비와 휴게설비들이 설치된 공실갑판(公室甲板)이며 6층 갑판에서부터 8층 갑판까지 3개 층의 갑판이 객실과 공실이 각각 절반씩 차지하고 있는 객실 및 공실 혼용갑판으로 되어 있다. 9층 갑판에서 14층의 갑판까지(승객들이 싫어한다 하여서 13층의 갑판은 없음) 5개 층의 갑판이 객실들만 있는 객실갑판이다. 또, 그 위의 15층 갑판에서 18층의 갑판까지 4개 층의 갑판은 객실이 없이 각종 공실들만이 위치하고 있는 완전한 공실갑판이다.

따라서 승객갑판의 전체면적에서 약 45%가 객실면적, 나머지 55%가 공실면적으로 되어 있어 그만큼 놀 거리, 볼거리가 많다는 뜻이 된다. 다시 말해서 이 배는 승객들이 승선 후에 놀기에 빠져서 잠자러 갈 시간도 잊어버리도록 하는 데 초점을 맞추어 설계가 되어졌다. 24시간 개방되고 별도로 식사비가 청구되지 않는 각종 먹거리 식당들이 즐비한 이 배의 갑판 위에서 즐기고 먹고 또 즐기다 보면 어느덧 밤이 낮처럼 되고 낮이 잠자는 시간이 되는, 뒤바뀐 생활패턴에 빠져들게 된다.

극장 안의 3층 좌석에서 무대를 향해서 찍은 1,470석의 로얄시어터 쇼 공연장의 모습
(이 배 정도의 선체크기가 아니면 배 안에 이런 규모의 큰 공간을 만든다는 것은 거의 불가능 하다)
(사진출처: RCI의 소개책자)

24대의 15인승 엘리베이터와 네 곳에 설치된 그랜드 계단(Grand stairway, 광폭 실내계단)으로 각 층의 갑판이 서로 연결되고 총 4,900석의 좌석이 갖추어진 2,200석의 만찬식당을 비롯하여 8개소의 예약식 레스토랑과 11개소의 각종 간이음식점, 무려 2,150톤의 청수가 들어가는 네 곳의 수영장을 비롯하여 21개의 소용돌이 풀장과 온천탕, 선상 놀이설비로는 세계에서 가장 높은 10층의 높이 즉, 30.48m의 높이로 약 450m를 내려오는 워터스라이딩(Water sliding, 물 미끄럼틀), 2기의 서핑(Surfing) 놀이설비, 다른 크루즈 선에서는 결코 볼 수 없는 아쿠아시어터(Aqua theater, 수중 쇼 공연장), 약 4,000m²(약 1,210평) 면적의 광대한 선상 쇼핑몰, 2,000m²(약 600평) 넓이의 선상 수목(樹木)공원 등을 갖춘 이 크루즈 선의 갑판 위에서 모든 볼거리와 놀 거리들을 모두 거치기에는 일주일간의 승선으로는 벅찰 정도이다.

13억 5,000만 달러(약 1조 5,500억 원)의 건조비가 소요된 이 배는 앞서 취항한 두 척의 동형자매선들보다도 연료비가 약 20% 정도 더 절감되는 최첨단의 코드락(CODLAG, Combined Diesel Electric And Gas turbine의 약자, 본 책의 1.3 추진장치의 종류를 참조) 추진장치를 가졌으며 배 위의 대부분의 조명등은 LED 조명장치로 대체되어 있다. 또, 4기의 바우 스러스터(Bow Thruster, 선수에 있는 조향 프로펠러)

"하모니 오브더 씨즈"호의 15층의 리도갑판(Lido deck)에서 8층의 갑판에 있는 센트럴파크를 내려다 본 모습(상)과 선미 끝단에 위치한 아쿠어시어터(수중 쇼 공연장)를 야간의 조명상태에서 본 모습(하)

(사진출처: RCI의 소개책자)

와 3기의 아저머드 프로펠러(Azimuth propeller, 전동식의 360° 회전 추진 프로펠러)로 어느 여객선도 따라올 수 없는 뛰어난 조향성능을 갖추고 있다.

따라서 이 배는 향후 이 배보다 더 큰, 또 다른 거대형(巨大型) 크루즈 선이 출현할 때까지 세계최대의 여객선의 타이틀을 계속 유지할 것이다

참 고

일반적으로 크루즈 선에서는 총톤수 3~6만 톤급은 중형(中型), 7만 톤급 이상은 대형(大型), 10만 톤급 이상은 초대형(超大型), 20만 톤급 이상은 거대형(巨大型), 30만 톤급 이상은 초거대형 크루즈 선이라 부른다.

5.7 세계최대의 범선(帆船)형 여객선

범선형의 선박에는 추진장치의 종류에 따라 온전히 돛의 힘으로 항해를 하거나 엔진을 가지고 있으나 주로 돛의 힘으로 항해를 하고 엔진은 보조 추진장치로 사용하는 완전 범선(Fully Sail Vessel)과 돛을 가지고 있으나 선체 크기에 비해 돛의 면적이 작아서 주로 엔진의 동력으로 항해를 하고 돛은 항해의 보조수단으로 사용하는 반(半) 범선 또는 준(準) 범선(semi Sail Vessel), 두 종류가 있다.

따라서 범선형의 여객선에도 완전 범선형 여객선과 반(半) 범선형 여객선이 있다.

1) 세계 최대의 완전 범선형 여객선

오늘날 현재, 세계에서 가장 큰 완전 범선형 여객선은 2000년, 네덜란드의 메르베데(Merwede) 조선소에서 건조된 풀리그(Full-Rigged) 형 범선으로 4성급의 호화 크루즈 선인 "로얄클리퍼"호(S.Y Royal clipper) 이다.

"로얄클리퍼"호는 총톤수 5,040톤, 전장 134.8 m, 선폭 16.46m의 특대형의 범선으로 다섯 개의 마스트에 42개의 돛을 올려 최대 18노트(시속 33km)의 속도로 항해를 할 수 있다. 1902년에 건조되어 1910년에 좌초되어 침몰한 독일(당시는 프러시아 제국이었음)의 풀리그 형 범선인 "프로이젠"호(Preussen, 총톤수 5,081톤)를 기초로 하여 폴란드의 범선전문 조선기술자인 "지그문트 코렌(Zigmunt Choren)"이 설계함으로써 "프로이젠"호와 거의 같은 크기의 선체를 가지고 있으며 선체길이에서만 "프로이젠"호보다 약간 짧을 뿐이다.

참고

풀리그(Full Rigged)형의 범선은 3개 또는 그 이상의 돛대를 가지며 각 돛대에는 사각의 돛을 다는 범선으로 쾌속이며 큰 선체를 가진다.

외형만 범선의 모양으로 갖춘 것이 아니라 완전 범선으로서 총톤수가 5,000톤이 넘는다면 실로 엄청난 크기임에 틀림없다. 따라서 "프로이젠"호가 침몰된 이후, 90년 만에 같은 크기, 같은 형상으로 건조된 "로얄클리퍼"호 역시 대단하다 하겠다. 지중해풍의 인테리어로 만들어진 "로얄클리퍼"호의 승객구역은 4층의 승객갑판으로 되어 있다. 즉, 112실의 객실과 각종 위락설비가 갖추어진 메인덱크(Main deck)와 클리퍼덱크(Clipper deck) 및 코모도어덱크(Commodore Deck)와 최상층 갑판으로 일광욕의 갑판으로 폭로갑판(暴露甲板, 지붕과 벽이 없는 개방된 갑판)인 썬덱크(Sun deck)가 있다.

네 개의 바(Bar), 세 개의 수영장, 한 개의 체육실, 면세품 상점, 도서관, 스파(Spa) 등을 갖추고 있으며, 다른 대형 크루즈 선들과 비교한 이 배의 결점은 다른 크루즈 선들과 달리 카지노, 디스코텍, 나이트클럽 등의 성인위주 유흥설비가 없는 것과 항해상의 안전을 고려하여 어린이를 동반하고 승선할 수 없는 것이다.

선미에는 카누나 요트 등의 물놀이를 위한 플랫폼(Platform)이 설치되어 있으며 선체는 목선이 아니고 강선(鋼船)이다. 5개의 마스트에 42개의 돛이 설치되며 돛의 면적은 약 5,200㎡이고 마스트의 높이는 60m로 바람이 좋은 날에는 돛을 이용하여 16노트(시속 29.6km) 이상의 쾌속을 낼 수 있다.

또 하부갑판의 기관실에는 3,500kw 용량의 발전기 두 대가 탑재되어 선내의 모든 소요전력을 공급하며 무풍(無風)의 기상에서는 설치되어 있는 전동 모터로 추진 프로펠러를 돌려 최대 13노트(시속 24km)의 속도로 항해를 한다.

그러나 이 "로얄클리퍼"호도 2018년 봄에는 세계최대 크기의 범선형 크루즈 선의 자리를 크로아티아의 스프릿(Split)에 있는 100년 역사의 브로도스피릿(Brodosplit) 조선소에서 2017년 6월에 진수가 되었고 2018년 3월에 취항할 예정인 "플라잉클리퍼"호(S.V Flying Clipper)에게 물려주어야 한다.

역대 최대 범선 중의 한 척으로 인정받는 "프로이젠"호의 측면도(상)와 완전 범선형 크루즈 선, "로얄클리퍼"호의 항해모습(하)

("프로이젠"호는 약 6,359㎡의 돛 면적과 5개의 마스트, 35개의 돛을 가지고 있었으며 돛의 힘으로 20놋트(시속 37Km)의 놀라운 속도를 낼 수 있었다고 한다. "로얄크리퍼"호는 돛의 힘으로 최대 18놋트 이상의 속도를 낼 수 있으며 바람이 없는 날에는 디젤엔진으로 항해를 한다) (사진출처: Wikimedia Commons)

1913년에 취항하여 당시 세계최대의 완전 범선형 화객선으로 이름을 날리다가 1922년, 뉴 칼레도니아(New Caledonia)의 북서쪽 해안의 암초에 좌초되어 사라져간 총톤수 5,633톤의 "프랑스-2"호(S.V France-II)를 기반으로 설계된 이 새로운 범선형 크루즈선인 "플라잉클리퍼"호는 전장 162.2m, 선폭 18.2m로 총톤수가 무려 8,770톤이나 되어 "로얄클리퍼"호보다 30m나 더 길고 70%나 더 커진 거대한 선체를 자랑한다. 반(半) 범선도 아닌 완전 범선으로 총톤수가 8,700톤이 넘으며 배 길이가 162m를 넘는다면 실로 놀라지 않을 수 없다.

20개의 큰 사각형 돛과 15개의 삼각돛으로 6,347㎡의 돛면적을 가지는 이 배는 바람의 상태만 좋으면 최대 20노트(시속 37km)의 경이적인 속도를 가지며 보통 16노트(시속 29.6km)의 속도로 항해를 한다. 또, 탑재하고 있는 디젤엔진은 보조 추진장치로 무풍(無風)해상에서 추진 프로펠러의 구동으로 12노트(시속 22.2km)의 속도로 항해할 수 있다.

5층의 갑판에 150개의 객실을 두고 300명의 승객을 태우고 74개의 선실에 150명의 선원들이 함께 승선하는 5성급의 이 완전 범선형의 호화 크루즈 선의 크기를 능가하는 완전 범선은 당분간 나타나지 않을 것으로 생각된다.

승객의 관점에서 본 이 배의 결점이라면 쇼 공연장과 디스코텍, 나이트클럽 등과 같은 요란한 유흥설비가 없다는 것과 객실의 크기가 일반적인 크루즈 선에 비하여 조금 작다는 것 및 항해상의 안전성을 고려하여 어린이를 동반하고 승선할 수 없다는 것이다. 그러나 엔진을 사용하는 프로펠러 추진식의 크루즈 선에 비하여 기관실의 소음이나 진동이 별로 없어서 매우 조용하고 쾌적한 항해를 가질 수 있으며 일반 크루즈 선에서 얻을 수 없는, 돛으로 항해하는 진정한 항해의 맛을 얻을 수 있다는 장점도 있다.

또한 일반 대형 크루즈 선에 비하여 롤링(Rolling, 배의 좌, 우 흔들림)과 피칭(Pitching, 배의 선수와 선미의 상하방향 움직임)이 심하여 뱃멀미에 약한 사람들은 항해에서 고생할 수 있음을 미리 알아 둘 필요가 있다.

2) 세계최대의 반(半) 범선형(준범선형) 여객선

오늘날 반 범선형의 여객선으로 가장 큰 배로는 총톤수 14,983톤의 크루즈 선인 "클럽 메드-2"호(MSY Club Med 2)가 있다. 전장 194m, 선폭 20m에 선체내부는 8층의 갑판으로 되어 있어 "로얄클리퍼"호보다 선체는 거의 3배나 더 크고 "플라잉클리퍼"호보다도 2배 정도나 더 크다. 그러나 돛의 면적은 반대로 "플라잉클리퍼"호나 "로얄크리퍼"호보다 월등히 작은 2,400㎡에 지나지 않아 주로 엔진의 동력으로 항해를 하고 저속으로 항

2018년 봄에 취항할 세계최대의 완전 범선형 크루즈 선, "플라잉클리퍼"호(SV Flying Clipper)
(20개 사각돛과 15개의 삼각돛으로 최대 20놋트의 놀라운 속도를 가지는 이 완전범선은 선체길이가 162.2m나 되어 범선으로서는 실로 엄청난 크기를 자랑하며 다른 범선들이 가지지 못했던 설비들은 새롭게 소개하고 있다)
(사진출처: "플라잉 클리퍼"호의 소개자료)

해를 할 때는 돛으로 항해하는 반(半) 범선이 된다.

1996년에 프랑스의 르아브르(Le Harve)에 있는 스나시(SNACH) 조선소에서 건조되었는데 193개의 객실에 386명의 승객을 정원으로 하고 승객수의 55%에 해당하는 214명의 선원들이 승선하는 4성급의 고급 크루즈 선이다.

"클럽메드-2"호는 5개의 마스트에 컴퓨터로 조종되는 자동조종 돛을 7개 가지고 있다. 돛의 힘만으로는 최대 6노트의 속도로 항해할 수 있다. 한편 4대의 디젤 발전기를 탑재하여 2대의 프로펠러(추진 프로펠러) 구동 모터를 돌린다. 이 프로펠러를 구동할 경우 최대 15노트의 속도로 항해가 가능하다.

최첨단의 각종 항해장치와 핀 스테비라이져(Fin stabilizer, 날개식의 롤링감소장치)까지 갖추고 있다. 선체는 8층 갑판으로 되어 있어 2개 층의 갑판이 선원구역이고 5개 층의 갑판이 승객구역이며 최상부 1개 층의 갑판이 조타실 및 항해구역으로 되어 있다. 54명의 선원을 태우고 12개의 최고급 스위트 객실, 실외수영장, 영화관, 50석의 호화로운 만찬식당, 40석의 라운지(Lounge), 2개의 카페(Cafe)와 칵테일 바(Bar) 등이 있으며

다섯 개의 마스트와 두 대의 디젤엔진을 가진 반(半) 범선형의 크루즈 선, "클럽메드 2"호의 외형과 스위트 객실의 내부 모습

(객실은 40㎡의 넓이로 킹사이즈 침대와 미니 빠(Bar) 및 고급스런 객실전용 욕실이 딸려 있다)

(사진출처: RCI의 소개책자)

수영장은 물론, 심해관광용 12인승 잠수정까지 갖추고 있다. 바람이 좋은 날의 저속항해에서는 돛을 사용하고 그 외에는 디젤엔진으로 항해를 한다.

앞으로 돛을 가진 크루즈 선으로 "클럽메드-2"호보다 더 큰 크루즈 선이 건조될 가능성은 없어 보인다. 왜냐하면, 돛으로 항해하는 크루즈 선은 바람을 가르며 조용하게 항해를 하는 낭만과 색다른 운치가 있지만, 엔진을 동력으로 하는 크루즈 선에 비하여 운용효과에 있어 제한을 많이 받는 단점을 가지기 때문이다.

참 고

완전 범선의 경우, 마스트(돛대)의 개수와 설치하고 있는 돛의 형상과 그 돛의 설치 위치 즉, 삼각돛을 사용하느냐 아니면 사각돛을 주로 사용하느냐 그리고 그 돛을 어느 돛대에 설치하느냐에 따라 범선의 종류가 결정된다. 완전 범선에는 대략 20여 종류가 있지만 지금까지 많이 건조되고 잘 알려진 범선의 종류로는 스쿠너(Schooner), 브리그(Brig), 커터(Cutter), 바아크(Barque 또는 Bark), 브리건틴(Brigantine), 바퀘틴(Barquentine 또는 Barkentine), 풀-리그(Full-rigged ship), 케취(Ketch), 커터(Cutter) 등이 있으며 그 외형은 다음과 같다.

범선의 종류와 형상

The Passenger ships of the World left a significant trace

6

북대서양 항로주파 블루리밴드의 여객선

6.1 최초로 북대서양 횡단항로, 5일의 벽을 돌파한 "루시타니아"호

영국 큐나드(Cunard) 해운의 총톤수 31,550톤급의 북대서양 항로 정기여객선 "루시타니아"호(RMS Lusitania)는 남부 아일랜드의 퀸즈타운(Queenstown) 항구에서 미국의 샌디훅(Sandy Hook)까지의 2,780해리(5,150km)의 항로를 4일 19시간 52분만에 돌파하여 최초로 북대서양 횡단항로 5일 항해의 벽을 무너뜨리고 북대서양 횡단항로의 속도기록돌파 선박에 수여하는 블루리밴드(Blue Riband)의 트로피를 받았다. 이것은 1903년 독일의 북대서양 항로 정기여객선 "도이취란트"호(S.S Deutschland)가 세운 종전의 기록 5일 11시간 54분보다 무려 16시간이나 단축된 기록으로 1907년 10월 6일부터 10월 10일까지 5일간에 수립된 것이었다.

총톤수 31,550톤급으로 취항 당시 세계 최대의 여객선이 된 이 배는 이 배 이전의 세계 최대를 자랑한 독일의 "도이취란트"호보다 무려 14,800톤이나 더 큰 것이었다.

239.9m의 전장(全長)과 26.5m의 선폭을 가졌던 "루시타니아"호는 68,000마력의 파아선스(Parsons) 증기터빈을 탑재하고 최대 28노트(시속 51.9km)의 속도를 낼 수 있었으니 당시의 조선기술로는 실로 대단한 것이었다. 이 배가 존 브라운(John Brown)에서 건조된 것에 반하여 스완헌터(Swan Hunter) 조선소에서 같은 설계도로 건조되어 이 배보다 꼭 2달 뒤에 취항한 이 배의 동형자매선 "모리타니아"호(RMS Mauretania)와는

참고

1) 블루리밴드 트로피는 북대서양 횡단항로를 가장 빠른 속도로 주파한 여객선에 주는 상(償)으로 이 기록을 수립한 배에게는 푸른 색의 긴 띠를 날리게 하여 브루리밴드라고 부르게 되었다.
2) 위에서 언급한 퀸즈타운은 뉴질랜드의 퀸즈타운이 아니고 남부 아일랜드에 있는 콥(Cobh) 항구의 옛날 지명이다. 또 미국의 샌디훅은 코네티컷 주의 작은 항구도시로 미국의 대서양 연안에서 가장 오래된 항구 중의 하나이다.

1907년, 취항 당시 세계 최대의 여객선이었던 큐나드 해운의 "루시타시아"호의 첫 출항 때의 모습
(당시의 대서양 항로 대형 여객선들은 대개가 4개의 큰 연돌로 배의 거대함과 웅장함을 과시하였다. 이렇게 4개의 연돌을 가진 여객선의 시대는 1920년대에 와서는 3개의 연돌을 가진 여객선의 시대로 대체된다)

참고

여기에서 말하는 "모리타니아"는 오늘날, 아프리카 북서부에 위치한 모리타니아(Mauritania) 공화국이 아니고 고대 아프리카 북부에 위치했던 왕국의 라틴어 나라이름이다.

대서양 횡단 속도기록경쟁에서 블루리밴드를 서로 주거니 받거니 하여 당시 세계에서 가장 빠르고 가장 크고 가장 호화로운 두 척의 여객선으로 명성을 날렸다.

동절기의 북대서양이 거친 바다로 악명을 날리기는 예나 지금이나 마찬가지이다. 특히, 당시의 대양 여객선들은 비교적 선체도 작았고 또한 항해속도도 느려서 북대서양 횡단항로에 초기 증기선이 운항하기 시작한 1840년대에는 15일, 1860년대에는 9일, 비교적 증기기관의 힘이 좋아진 1870년대에는 7일, 1880년대에는 6일이 소요되었다. 또한, 당시의 대양 여객선들은 배의 롤링을 감소시켜주는 지금의 핀 스태빌라이저나 안티롤링탱크와 같은 장치도 없었으므로 좁아터지고 매캐한 석탄연기냄새가 나는 객실 안에서 파도에 흔들리는 대로 몸을 맡겨야 했던 당시의 북대서양 횡단항로 승객들에게는 항해가 얼마나 고달픈 것이었는지는 상상이 되고도 남겠다. 이런 상황에서 당시의 사람들이 보다 더 빨라지고 보다 더 커진 새로운 여객선의 취항에 환호한 것은 당연한 이치였을 것이다.

6층 갑판의 승객구역에 1등 승객 552명을 포함하여 2,200명의 승객정원을 가졌던 "루시타니아"호는 당시 영국 최고의 엔지니어들이 설계한 매우 아름다운 인테리어를 가지고 있었다. 특히 1등 승객구역의 그랜드 실내계단과 로비 및 내부가 2층 구조로 된 1등 승객

"루시타니아"호의 1등 승객 만찬식당 입구의 아름다운 그랜드 실내계단과 로비(Lobby)의 모습
(그랜드 실내계단의 폭은 4m, 돔(Dome) 천장의 계단로비 면적은 약 350㎡(106평)로 아주 호화롭게 장식되어 있었다)

다이닝싸롱(Dining Salon, 만찬식당) 등은 최고의 작품으로 꼽힌다.

1915년 5월 7일, 남부 아일랜드의 올드헤드 킨세일 등대 앞 해상에서 독일의 유-보트 잠수함에 의해 침몰될 때까지 "루시타니아"호는 1907년부터 8년간 최고의 인기를 날렸던 그 당시 가장 빠른 호화여객선이었다.

6.2 최초로 북대서양 횡단항로, 4일의 벽을 돌파한 "퀸 메리"호

북대서양 항로주파의 소요시간에서 처음으로 4일의 벽을 돌파한 여객선은 영국 큐나드 해운의 "퀸 메리"호(RMS Queen Mary) 이다.

"퀸 메리"호는 1936년 5월 30일, 첫 항해에 들어간 이후 3개월 동안의 항해기간에서 조심스레 대서양 횡단 4일 벽 돌파를 위한 사전준비와 엔진상태조정을 마치고 드디어 1936년 8월 30일, 뉴욕항을 출발하여 영국의 비숍 등대까지 대서양 횡단 2,939해리(3,443km)의 항해거리를 3일 23시간 57분의 시간으로 4일의 벽을 돌파한다. 이것은 실로 해양의 역사에서 기념비적인 사건이었다. 이때 "퀸 메리"호는 "에드거 브리튼(Edgar T. Britten)" 선장의 지휘 하에 있었고 그는 큐나드 해운의 준비된 선장이었다(나중에 그는 작위를 받아 에드거 경이 된다).

이날 "퀸 메리"호는 메인마스트(Main mast, 주 마스트)에 블루리밴드의 획득을 상징하는 푸른 띠(블루 리밴드)를 길게 휘날리고 스팀휘쓸(Steam Whistle, 증기로 작동되는 뱃고동 소리)을 길게 울리면서 영국의 사우샘프톤(Southampton) 항구로 들어와 부두에 모여든 관중들로부터 열렬한 환영을 받았다.

참고

기네스북에 세계에서 가장 작은 섬으로 등재된 Bishop Rock 즉, 비숍 바위섬은 영국의 실리(Scilly) 군도에서 서쪽으로 6km 떨어진 해상에 있으며 이 섬의 등대는 1858년에 세워졌다. 또 앰브로즈 등대(Ambrose Light)는 앰브로즈 타워(Ambrose Tower)라고도 부르며 뉴욕만(灣)의 끝단에 위치해 있다.

영국 큐나드 해운의 위대한 여객선 "퀸 메리"호(RMS Queen Mary)의 항해모습
(3개의 높고 웅장한 연돌, 2개의 높은 마스트, 아름다운 곡선의 전면벽을 거대한 규모의 슈퍼스트락춰로 대변되는 이 여객선의 외형은 1933년에 설계가 되었지만 1940년대의 대형 여객선의 외형을 미리 소개하고 있었다)

사실 북대서양 항로주파의 4일 벽의 돌파는 1920년대 말부터 기다려온 오랜 숙원이었던 것이다. 즉, 거친 해상조건으로 소문이 난 북대서양 항로의 거센 파도 속에서 상부갑판의 쾌락하고 호화로운 거주구역에서 지내는 1등 승객들에게는 별문제가 없었지만 5일에서 7일간의 긴 시간 동안 좁고 냄새나는 선실이 아니면 연돌로부터 매연과 검댕이가 떨어져 내리는 선미의 폭로갑판(暴露甲板) 위에서 배 멀미와 함께 싸워야 하는 가난한 3등 승객들에게는 이 항해의 시간이 말할 수 없이 지루하고 고달픈 시간으로 한시라도 빨리 목적지에 도착하여 배에서 내리는 것이 가장 큰 바램이었다. 그래서 자연이 북대서양 항로에서는 누가 더 빨리 달릴 수 있는 여객선인가를 놓고 서로 치열한 경쟁을 하게 된 것이다.

한편, "퀸 메리"호의 이야기가 나오면 항상 거론되어져야 하는 여객선이 있으니 그것이 바로 프랑스의 "노르망디"호 이다. 서로 경쟁의 관계에서 영국과 자존심의 대결을 펼쳤던 프랑스는 선체설계에 있어 영국이 물을 가르며 달리는 형상의 후퇴각선수(後退角船首, Raked Bow)를 고집하는 것을 알고 자기들은 러시아에서 망명한 조선공학자 블라디미르 유르케비치(Vladimir Yurkevich) 박사에게 "노르망디"호의 선체설계를 맡겨 1929년과 1930년에 취항한 독일의 "브레멘"호와 "오이로파"호가 채택하였던 초기형의 구상선수보다도 더 진일보한 형상의 구상선수를 가지게 하였다. 그 결과 첫 항해에서 평균속도 30노트(시속 56km)의 놀라운 속도로 대서양항로를 횡단하여 블루리밴드(Blue Riband)를 획득하게 된다. 또 선미에서 발생하는 고질적인 진동문제를 잡아내기 위하여 알스톰(Alstom)사가 제작한, 당시 최신형의 터보 전기식(電氣式) 추진장치를 채택하고 새로 설계된 프로펠러로 교체함으로써 역사적으로 볼 때 "노르망디"호가 가장 호화로운 여객선이며 가장 아름다운 여객선으로 불린 것과 더불어 가장 독창적이고 가장 혁신적인 추진장치를 갖춘 여객선이란 명예도 함께 가지게 되었다.

즉, 추진장치에 있어서 당시의 다른 대형 여객선들이 보편적으로 탑재를 하던 증기터빈 또는 기계식 추진장치를 배제하고 별로 알려지지 않았던 전기식 추진장치를 탑재하게 된다. "노르망디"호보다 1년 뒤에 취항하여 라이벌 관계에 있게 되는 영국 큐나드(Cunard) 해운의 "퀸 메리"호가 재래식의 선형에 일반적인 증기터빈 추진장치를 가진 것에 비하여 "노르망디"호는 당시 처음으로 소개된 구상선수의 선형과 최신의 추진장치인 전기식 추진장치를 갖춤으로써 가장 독창적이며 가장 최신의 여객선으로 등극하게 된다.

6.3 최초로 북대서양 횡단항로, 3일의 벽을 돌파한 "캣-링크 5"호

1936년 5월에 취항한 "퀸 메리"호가 1936년에 수립한 북대서양 항로주파 4일의 벽 돌파는 14년간이나 "퀸 메리"호에 의해 유지되어 오다가 1952년 7월, 미국의 최고 걸작 대서양 정기여객선인 "유나이티드 스테이츠"호(S.S United States)가 "퀸 메리"호의 기록을 13시간이나 단축시킨 3일 10시간 40분 만에 이 항로를 주파하면서 "퀸 메리"호의 기록을 깨끗하게 갱신해 버린다. 이때 "유나이티드 스테이츠"호에 의하여 수립된 이 위대한 기록은 이후, 무려 46년이나 깨어지지 않게 된다. 그러나 이 경이적인 기록도 3일의 벽을 넘기에는 아직도 10시간 40분이 초과한 것이었다.

1998년 6월, 호주의 인캣 타스마니아(Incat Tasmania) 조선소에서 건조된 총톤수 5,900톤급의 웨이브피어싱 카타마란(Wave Piercing Catamaran) 선형의 페리, "카타로니아"호(HSC Catalonia)가 뉴욕을 출발하여 스페인의 트리파(Trifa) 항구까지 5,029km의 북대서양 횡단항로를 3일의 벽 돌파에서 불과 9시간이 모자라는 3일 9시간

참고

웨이브피어싱 카타마란은 파도를 가르며 달리게 만든 날카로운 형상의 선체 두 개로 이루어진 쌍동선(雙童船; 두 개의 선체로 이루어진 선박)의 선박 이다.

현재는 P&O 해운의 "익스프레스"호(HSC Express)로 선명이 바뀐 "카타로니아"호의 항주 모습

(사진출처: The ferry site)

40분의 시간으로 주파하여 기염을 토한다. 이때 "카타로니아"호는 승객을 일체 태우지 않고 배의 선원들과 기록점검요원 및 선급 요원들만 태우고 있었다.

이어서 인캣 타스마니아 조선소에서 위의 "카타로니아"호를 다시 개선한 총톤수 5,620톤의 또 다른 웨이브피어싱 카타마란 페리인 "캣-링크 5"호가 3일 벽의 돌파 가능성을 자신하고 북대서양 횡단항로 신기록에 다시 도전하기로 한다. 이 고속 페리는 전장 91.3m, 선폭 26m에 4기의 중속 디젤엔진으로 28,800kw(38,600마력)를 출력하여 4기의 워터젯트(Water jet)를 구동하여 최대 48노트(시속 88.9km)의 속도를 낼 수 있었다.

"카타로니아"호보다 꼭 6주 후인 1998년 7월 18일, 역시 뉴욕항을 출발한 "캣 링크 5"호는 2일 20시간(68시간) 9분 만에 아일랜드의 비숍 등대섬(Bishop Rock)을 통과하면서 북대서양 횡단항로에서 대망의 3일 장벽을 돌파하는 신기록을 수립하게 된다. 이때

참 고

워터젯트 추진방식은 프로펠러 추진장치와 달리 해수를 고압으로 선미로 분출하여 달리는 것이다. 대형 선박의 경우, 프로펠러 추진장치로 40놋트 이상의 속도를 얻기는 무척 어렵고 그 이상의 속도는 워터젯트로 해야 한다.

"캣-링크 5"호가 피욜드 해운의 "피욜드캣"호(HSC Fjord Cat)로 선명이 바뀐 현재의 모습

(사진출처: Fjord 해운의 소개책자)

웨이브피어싱(Wave Piercing)선형의 카타마란 고속 페리, "캣-링크 5"호를 정면에서 본 모습

(웨이브피어싱 카타마란은 사진에서 보는 것과 같이 두 개의 선체와 선체의 선수가 파도를 가르며 나아갈 수 있도록 날카로운 형상을 하고 있다)

"캣-링크 5"호 역시 "카타로니아"호와 같이 선체를 가볍게 하기 위해서 승객은 일체 태우지 않고 신기록 도전에 참여하는 신기록 점검요원과 선원 및 선주가 초대한 몇 사람의 VIP들만을 태우고 전속력으로 항주하였다. 이때 "캣-링크 5"호가 세운 기록은 평균항해속도가 41.3노트(시속 76.5km)라는 놀라운 것이었다. 사실 해상에서 68시간 이상의 긴 시간을 시속 76.5km의 속도로 논스톱으로 질주한다는 것 자체가 굉장한 사건이 아닐 수 없다.

6.4 북대서양 횡단항로, 2일의 벽을 돌파할 초고속 대형 여객선

2,800해리(5,185km)의 북대서양 횡단항로를 2일 즉, 48시간 안에 주파한다는 것은 실로 엄청나게 어려운 일이다. 다시 말해서 2,800해리를 48시간 안에 주파한다는 것은 60노트(시속 111.1km)의 경이적인 속도로 2일 동안을 줄곧 달려야 한다는 뜻이 된다. 60노트의 속도로 48시간 이상 지속적인 출력을 내는 데에는 추진엔진의 성능도 문제이지만 해상에서 모터보트도 아닌 대형선이 60노트 이상으로 항주하기 위한 선체형상의 해결도 큰 문제가 아닐 수 없다.

현재의 단동(單胴)선체(선체가 하나로 된 것)나 쌍동선체(카타마란이라고 부르며 두 개의 선체로 된 선박을 말한다) 및 프로펠러의 추진으로는 도저히 이 속도를 얻을 수 없다. 더욱이 해상이 거칠기로 유명한 북대서양 항로에서 이 속도를 유지하면서 달리기 위해서는 혁신적인 선형이 먼저 필요하게 된다.

따라서 현재 이 목적을 위해 제시되고 있는 선형으로는 3개의 선체를 가진 트라이마란 또는 5개의 선체를 가진 펜타마란 및 초세장(超細長) 쌍동선형인 SSTH(Super Slender Twin Hull의 약칭)가 있다. 이에 대한 연구가 한창 진행 중에 있어 우리는 조만간 60노트의 경이적인 속도로 북대서양을 횡단하는 최고속 페리 선을 조만간 보게 될 것이다. 마치 우주선을 연상케 하는 최첨단의 고속선이 현재 시험 중에 있다. 48시간 동안 줄곧 54노트의 속도유지는 가능하지만 60노트의 속도유지에는 아직 해결되어야 할 문제점들이 남아있다고 한다.

마치 우주선을 연상케 하는 최첨단의 트라이마란 고속선이 시험 중에 있는 모습이다
(2일 동안 줄곧 54놋트의 속도는 무난히 낼 수가 있었으나 60놋트의 속도에는 아직 해결해야 될 문제점이 남아있다고 한다)

런던과 뉴욕 간에 7시간이 소요되는 오늘날의 항공시스템에서 최소한 2시간 전에 공항에 일찍 나가야 하고 탑승 전에 거북스러운 몸수색을 받으며 좁은 기내에서 지내는 것보다 차라리 2일간의 안락한 분위기의 호화 크루즈 항해 속에서 그간 축나고 고단했던 몸도 추스르며 북미와 유럽 간을 왕래하겠다는 사람들의 생각이 서서히 현실화되고 있다. 이러한 추세에 따라 약 50여 년 전에 대형 제트 여객기에 밀려 승객이 감소되면서 사라져야만 했던 북대서양 항로의 대양 여객선이 초고속의 스피드로 재무장한 최첨단의 호화 크루즈 선으로 다시 우리 앞에 출현하려고 한다.

현재 검토되고 있는 초고속 북대서양 정기여객선의 프로젝트는 총톤수 2만 톤급의 트라이마란 선형에 피칭(Pitching, 선수, 선미의 상하 운동) 및 슬래밍(Slamming, 파도에 의해 선저에 가해지는 충격)의 감소효과가 크고 또 연료절감효과가 큰, 새로운 엑스바우(X-Bow) 선수를 가지며 약 500명의 승객을 태우는 5성급의 호화 급으로 58노트(시속 107.4 km) 이상의 순항속도를 가지는 초고속의 대양 여객선이 계획되고 있다. 사실 항공료에 2일의 호텔 숙박비만 더해주면 승선할 수 있는 이러한 호화 대양여객선이 출현한다면 사람들은 쾌적하고 호화로운 분위기에서 2일간의 항해도 짧은 시간으로 여겨질 것이다.

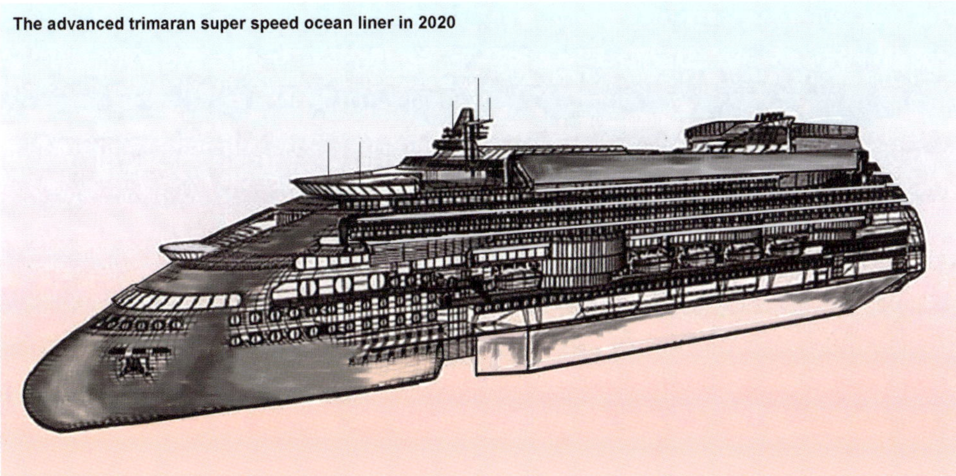

엑스바우(X-bow) 선수에 트라이마란 선형을 가지며 가스터빈 엔진과 워터젯트 추진기로 달리는 2만 톤급의 최첨단 초고속 크루즈 선의 외형 개념설계도

(승객정원 500명, 승선하는 선원의 수 250명, 평균항해속도 59~60놋트, 북대서양항로 항해소요시간 48시간 이내이다)

현재, 이것에 대한 대부분의 전문가들의 예상은 향후 10년 안에 다시 말해서, 2020년 중반에는 이러한 초고속 호화 대양여객선이 북대서양 항로를 운항하게 된다는 것이다. 여기에서 이 첨단의 초고속 대양 정기여객선이 과거의 대양여객선과 가장 다른 점은 현재의 크루즈 페리들처럼 하부갑판에 차량선적갑판을 두어 승객들의 승용차를 함께 싣고 달린다는 것이다. 이것은 도착 목적지에서 자기의 승용차를 이용하고자 하는 사람들의 의견을 반영한 것이다.

참고

"퀸 메리"호나 "퀸 엘리자베스"호와 같은 과거의 대형 대양여객선에서도 승객들의 승용차를 싣고 항해를 했었다. 그러나 그것은 오늘날의 로팩스나 크루즈 페리처럼 차량선적갑판에 선적을 한 것이 아니고 선수(船首)화물창에 선적을 하였으며 그것도 몇 대에 지나지 않았다.

워터젯트 추진기관으로 45놋트의 속도로 달리고 있는 고속 페리선의 선미에 생긴 소용돌이 파도의 모습
(이 속도에서 선미에 만들어지는 항적(航跡, 배가 달리며 남기는 파도의 자국)의 길이는 약 2km 이상이 된다)

RMS Aquitania (1914 ~ 1950)

The Passenger ships of the World left a significant trace

7

역대 최고인기의 대양(大洋) 여객선

여객선의 전문가들은 프랑스의 CGT 해운이 1927년에 건조한 “일드 프랑스”호, 1922년에 독일에서 “비스마르크”호로 건조되어 폐선 때까지 영국 화이트 스타 해운에서 운항한 “매제스틱”호, 1914년에 건조된 큐나드 해운의 “아퀴타니아”호, 1907년에 건조된 큐나드 해운의 “모리타니아”호 및 노르웨이 NAL 해운의 ”사가 피욜드”호, 이 다섯 척의 대형 여객선을 역대 대양(大洋)여객선들 중에서 가장 인기가 높았던 여객선으로 선정하는데 주저하지 않는다. 따라서 이 다섯 척의 대형 여객선을 건조한 국가들로 보면 영국이 두 척, 프랑스와 독일 및 노르웨이가 각각 한 척씩이 된다.

7.1 “일드 프랑스”호(S.S Ile de France)

프랑스의 생나제르에 있는 펜호(Penhoet) 조선소에서 1927년에 건조된 총톤수 43,153톤의 이 여객선은 1차 대전이 끝난 후에 건조된 여객선들 중에서 가장 큰 여객선, 가장 빠른 여객선 및 당시 가장 최신의 설계로 건조된 여객선이었으며 역대 여객선들 중에서 가장 호화로운 여객선 중의 한 척으로 인정받는다.

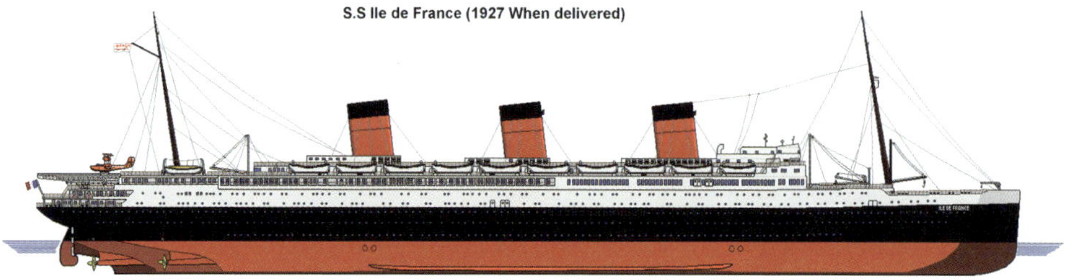

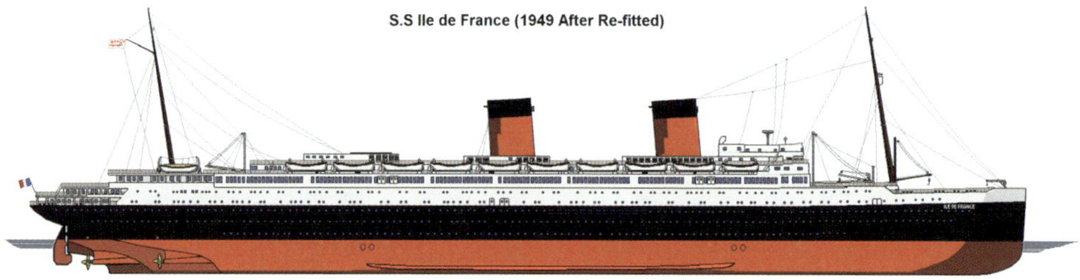

1927년 취항 때의 외형(상)과 2차 대전이 끝나고 다시 정기항로로 돌아와 1948년에 바뀐 외형(하)

(종전 후, 개조공사에 의해 이전에 있었던 선미의 세 번째 연돌이 없어지면서 연돌이 2개로 바뀌게 된다. 선미에 있던 세 번째의 연돌은 사실은 연돌의 구실을 하지 않는 가짜연돌이었다. 또 이전에 있었던 선미 끝단의 항공기 사출장치도 없어졌다. 그래서 이 사실을 모르는 사람들은 이 배의 두 가지의 외형을 놓고 의문을 가지게 된다)

참고

펜호(Penhoet) 조선소는 1861년에 설립된 역사 깊은 조선소로 한때, 프랑스의 조선업계를 대표하였으나 1955년에 아트랑티크(l'Atlantique) 조선소에 흡수통합 되었다.

전장 241.1m, 선폭 27.7m에 9층의 승객갑판을 두고 537명의 1등 승객을 포함하여 총 1,786명의 승객정원을 가지고 있었으며 승객갑판의 인테리어는 대형 여객선 최초로 모든 승객구역을 아르데코(Art Deco) 스타일의 인테리어로 설계되어 당시 경쟁상대로 있었던 영국 큐나드 해운의 호화 여객선 "모리타니아"(RMS Mauretania)호 및 화이트 스타 해운의 "올림픽"호(RMS Olympic, 타이타닉호의 동형자매선), 독일 해운의 "임페라톨"호(S.S Imperator)에서 볼 수 없었던 새로운 패턴의 인테리어를 자랑하였다.

참고

아르데코(Art deco)는 1차 세계대전 이전, 파리에서 피카소, 아폴리네르, 프루스트, 제임스 조이스, 장 콕도 등의 예술가들이 주가 되어 소개하고 전개한 예술의 한 장르 이다(영어발음의 아트데코보다는 주로 프랑스어 발음인 아르데코로 불린다). 1920년대와 1930년대에 건축, 패션, 가구, 인테리어, 보석가공 등에서 크게 꽃을 피웠다. 유연한 곡선의 아름다움과 섬세한 윤곽선, 때로는 굵고 강렬한 색상과 선(線)도 가미하였다. 특히 대형 여객선의 인테리어에서는 1920년대 말에 "일드 프랑스"호가 처음으로 이 스타일의 인테리어를 소개하였고 그 후, "노르망디"호, "퀸 메리"호, "퀸 엘리자베스" 호 등, 1950년대 초까지 많은 수의 호화 여객선들이 아르데코 스타일의 인테리어를 채택하였다.

다른 대형 여객선에 비하여 한층 더 호화로웠던 이 여객선의 승객구역이 당시 북대서양을 6일 이상의 지루한 항해기간으로 유럽과 북미 간을 오가던 사람들에게는 큰 인기를 모을 수밖에 없었다. 다른 여객선에 비하여 볼거리도 많았고 놀 것도 많았던 이 여객선의 인기는 1935년, 프랑스의 또 다른 호화 여객선인 총톤수 83,400톤의 "노르망디"호가 취항할 때까지 호화로움과 인기에서 8년 동안 경쟁자가 없는 최고의 자리를 누렸으며 뒤이어 1936년에는 총톤수 81,240톤의 "퀸 메리"호, 1940년에는 총톤수 83,670톤의 "퀸 엘리자베스"호가 연이어 취항한 뒤에도 그 신예 대형 여객선들의 쟁쟁한 인기 속에서도 전혀 위축됨이 없이 선체노후로 폐선이 되는 1959년까지 30년간의 긴 운항기간동안 최고의 인기를 누리고 사라져 갔다. 특히 폐선 직전인 1959년에는 할리우드 제작의 유명한 영화 "마지막 항해(The Last voyage)"의 촬영무대가 되어 이 영화에서 보여준 대형 여객선의 호화로운 인테리어가 바로 이 배의 실제 승객갑판이었다.

7.2 "매제스틱"호(RMS Majestic)

최고의 인기를 누렸던 "일드 프랑스"호에 못지않게 큰 인기를 누렸던 또 한 척의 여객선이 있었으니 그 배가 바로 영국 화이트스타(White Star)해운의 "매제스틱"호이다. 매직(Magic)과 스틱(Stick)의 합성어로 곧 마술지팡이의 뜻을 가진 "매제스틱"호는 본래 독

3개의 거대한 연돌을 가진 "매제스틱"호의 1920년대 말, 취항 바로 직전의 모습
(총톤수 56,330톤을 가진 1920년대 세계 최대의 여객선이었지만 4개의 연돌 대신에 3개의 연돌을 가져 4개의 연돌을 가진 대형 여객선의 시대가 마감되는 계기가 되었다)

일의 함부르그 항구에 있는 브롬운트포스(Blohm und Voss) 조선소에서 건조된 독일 최대의 호화여객선인 "비스마르크"호(S.S Bismarck)였다.

"비스마르크"호는 1913년에 건조에 착수하여 1차 대전이 발발하기 바로 직전인 1914년 6월에 진수가 되었으나 전쟁 때문에 건조공사가 마무리되지 못한 상태로 있게 되었다. 1918년, 세계 대전이 끝나고 다시 건조작업이 재개되어 1920년에 비로소 전체 건조공정이 거의 마무리 상태에 들어갔다. 전쟁으로 건조착수에서 건조완료까지 거의 7년이 걸린 셈이다.

그러나 시운전을 앞둔 시점에서 패전국인 독일이 영국에 갚아야 하는 전쟁배상금의 일부로 이 배의 소유권은 영국의 화이트 스타(White Star) 해운으로 넘어가고 선명은 "비스마르크"에서 "매제스틱"으로 바뀌게 된다. 독일의 함브르그 항구를 떠나 발트해에서 시행된 시운전을 성공적으로 마친 다음에 이 배는 자기가 건조된 독일의 브롬운트포스 조선소로 다시 돌아가지 못하고 그 길로 새로운 주인이 된 영국을 향해서 항해해 갔다.

총톤수 56,330톤에 전장 291.4m, 선폭 30.5m를 가졌던 이 대형 호화여객선은 1922년부터 1936년 사이 즉, "퀸 메리"호가 취항하기 바로 직전까지 세계에서 가장 큰

"매제스틱"호의 1등 승객 만찬식당의 출입문과 그 앞의 로비의 모습
(이 사진은 "비스마르크"호로 취항할 때의 모습이며 역대 여객선의 로비 중에서 가장 뛰어난 걸작품으로 인정받는다. 선체노후로 운항을 중지하고 폐선이 될 때까지 이 아름다운 로비의 모습은 처음의 모습을 그대로 유지하고 있었다)
(사진출처: C.R.Hoffmann)

여객선으로 영국을 대표하며 북대서양 항로의 최고급 여객선으로 명성을 날렸다. 1927년에 프랑스의 신예 호화여객선인 "일드 프랑스"호가 취항한 뒤에도 "일드 프랑스"호의 등등한 기세에도 전혀 위축됨이 없이 높은 인기를 그대로 유지하며 당당히 경쟁을 하였던 여객선으로 기록되고 있다.

1936년, 큐나드 해운의 회심작이며 이 배보다 월등히 큰 "퀸 메리"호가 취항함에 따라 선단의 선두자리를 "퀸 메리"호에게 물려주고 영국해군에게 양도되어 1937년부터 영국해군의 훈련함인 "칼레도니아"함(HMS Caledonia)이 된다. 그러나 영국해군의 훈련함이 된 지 2년이 채 못 되는 1939년 9월, 뜻하지 않게 발생한 기관실의 화재로 배가 전소되어 결국 이 화재로 인해 1920년대와 1930년대의 세계 최대의 여객선이자 가장 인기가 높았던 이 호화여객선은 폐선처리장에서 덧없이 고철로 사라지게 된다.

이 여객선은 그 당시 빅쓰리(Big Three)로 불리었던 세계 최대크기의 여객선인 1913년의 "임페라톨"호(S.S Imperator)와 1914년의 "파터란트"호(S.S Vaterland)의 뒤를 이어 건조된 마지막 동형자매선으로 앞의 두 척 동형자매선들의 건조과정에서 발견된 개선요구사항들이 모두 반영된 완성설계로 건조되어 세 척의 동형자매선 중에서 가장 잘 만들어진 여객선이었으며 그런 연유로 이 배가 1920년대를 대표하는 최고의 여객선이라는 점에 여객선 전문가들의 의견은 일치한다.

7.3 “아퀴타니아”호(RMS Aquitania)

1914년, 영국, 스코틀랜드의 클라이드뱅크(Clydebank)에 있는 존 브라운(John Brown) 조선소에서 건조된 북대서양 항로의 정기여객선으로 영국의 리버풀과 뉴욕 항구 간을 정기 운항하였다.

1910년 12월에 건조에 착수하여 3년 반 만인 1914년 4월에 건조가 완료되어 선주에게 인도된 이 대형 여객선은 총톤수 45,650톤, 전장 274.6m, 선폭 29.6m에 10층의 승객갑판으로 3,230명의 승객을 태울 수 있었다. 구축함처럼 날렵한 선체를 가지고 있었으며 1914년 2월부터 4월 말까지 두 달에 걸친 모든 시운전 과정을 성공리에 마쳤다.

1,012명의 막대한 희생자가 발생한 북대서양 정기여객선, “엠프레스 오브 아일랜드”호(S.S Empress of Ireland)의 해난사고가 발생한 다음 날인 1914년 5월 30일, 이 배는 리버풀 항구를 출항하여 뉴욕항을 향하여 처녀항해의 장도에 올랐다.

로마시대 프랑스의 지명이었던 아퀴타니아의 이름을 딴 이 여객선은 1907년에 건조된 큐나드 해운의 호화 대형 여객성인 “루시타니아”호 및 “모리타니아”호의 업그레이드 형으로 당시 영국에서 최고의 조선 엔지니어로 이름을 날리던 큐나드 해운의 수석 엔지니어 “레오날드 포스켓트(Leonard Poskett)”가 설계를 지휘하였다.

따라서 “아퀴타니아”호는 다른 대형 여객선에 비하여 우수한 설계와 전통 깊은 조선소에서 건조된 아주 훌륭한 품질의 여객선이었다. 화이트 스타(White Star) 해운의 “올림픽”호와 “타이타닉”호의 시운전에도 참가한 적이 있는 설계자 “포스켓트”는 “타이타닉”호의 침몰 원인 중의 하나로 알려지고 있는 잘못 설계된 수밀격벽구조를 “타이타닉”호의 동형자매선인 “올림픽”호의 시운전 과정에서 지적함으로써 “올림픽”호와 “타이타닉”호의 건조와 설계를 총괄했던 “토마스 안드류스”와 충돌한 일회를 남기기도 한 사람이다. 만약 그때

대서양 항로를 전속으로 항해하고 있는 "아퀴타니아"호의 모습
(네 개의 연돌을 가진 대형 여객선으로 실제로 모두 연기가 배출되는 진짜 연돌만을 가지고 있었다)

"포스켓트"의 지적사항을 "토마스 안드류스"가 수긍하였더라면 어쩌면 "타이타닉"호는 침몰을 면할 수 있었거나 아니면 그처럼 많은 희생자들을 만들지 않았을지도 모른다.

이런 면에서 "아퀴타니아"호는 "타이타닉"호와 비슷한 크기의 선체를 가졌지만, 선체구조와 안전설비 및 승객구역의 인테리어를 보면 "타이타닉"호보다 훨씬 뛰어났다고 평가되고 있다. 즉, 이 배는 승선자의 수보다 더 많은 인원을 태울 수 있는 완벽한 구명보트설비를 갖춘 최초의 여객선이었으며 이 배보다 3년과 2년 앞서 건조된 화이트 스타(White Star) 해운의 "올림픽"호나 "타이타닉"호보다 한층 더 개선된 추진장치를 탑재함으로써 기관실의 진동 및 소음이 한층 감소되어 당시 어느 여객선보다도 승객구역은 매우 조용하고 쾌적하였다. 또 북대서양 항로의 대양여객선 중에서 가장 먼저 프람(Frahm)식의 롤

참고

프람(Frahm) 식 롤링감소탱크(Anti-Rolling Tank)는 20세기 초, 독일의 "프람"이 개발한 유(U)자 형태의 롤링(Rolling, 배의 좌, 우 흔들림)감소장치로 배의 이중저(二重底, Double Bottom, 배의 두 겹 바닥)와 배의 양현(兩舷, 배의 좌현과 우현)의 윙탱크(Wing tank, 배의 현측에 있는 탱크, 다른 이름으로 사이드 탱크라고도 한다)를 이용하여 전체적으로는 큰 유(U)자 형태를 가진다. 이 장치를 통해서 롤링을 최소한 60~70% 이상 감소시킬 수 있다고 한다.

링감쇠탱크(Anti-Rolling Tank, 약칭으로 ART)를 설치하여 북대서양 항로의 거친 풍랑 속에서도 롤링이 별로 심하지 않은 매우 편안한 여객선으로 더욱 인기를 끌었다.

또 여기에 잘 정돈된 승객구역의 배치와 호화로운 설비들이 추가되어 36년간의 긴 수명기간동안 북대서양을 오갔던 많은 사람들로부터 변함없이 큰 인기와 사랑을 받으며 아주 훌륭한 항해를 마친 여객선으로 기록을 남기고 있다.

1차 세계대전과 2차 세계대전에서는 영국해군의 병력수송선이 되어 호주 및 뉴질랜드에서 유럽전선으로 투입되는 영연방의 병사들을 실어 나르는 병력수송선으로 크게 활약하였으며 이 기간 동안에 43만 해리(海里, Sea Mile)의 항해거리와 30만 명 병력수송의 기록을 수립하기도 하였다.

두 번의 세계대전에서 병력수송선이 되어 무리한 운항을 한 탓으로 추진엔진이 급속히 노후 됨에 따라 더 이상의 운항이 어려워진 1950년까지 이 배는 그간에 260만 해리를 항해하고 약 120만 명의 승객을 태운 전대미문의 위대한 기록을 세우고 고철이 되어 사라져

"아퀴타니아"호의 1등 승객 구역의 입구에 위치한 실내계단과 통로의 모습
(9층 갑판의 선수부분에 위치한 1등 승객 스모킹 룸 출입구 근처의 모습이다. 천장에는 스테인드 글라스(색유리)로 치리된 직경 6m의 유리 돔(Glass Dome)이 위치하고 있었다)

갔다.

또한, 항상 많은 승객들을 태우고 운항함으로써 선주사인 큐나드 해운의 발전에 가장 큰 공로를 세운 여객선 중의 한 척이 되었다.

속도보다는 쾌적함과 호화로움을 위주로 하여 설계된 이 배는 리버풀과 뉴욕 항구 사이의 6일간의 고단하고 지루한 항해에서 당시, 다른 대형 여객선에 비하여 이 배만큼 편안하고 쾌적한 배는 없었다고 한다. 그래서 여객선 전문가들은 이 배를 가장 인기가 높았던 여객선의 대열에 올리게 된다.

"아퀴타니아"호의 화려한 1등 승객 라운지의 모습 (사진출처: Royal Museum Greenwich)

7.4 "모리타니아"호(RMS Mauretania)

영국 해운계로서는 1897년이 그리 기쁜 해가 되지 못하였다. 그 이유는 바로 그 해에 독일이 세계 최대의 여객선, 세계에서 가장 빠른 여객선, 가장 최신의 설계로 건조된 여객선이란 타이틀을 내건 총톤수 14,350톤의 최신의 대양여객선, "카이제빌헬름 데어그로제"호(S.S Kaiser Wilhelm der Grosse)를 취항시켜 대양제국의 자존심이 크게 손상되었기 때문이었다.

이에 자존심이 상한 영국 해운업계는 독일의 이 거만한 여객선의 콧대를 단숨에 꺾어버릴 새로운 대양여객선의 건조에 착수하게 되는데 이 건조계획으로 출현한 배가 바로 "모리타니아"호와 동형자매선인 "루시타니아"호(RMS Lusitania) 이다.

1907년, 그해 9월에 취항한 "루시타니아"호보다 두 달 뒤인 그해 11월에 취항한 북대서양 정기여객선 "모리타니아"호는 소속 해운사인 큐나드(Cunard) 선단의 여객선들 중에 승객들이 가장 선호하였던 배로 기록되고 있으며 또 한편, 역대 대양여객선들 중에서 가장 인기가 높았던 여객선 중의 한 척으로 인정받는다.

1939년에 건조된 같은 선명의 "모리타니아"호가 또 한 척이 있기 때문에 통상적으로 이 배는 "모리타니아-1"호(RMS Mauretania-I)로 불리고, 1939년의 것은 "모리타니아-2"호(RMS Mauretania-II)로 불러 서로 구별이 된다. "모리타니아-1"호는 동형자매선인 "루시타니아"호가 취항한 지 7년 만에 독일 유보트 잠수함의 어뢰공격으로 침몰이

전속으로 항해 중인 "모리타니아-1"호의 모습

(4개의 연돌을 가졌던 이 대형 여객선은 그 당시 4개의 연돌을 가졌던 다른 대형 여객선들과 달리 동형자매선인 "루시타니아"호와 더불어 가짜연돌(Dummy Funnel)이 없는, 모두 실제로 기능을 하는 연돌만을 가지고 있었다)

참고

1890년대 말부터 1920년대에 걸쳐 20여 년 동안에 건조된 4개의 연돌을 가진 대형 여객선들은 모두 15척이나 된다. 그 첫 번째가 1897년에 건조된 독일의 "카이젤 빌헬름 데어 그로제"호(S.S Kaiser Wilhelm der Grosse)이며 마지막의 배가 1921년에 건조된 총톤수 19,020톤 급의 "아룬덜 캣슬"호(RMS Arundel Castle) 이다. 4개의 연돌을 가진 대부분의 여객선들은 4개의 연돌 중에 한 개의 가짜연돌(모조연돌, Dummy Funnel)을 가지고 있었다. 이것은 배를 웅장하고 크게 보이는 하는 효과를 거두고자 한 목적이 있었다. 그러나 1907년에 건조된 "루시타니아"호와 "모리타니아"호 및 1914년 에 건조된 "아퀴타니아"호는 모조연돌을 가지지 않고 모두 실제로 기관실에서 매연이 배출되는 진짜 연돌만을 가지고 있었다. 그러나 "타이타닉"호와 동형자매선인 1911년의 "올림픽"호(RMS Olympic)와 1915년의 "브리타닉"호(RMS Britannic)는 모두 네 번째의 연돌이 연기를 배출하지 않는 가짜연돌 이었다 . 그러므로 이러한 가짜연돌을 가진 여객선의 그림들 중에서 가짜연돌에서 연기가 뿜어져 나오는 그림은 그 배를 그린 사람 자신이 배를 잘 몰랐었기 때문에 빚은 실수이다.

되고 난 뒤에도 홀로 남아 20년을 더 항해한 후에 노후로 인해 28년만인 1935년에 폐선으로 처리되어 사라져갔다.

같은 도면과 같은 사양으로 건조된 동형자매선 "루시타니아"호는 스코틀랜드의 존 브라운(John Brown)조선소에서 건조가 되고, 이 배는 뉴캐슬에 있는 스완헌터(Swan Hunter) 조선소에서 건조되어 기본적으로는 두 배의 선체구조와 기관실의 배치 및 거주구의 배치 등은 거의 같았으나 세부적으로는 다소 다른 점이 있었다. 즉, 총톤수에 있어서는 "모리타니아"호가 "루시타니아"호보다 약 390톤이 더 컸었고 배의 길이도 0.9m가 더 길었다. 또 승객구역의 인테리어에서도 "루시타니아"호는 주로 비교적 밝은 색상에 흑백대조로 강조한 인테리어를 채택한 반면에 "모리타니아"호는 포근하고 따뜻한 색상에 장미목과 티크목으로 내장벽체를 처리하여 클래식하면서도 우아함을 강조하였다. 한 마디로 인테리어 면에서는 "모리타니아"호가 "루시타니아"호를 압도하였으며 특히, 그 당시의 다른 대양 여객선들이 1등 승객과 현저하게 차별이 되는 2등 및 3등 승객구역을 설치한 것과 달리 "모리타니아"호는 1등 승객구역 이외에도 2등 및 3등 승객구역도 매우 훌륭한 인테리어로 설비를 하여 북대서양 항로를 오가는 당시의 사람들은 일정을 며칠 더 늦추더라도 기다렸다가 "모리타니아"호를 타고 갈 정도로 인기가 높았다고 한다.

"모리타니아"호의 2등 승객 드로잉룸(Drawing room, 응접실)의 모습

(응접실을 영국 사람들은 드로윙룸(Drawing room)이라 부른다. 고로 데이룸(Dayroom; 거실)과 같은 뜻이 되며 승객들은 여기에서 카드놀이, 담소, 휴식 등을 가졌다. "모리타니아"호는 다른 여객선과 달리 2등 승객 및 3등 승객의 구역도 매우 잘 만들어졌었기 때문에 대서양 항로의 2등 및 3등 승객들에게 매우 인기가 높았다)

(그림출처; 영국의 The History press Co.)

1등 승객 구역의 인테리어 또한 굉장히 아름답고 호화로워서 1935년에 프랑스의 "노르망디"호(S.S Normandie)가 취항하기 전까지 가장 호화롭고 아름다운 여객선 중의 한 척으로 인기를 끌었다. 또 1911년, "타이타닉"호의 동형자매선인 총톤수 45,320톤의 "올림픽"호가 취항하기 전까지 세계에서 가장 큰 여객선 및 가장 긴 선체를 가진 여객선이었고 1929년, 독일의 "브레멘"호(S.S Bremen)가 취항할 때까지 세계에서 가장 빠른 여객선이었다.

해상궁전(Floating Palace)이라고 불린 이 배의 인테리어는 1927년의 "일드 프랑스"호(S.S Ile de France)와 1929년의 "브레멘"호(S.S Bremen)가 취항하기 전까지 이 배의 화려하고 고급스런 승객구역의 인테리어에 대적할만한 여객선은 없었을 정도로 이 배의 승객구역 인테리어는 뛰어났었다. 즉, 이 배의 2등 승객구역의 인테리어를 놓고 보아도 다른 여객선의 1등 승객구역의 인테리어만큼이나 고급스럽고 아름다웠다고 한다.

천장 중앙에 스테인글라스의 돔(Dome)을 가진 "모리타니아"호의 1등 승객 독서실의 모습(상), 클래식하고 고급스런 1등 승객 스모킹 룸(하)

(1등 승객 독서실은 밝은 색상으로 도배를 하였던 "루시타니아"호와 달리 "모리타니아"호는 고급목재의 벽체로 인테리어를 마감하여 한층 더 고급스럽고 호화로웠다. 스모킹 룸은 중앙에 스테인드 글라스의 돔(Dome) 천장과 티크 원목의 고급 벽체와 가구로 장식된 호화로운 방으로 시가를 태우며 담소를 즐기는 1등 승객들의 응접실이었다)

(그림출처: 영국의 The History press Co. 및 SMU Central University Libraries)

1차 대전 중에는 부상병들을 치료하는 병원선과 미국에서 유럽전선으로 파병되어오는 미군 병력의 병력수송선의 임무를 훌륭히 수행하고 1920년에 대서양 항로의 민간 여객선으로 다시 돌아온 이 배는 추진기관의 노후와 새로 취항할 예정으로 있는 "퀸 메리"호(RMS Queen Mary)에게 항로인계 등의 이유로 폐선이 되는 1935년까지 15년간 가장 아름다운 여객선, 가장 인기 높은 여객선으로 훌륭한 항해를 수행하고 스코틀랜드의 폐선 처리장에서 고철로 사라져갔다.

7.5 "사가 피욜드"호(M.S Saga Fjord)

1962년, 노르웨이의 NAL 해운은 현대식 개념과 독창적 개념으로 설계된 최신의 호화 대양여객선 겸 크루즈 선을 건조하기로 장대한 계획을 세웠다. 이 야심 찬 계획에 의해 노르웨이의 조선 엔지니어 팀에 의하여 1963년에 설계가 완성된 후에 이 배의 건조가 발주된 곳은 당시에 명성을 날리던 유명한 조선소가 아닌, 이름도 별로 알려지지 않았던 프랑스의 FCM(소시테 드 포겔스 메디테라니의 약칭) 조선소였다.

FCM 조선소는 1853년에 설립된 조선소로, 역사는 깊었으나 대형 여객선을 건조한 실적이 없는 조선소였기에 당시의 사람들은 구태여 왜 이러한 조선소에 최신 설계의 여객선을 발주하는지에 대해서 모두 의문을 가지게 되었고 또 건조하는 조선소의 이름만 듣고 이 여객선도 소문과 달리 별거 아니라고 생각해서 건조자체를 무시해 버렸다.

그러나 그로부터 2년 뒤 이 배가 "사가피욜드"의 이름으로 취항하여 시중에 처음으로 소개될 때, 사람들은 이 배의 독창적이고 아름다운 외형과 상상을 뛰어넘은 내부의 호화로운 설비에 놀라지 않을 수 없었다. 총톤수 24,474톤, 전장 188.9m, 선폭 24.46m, 8층의 승객갑판에 580명의 승객을 태우고 350명의 선원들이 함께 승선했던 이 배의 넓고 여유가 있는 승객구역과 당시에 어느 여객선도 따라올 수 없는 현대적인 감각의 인테리어는 이 배를 일약 최고의 호화 여객선으로, 또 최고의 인기 여객선으로 등단시키게 한다.

취항 후부터 1995년까지 30년간은 "사가피욜드"호로, 1996년부터 1997년까지 2년간은 "그립스홀름"호(M.S Gripsholm)로, 그리고 1997년부터 노후로 운항을 중단하는

"사가 피욜드"호가 1997년에 "사가로즈"호가 된 후의 모습
(선체도장만 바뀌었고 본래의 외형모습은 그대로 유지하고 있었다)

2009년까지 12년간은 "사가로즈"호(M.S Saga Rose)의 선명으로 운항한 이 배는 총 44년의 긴 운항기간 중에 두 번의 대규모 재치장공사(再治裝工事, 치장을 새로 하는 공사)를 거치지만 다른 여객선들과 달리, 외형이나 내부의 중요배치 등에는 별로 바뀜이 없이 본래의 모습을 그대로 지킨 채 폐선(廢船)되어 사라진 것으로 또한 유명하다. 이것은 이 배가 흠 잡을 데 없이 그만큼 처음부터 설계가 잘 되었음을 의미한다.

1983년부터 1996년까지 이 배의 동형자매선으로 1973년에 건조된 "비스타피욜드"호(M.S Vista Fjord)와 더불어 13년간 큐나드 해운의 최고급 호화 크루즈 선으로 크게 인기를 모았다. 이때 이 배는 이미 취항한 지 20년이 되는 늙은 여객선이었지만 이 배보다 두 배 반이나 더 크고 이 배보다 4년이나 나중에 건조된, 큐나드 해운의 기함역할을 수행하였던 "퀸 엘리자베스-2"호의 인기를 능가하여 큐나드 해운의 역사에서 "퀸 엘리지베스-2호"의 인기를 눌렀던 유일한 배로 기록이 되기도 한다.

취항 7년이 되는, 1972년부터 대양여객선의 운항을 접고 카리브해를 중심으로 운항하는 최고급의 크루즈 선으로 운항하게 되어 당시의 크루즈 선들 중에서 가장 호화롭고 가장 고급의 크루즈 선으로 명성을 날리게 된다. 또 노르웨이의 세계적인 크루즈 선 설계회사인 날에이데(Njal Eide)가 설계한 이 배의 인테리어 중에 680석의 만찬식당과 400석의

"사가 피욜드"호의 400좌석 Grand Ballroom(무도장, 나이트 클럽)의 모습
(인테리어는 1963년에 설계가 되었지만 20년은 앞서간 설계였으며 당시의 다른 호화여객선에서는 결코 볼 수 없었던 첨단의 설계였다. 해상뿐만 아니라 건축 분야에서도 이 설계의 인테리어를 많이 벤치마킹 하였다)

그랜드 볼룸(Grand Ballroom, 무도장) 및 150석의 가든 라운지(Garden Lounge)는 1960년에서 1980년 사이에 건조된 대형 여객선의 공실(公室) 중에서 가장 설계가 잘 된 것으로 선정되기도 하였으며 육상 인테리어에서 많은 벤치마킹도 하였다.

24,470 톤급의 이 배는 당시의 여객선들이 이 정도의 크기면 800~900명 이상의 승객을 태우는 것과 달리 단지 580명만을 태울 정도로 승객들에게 넓은 공간을 제공하였고, 승객들의 편안한 항해를 위해 스테비라이져(Stabilizer, 날개형의 롤링 감소장치)와 완벽한 냉난방장치를 가진 것을 물론이고 대형 여객선 최초로 조항성(操航性) 향상을 위해서 바우 스러스터(Bow Thruster)를 설치하기도 하였다. 따라서 이 배는 현대식 크루즈의 시대를 개막한 중요 여객선 중의 한 척이자 걸작(傑作) 여객선 중에서도 가장 걸작의 여객선으로 인정을 받는다.

이 배의 높은 인기에 힘을 얻은 노르웨이 해운(NAL)은 이 배의 설계도를 기본으로 하여 7년 후인 1972년에 이 배의 동형자매선 한 척을 영국의 스완헌터(Swan Hunter) 조선소에서 건조하는데 그 배가 바로 "비스타피욜드"호(M.S Vista Fjord) 이다.

"사가피욜드"호의 5층 갑판에 있는 영화관 입구의 로비(Lobby) 모습
(당시의 다른 여객선들에게서 볼 수 없었던 이 최신의 인테리어에 승객들은 매료될 수밖에 없었다)

이때 "사가피욜드"호를 건조하였던 프랑스의 FCM 조선소는 이미 폐업한 상태에 있었기에 동형자매선인 "비스타피욜드"호는 부득이 영국의 스완헌터 조선소에서 건조를 하게 되었다. "사가피욜드"호와 구별이 안 될 정도로 거의 같은 크기와 매우 흡사한 외형을 가졌던 "비스타피욜드"호도 취항과 동시에 이 배와 나란히 최고급의 호화 크루즈 선으로 운항을 하였다. 그러나 일부 사람들은 젊은 "비스타피욜드"호보다 늙은 "사가피욜드"호를 더 좋아하여서 "나는 젊은 피욜드 보다 늙은 피욜드가 더 좋아"라는 유행어가 만들어지기도 하였다. 이후, 이 배는 선체와 추진기관의 노쇠로 운항을 마감하는 2009년의 마지막 고별항해 때까지 역대 최고의 인기를 모으고 사라져 갔다.

The Passenger ships of the World left a significant trace

The Passenger ships of the World left a significant trace

8

세계 최고의 호화 크루즈 선

2017년 현재, 세계 최정상의 6성급 크루즈 선으로 가장 호화롭고 가장 고급으로 건조된 여객선은 2007년에 취항한 씨보른 크루즈(Seabourn Cruise) 해운의 오디세이(Odyssey) 급 크루즈 선 "씨보른 오디세이(M.S Seabourn Odyssey)"호와 이 배의 동형자매선인 "씨보른 소저른(M.S Seabourn Sojourn)"호 및 세븐씨즈 크루즈 해운이 2016년 7월에 새로 취항시킨 "세븐씨즈 익스플로러"호(M.S Seven Seas Explorer)와 2017년 1월에 씨보른 크루즈 해운이 새로 취항시킨 최첨단의 6성급 크루즈 선, "씨보른 앙코르"호(M.S Seabourn Encore)가 뽑힌다. 즉, 이 네 척의 크루즈 선이 현존 세계 최고의 호화 크루즈 선으로 인정받고 있다.

2016년까지는 크루즈 전문가들 중에서 어떤 이는 "씨보른 오디세이"호와 그 동형자매선을, 또 다른 전문가들은 "세븐씨즈 익스플로러"호를 세계최고의 크루즈 선으로 말하고 있었으나 이제 이 세 척의 호화 크루즈 선에 다시 "씨보른 앙코르"호가 추가된 셈이다.

8.1 크루즈 선의 고급 호화수준을 가늠하는 기준

오늘날 크루즈 선의 고급, 호화수준의 가늠에는 그 배를 건조하는데 소요된 톤당(噸当) 건조비, 침상 당 소요건조비, 승객공간비(乘客空間比, Passenger's Space Ratio) 및 선원 대 선원의 비(Passenger to Crew Ratio)가 척도로 쓰인다.

건조선가(建造船價)를 총톤수로 나눈 값이 그 크루즈 선을 건조하는데 소요된 톤당 건조비가 된다. 그 크루즈 선의 고급, 호화수준을 가늠하는 첫 번째 척도가 된다. 배가 작아도 톤당 건조비가 높으면 그만큼 배는 더 고급으로 지어질 것이기 때문이다.

침상 당 건조비는 크루즈 선의 건조에 소요된 건조비를 승객정원수로 나눈 값이 된다. 승객정원수는 곧 승객침상의 수와 같다(선박에서는 침대(Bed)보다는 침상(Berth, 寢牀)이라고 부른다). 곧 이것은 그 크루즈 선을 건조하는 데 있어 승객 한 사람을 위해서 얼마의 비용이 소요되었는가를 나타낸다. 이 침상당 건조비가 높으면 높을수록 그 크루즈 선은 더욱 호화롭고 고급스러워지는 것은 당연할 것이다.

승객공간비는 그 크루즈 선의 총톤수를 승객정원수로 나눈 값이다. 크루즈 선의 크기에 비하여 승객정원수가 많으면 배의 내부는 혼잡해지고 모든 설비도 고급스럽게 되지 못할 것이다.

승객 대 선원의 비는 승객정원수를 선원의 수로 나눈 값이다. 승객의 수에 비하여 승무원들의 수가 많으면 그만큼 서비스의 질이 높아질 것은 당연하며 이 값이 낮으면 그만큼 부실한 서비스가 제공될 것이기 때문이다.

따라서 초특급 호화(Ultra Luxury) 크루즈 선이 되기 위해서는 대체적으로 톤당 건조비는 9,000달러 이상, 침상당 건조비는 60만 달러 이상, 승객공간비는 70 이상이 되어야 하며 승객 대 선원의 비는 1.5 이하가 되어야 한다.

예를 들어 승객공간비가 70이라 함은 승객 한 명에게 평균적으로 총톤수 70톤의 공간이 배분된다는 뜻이 된다. 즉, 이것은 총톤수 70톤급의 배 위에 혼자 승선하고 있는 정도의 넓은 공간이 제공된다는 뜻이 된다.

또 승객선원의 비가 1.5라고 함은 승객 1.5명당 한 명의 선원이 승선하고 있는 것으로 그만큼 선원들의 서비스의 질이 높다는 뜻이 된다.

현재 운항하고 있는 크루즈 선들 중에서 2009년 이후에 건조된 세계정상급의 대표적인 호화 크루즈 선들의 톤당 건조비, 침상 당 건조비, 승객공간비 및 승객선원의 비를 살펴보면 나음과 같다.

선명(船名)	건조된 연도	총톤수 (톤)	톤당 건조비 (달러)	침상당 건조비 (달러)	승객공간비	승객 선원의 비
SevenSeas Explorer (세븐씨즈 익스프롤러)	2016	54,000	8,330	610,000	73.1	1.34
Seabourn Odyssey (씨보른 오딧세이) 및 Seabourn Quest (씨보른 퀘스트)	2009 및 2011	32,350	7,730	555,600	71.9	1.34
Seabourn Encore (씨보른 엔코르)	2017	41,870	9,080	633,300	69.8	1.50

그러나 "씨보른 오디세이"호의 2009년의 건조선가를 2016년의 물가 시세로 반영하면 톤당 건조비는 9,200달러, 침상 당 건조비는 621,700달러가 되어 "세븐씨즈 익스플로러"호나 "씨보른 앙코르"호와 거의 같은 값이 된다.

8.2 세계 최고의 호화 크루즈 선

1) "씨보른 앙코르"호(M.S Seabourn Encore)

이탈리아의 핀칸티에리 마르게라 조선소에서 2015년 9월에 건조에 착수되어 착공 1년 4개월 만인 지난 2017년 1월 초에 취항한 6성급의 이 특급 호화 크루즈 선은 총톤수 41,870톤에 전장 210m, 선폭 28m의 선체로 되어 있다. 3층 갑판에서 12층 갑판까지 10층의 갑판이 승객갑판이고 1층 갑판과 2층 갑판은 선원들의 거주갑판이다. 4만 톤급의 호화 크루즈 선을 착공 후, 1년 4개월 안에 인도하는 판칸티에리 조선소의 짧은 건조공정이 놀랍다.

중형급 이상의 크루즈 선들이 흔히 취하는 수평적 공간배치공법(Horizontal Space Division Method, 객실구역과 공실구역을 갑판별로 배치하는 공법) 대신에 객실구역과 공실구역을 선수부분과 배의 중앙부분 및 선미부분으로 나누어서 배치를 하는 수직적 공간배치공법(Vertical Space Division Method)를 채택한 것이 이 배의 가장 큰 특징이 된다.

같은 해운사의 6성급 크루즈 선으로 현존 15척의 중소형 급 호화 크루즈 선들 중에서도 가장 높은 인기를 모으고 있는 "씨보른 오디세이"호(M.S Seabourn Odyssey)보다 20%나 선체가 더 커지고 더 고급사양으로 만들어졌음을 자랑하고 있다. 거의 70에 가까운 69.8의 승객공간비와 633,300달러(약 7억 원 상당)의 침상 당 건조비, 9,080달러(약 1천만 원)의 톤당 건조비 및 1.5의 승객선원의 비를 가지는 이 크루즈 선의 호화로움과 고급스러움에 어깨를 겨눌 수 있는 크루즈 선은 아직 없다.

승객갑판의 공실구역은 중소형 크루즈 선의 인테리어 설계에서 상당한 지명도를 가진 아담 티하니(Adam D. tihany)가 설계를 하였는데, 이 배의 취항 후에 여객선 전문가들로부터 공실의 설계는 선주사가 당초 선전한 것과 달리 기대치 이하라는 실망적인 평가를 받았다. 이에 깜짝 놀란 선주사는 현재 핀칸티에리 조선소에서 건조 중에 있는 이 크루즈 선의 동형자매선인 "씨보른 오베이션"호(M.V Seabourn Ovation)의 공실 인테리어 공사를 급히 중단하고 전문가들의 의견에 따라 설계자를 바꾸고 설계를 다시 수정했다고 한다.

2017년 1월에 신규 취항한 세계 최고의 호화 크루즈 선, "씨보른 앙코르"호의 항해 모습
(이 배의 외형은 동급 크기의 크루즈 선들 중에서 가장 아름답고 가장 혁신적인 것으로 인정받고 있다)

승객갑판 전체면적에서 공실과 객실이 점유하는 면적의 비율이 55 대 45로 크루즈 선 중에서 가장 큰 공실점유비율을 가진 배가 된다. 이것은 이 배가 객실보다는 공실의 인테리어에 더 비중을 두어 설계를 했기 때문에 그만큼 쉴 곳도 더 많고 놀 곳도 더 많다는 뜻이 된다.

2017년 1월에 신규 취항한 세계 최고의 호화 크루즈 선, "씨보른 앙코르"호의 항해 모습
(이 배의 외형은 동급 크기의 크루즈 선들 중에서 가장 아름답고 가장 혁신적인 것으로 인정받고 있다)

"씨보른 앙코르"호의 12층 갑판 선수부분에 위치한 일광욕 갑판 "더 리트리트(The Retreat)"의 멋진 모습
(백색의 캔바스 지붕을 가진 이곳은 배의 최상층에 위치하고 있고 비키니 스타일로 조용히 휴식을 취할 수 있는 멋진 갑판이다)
(사진출처: M.S Seabourn Encore 소개책자)

예를 들면, 이 배에는 3개의 레스토랑이 설치되어 있는데 이 3개의 레스토랑이 가지는 좌석 수는 승객정원수보다 100석이나 더 많다. 곧 이것은 승객들이 어느 때 어느 곳의 레스토랑을 가더라도 항상 여유가 있는 좌석에 최상의 서비스를 받을 수 있다는 뜻이 된다.

이 크루즈 선의 객실 배치에 있어 가장 큰 특징은 302실의 객실 모두가 객실전용 베란다를 가지고 있는 것이다. 가장 작은 객실이 34㎡(10.3평), 가장 큰 객실은 122㎡(37평)의 넓이를 가지며 또 모든 객실의 욕실은 대리석으로 마감이 되어 있다. 그리고 3층 갑판의 선미에는 카약(Kayak)과 스킨다이빙 등의 물놀이를 즐길 수 있는 마리나 플랫폼(Marina Platform)이 설치되어 있다.

2) "세븐씨즈 익스플로러"호(M.S Seven Seas Explorer)

이 크루즈 선은 이탈리아의 제노아에 있는 핀칸티에리(Fincantieri) 조선소에서 2014년 7월에 착공하여 2년 만인 2016년 6월에 선주에게 인도되고 2016년 7월에 신규 취항한 세계 최고급의 호화 크루즈 선이다.

세계 최고의 호화 크루즈 선, "세븐씨즈 익스프롤러"호의 외형
(10층 갑판의 넓은 승객구역에 불과 750명의 승객만을 태우는 세계 최고의 호화 크루즈 선 이다)

총톤수 55,200톤, 전장 223m, 선폭 32m로 738명의 승객과 580명의 선원들이 승선한다. 이 배의 건조선가는 4억 5,000만 달러(3억 4,000만 파운드)로 이 건조가격으로 7만 톤급의 4성급 고급 크루즈 선도 넉넉히 건조할 수 있을 정도로 비싼 건조비가 투입되었다.

이 배의 승객공간비(총톤수를 승객정원수로 나눈 값)는 74.8, 승객선원의 비는 1.34가 되어 앞에서 기술한 "씨보른 오디세이"호의 승객공간비 72와 승객 대 선원의 비 1.34와 비교하면 고급수준을 판별하는 척도(尺度)기준에서 이 배가 "씨보른 오디세이"호보다 조금 더 높은 것이 사실이며 이 배가 보여준 74.8의 승객공간비는 역대 여객선 중에서 가장 높은 값이 된다. 배 전체의 13층의 갑판(Deck 4에서 Deck 14까지, Deck 13은 없음) 중에서 Deck 2와 Deck 3을 선원구역으로 하고 Deck 4부터 Deck 14까지 10층의 승객갑판으로 하였다. 승객갑판이 전체면적에서 공실(公室)과 객실이 차지하는 면적비율은 56% 대 44%의 비율로 앞에서 언급한 호화 크루즈 선, "씨보른 오디세이"호와 비슷하여 역시 세계 최고급의 호화 크루즈 선임을 나타낸다.

또, 이 배는 모든 객실을 객실전용 베란다를 가진 스위트 객실로 하고 있으며 특히 이 배의 14층 갑판의 선수 쪽에 위치한 레전트스위트(Regent Suite) 최고급 객실의 경우, 객실자체의 면적이 281.1㎡(85.2평), 객실에 딸린 객실전용 베란다의 면적이 131.6㎡

가장 넓고 호화로운 객실인 레전트스위트 객실에 딸린 객실전용 빠(Bar)의 모습
(여기에 보이는 모습이 객실전체 면적의 1/3에 불과하므로 이 고급객실이 얼마나 큰 방인지 짐작할 수 있다)
(사진출처: Regent seven seas cruises 사의 홍보책자)

(39.8평)로 3개의 침실, 2개의 객실전용 베란다, 3개의 대리석 욕실, 한 개의 식당과 주방 및 바(Bar)를 가진 이 최고급 객실은 지나간 시대의 대형 호화여객선들은 물론이고 오늘날의 다른 크루즈 선에서도 결코 찾아볼 수 없는 놀라운 크기로 되어 있다.

또한, 이 배를 이용하는 승객들의 평균연령이 60세 이상으로 돈 많은 사람들의 전용 요트와 같은 분위기를 가진 크루즈 선이며 격식을 따지는 점잖은 사람들이 즐겨 찾는 크루즈 선으로 알려져 있다. 다시 말해서 가장 낮은 등급인 베란다 스위트 객실의 승선요금도 14일의 승선에 1인당 6,800달러(약 780만 원) 정도가 될 정도로 매우 비싼 크루즈 선이다.

모든 객실전용 욕실의 벽과 바닥은 자연산 대리석으로 마감되어 있고 여기의 모든 금속 장식들은 모두 황동재질 또는 은재질에 고급 니켈 도금 처리로 되어 있다. 갑판 위에는 4개의 고급 라운지와 4개의 고급 레스토랑, 4개의 바(Bar)와 카페와 선상극장과 영화관

참고

크루즈 선에서는 만찬식당의 식사시간에 정장차림으로 출입을 한다. 더욱이 위와 같은 호화 크루즈 선에서는 더 엄격하게 격식이 지켜져서 캐주얼 차림으로는 만찬식당을 이용할 수 없다

위의 사진은 "세븐씨즈 익스프롤러"호의 객실등급 중에서 다섯 번째 등급에 속하는 펜트하우스 스위트 객실의 내부 모습

(전용면적이 88㎡ 즉, 26.6평으로 이 객실의 1박 승선료는 우리 돈으로 약 440만원 이다)

아래 사진은 중앙 로비인 아트리엄(Atrium)의 화려하고 아름다운 모습

(크루즈 선의 중앙 로비 중에서 가장 잘 된 작품으로 인정받는다) (사진출처: Regent seven seas cruises의 홍보책자)

카지노 등이 있으며 2곳의 수영장을 가지고 있다.

객실 이외에 각종 공실(公室)의 설비에 있어서도 그 고급스러움과 호화스러움이 세계최고의 크루즈 선임을 여실히 증명하고도 남는다. 승객구역의 모든 설비가 최고급의 자재를 사용하고 최고의 품질로 시공되어 있다. 그 예로 승객정원의 94% 이상을 동시에 입장시킬 수 있는 694좌석의 칸스텔레이션(Constellation) 극장은 입장객들 각자에게 독립된 테이블과 소파가 배열되는 고급 라운지식의 극장으로 되어 있어 일반적인 극장과는 그 분위기가 완연히 다르다.

또 승객들이 승선할 때, 처음 만나게 되는 이 배의 아름답고 화려한 중앙 로비(Lobby)는 크루즈 선의 중앙로비 중에서 가장 우수한 설계 작품으로 인정받고 있다.

3) "씨보른 오디세이"호(M.S Seabourn Odyssey)와 "씨보른 소저른"호(M.S Seabourn Sojourn)

"씨보른 오디세이"호와 그 동형자매선인 "씨보른 소저른"호는 이탈리아 티 마리오띠(T. Mariotti) 조선소에서 2009년과 그다음 해인 2010년에 건조가 완료되어 취항한 현존 세계최고의 호화 크루즈 선으로 인정받고 있는 총톤수 32,346톤, 전장 198m의 여객선이다. 다시 말해서 이 배가 현재 최고급의 등급을 받고 있는 15척의 호화 크루즈 선 중에서도 가장 호화롭고 가장 고급스럽다는 평가를 받고 있는 이유는 다음과 같다.

첫째, 32,346톤의 총톤수를 가지고도 승객정원이 불과 450명에 지나지 않아 승객공간비(Passenger's Space Ratio, 여객선의 총톤수를 승객정원의 수로 나눈 값)가 무려 72나 되어 크루즈 선 중에서 가장 높은 값을 보여주고 있다. 다시 말해서 이 크루즈 선은 승객 한 사람당 평균 72톤의 총톤수가 배분될 정도로 크루즈 선 중에사 가장 여유가 있고 가장 넓은 공간을 제공하고 있다.

참고

호화 크루즈 선으로 명성을 날리고 있는 "퀸 메리-2"호(M.S Queen Mary -II)도 승객공간비가 54밖에 되지 않아 이 값이 70이 넘는다는 것은 실로 엄청난 호화 크루즈 선임을 의미한다.

세계 최고의 호화 크루즈 선, 씨보른 크루즈 라인 해운의 "씨보른 오딧세이"호의 옆 모습
(11층의 갑판 중에서 하부 2층의 갑판이 선원구역, 그 위의 9층의 갑판이 승객구역으로 설계되어 있다)

"씨보른 오딧세이"호의 6층 갑판의 선수 쪽에 있는 이 배의 쇼 공연장, "그랜드 사롱(Grand salon)"
(450좌석의 쇼 공연장은 최고의 호화설비로 치장되어 있으며 자정부터 새벽 5시까지 현란한 무도장으로 변신한다)

(사진출처: M.S Seabourn Cruises의 소개책자)

"씨보른 오딧세이"호의 5층 갑판의 선미 끝단에 위치한 소용돌이 풀장, "월풀스(Whirl pools)"
(선미에 펼쳐진 바다풍경 파노라마를 배경으로 34개의 비치베드가 설치된 소용돌이 온수탕 이다. 여기에서는 타이랜드식의 마사지와 각종 음료가 24시간 제공된다) (사진출처: Seabourn Cruises의 홍보책자)

둘째, 승객정원 450명에 승선하는 선원들의 숫자가 335명이 되어 승객 대 선원의 비(Crew to Passenger Ratio, 승객정원의 수를 선원의 수로 나눈 값)기 1.34 대 1이나 된다. 다시 말해서 승객 4명에 3명의 선원들이 승선할 정도로 선원으로부터 최고의 서비스를 제공받는다.

셋째, 251실의 객실 중에서 225실이 스위트(Suite) 급의 고급객실이다. 다시 말해서 전체객실 중에 90%가 스위트 급의 고급 객실로 되어 있다.

넷째, 이 배의 승객공간의 전체면적 중, 56%가 공실구역면적, 44%가 객실면적으로 되어 있어 현존 크루즈 선 중에서 가장 큰 공실면적율(공실면적을 승객구역 전체면적으로 나눈 값)을 가지고 있다. 즉, 이 배의 전체 승객구역면적에서 공실 전체면적이 객실 전체면적보다 약 27%나 더 크다. 공실 전체면적이 객실전체면적보다 많이 더 크다는 것은 그만큼 배가 더 고급스럽고 각종 유흥설비가 잘 갖추어져 있다는 것을 의미한다.

참고

고급의 호화 크루즈 선이 되기 위해서는 공실전체면적과 객실전체면적 비율이 50:50 이상은 되어야 한다. 다시 말해서 공실전체면적이 객실전체면적보다 커야만 한다. 또 승객 대 선원의 비가 1.5 대 1 이하가 되어야 한다.

또한, 이탈리아의 스튜디오 엔지니어링(Studio Engineering Srl)사의 20여 명의 수석설계사들이 서로 각개의 독창적인 아이디어와 기술로 경쟁하듯이 설계한 이 배의 승객구역의 인테리어는 갑판마다 구역마다 그 인테리어가 풍기는 스타일이나 멋이 서로 다르다. 따라서 이 배의 승객갑판 인테리어 설계는 크루즈 선 중에서 가장 독창적이며 가장 혁신적인 것으로 평가받고 있다.

한 마디로, 이 배의 고급스러움과 최상의 서비스는 다른 크루즈 선들과 차원을 달리하며 배 위의 승객들이 즐기며 노는 데에 빠져서 자기객실로 돌아가 잠자는 것을 잊어버리게 하는 크루즈 선으로도 유명하다.

참고

크루즈 선이 아닌, 개인 호화요트로써 크루즈 선보다 더 고급이며 더 비싼 건조비가 투입된 배는 2013년, 독일의 뤌젠 벨프트 조선소(Lürssen Werft)에서 건조된 아랍 에미리트 대통령의 전용요트인 "아잠"호(M.Y Azzam)이다. 총톤수 13,136톤, 전장 179.82m, 선폭 20.8m로 추진기관은 2기의 디젤엔진과 2기의 가스터빈엔진으로 이루어진 코닥(CODAG) 추진장치(본 책의 "1.3 추진장치"를 참조)를 가졌다. 최대속도는 32놋트(시속 59.3Km), 순항속도는 18놋트로 개인 호화요트 중에서 가장 빠르다. 이 배의 가장 큰 특징은 역시 다른 요트들이 따라올 수 없는 빠른 속도와 13,000톤이 넘는 큰 선체인데도 4.3m의 얕은 흘수를 가져 얕은 바다에도 들어갈 수 있다는 것이다. 건조비는 6억 500백만 달러(약 7,200억 원)로 현재로서는 가장 비싼 개인 요트가 된다.

특히"아잠"호의 만찬식당(Dining Saloon)은 29m 길이에 폭이 18m(522㎡, 약 158.2평 넓이)의 큰 방인데도 방 안에 기둥(Pillar)이 전혀 없는 구조로 설계되어 있다.

세계에서 가장 큰 개인 요트인 "아잠"호(MY Azzam)의 외형

그 다음으로 크고 비싼 개인 요트는 러시아의 부호, "로만 아브라모비치(Roman Abramovich)"가 5억 달러(약 5,700억 원)의 건조비로 2010년, 독일의 Blohm und Voss(브롬운트포스) 조선소에서 건조한 호화요트 "이크립스"호(M.Y Eclipse) 이다. 이 배는 총톤수 13,000톤, 전장 162.5m, 선폭 22m의 크기로 되어 있다.

오늘날 세계에는 선체길이가 150m가 넘는 초대형의 개인 호화요트가 다섯 척이나 운항하고 있으며 2003년에 건조된 마이크로소프트(MS)의 창업자 "폴 알렌(Paul Allen)"의 호화요트 역시 대형 요트로 유명하지만 전장이 126.2m, 총톤수 9,930톤 급으로 앞의 두 척에 비하면 크기나 소요된 건조비에서 조금 뒤떨어진다.

세계에서 두 번째로 큰 개인요트 "이크립스"호(MY Eclipse) (사진출처: Yacht Charter Fleet 및 B+V 조선소)

개인요트로써 총톤수가 13,000톤 이상이라는 것은 실로 엄청난 것으로 이 배들의 실내 인테리어는 일반 크루즈 선이 비교할 수 없는 최고급의 자재로 만들어져 있다. 예를 들면, 선주실과 외빈객실의 욕실과 화장실의 모든 금속장식들은 금도금 이상의 품질로 되어 있으며, 욕실과 만찬식당 및 중앙 회랑의 바닥은 모두 자연산의 최고급 대리석으로 되어있다. 실내수영장과 실외수영장 및 온천 욕탕까지 모두 갖추고 있는 "아잠"호와 "이크립스"호 두 척 모두 50m의 잠수심도(潛水深度, 잠수함이나 잠수정이 안전하게 최대로 잠수할 수 있는 최대수심)를 가진 7인승 자항심해잠수정을 탑재하고 있으며 초고속 모터 요트는 물론이고 본선전용의 헬리콥터와 헬리콥터 격납고도 가지고 있다.

그러나 2018년 말에는 또 다른 초대형의 개인 호화요트가 출현할 예정이다. 선명은 "더블 센츄리(Double Century)"로 현재까지 밝혀진 바에 의하면 전장 222m, 선폭 24.9m로 오늘날 최대 크기인 "아잠"호보다 전장이 42m나 더 길고 선폭도 4.1m나 더 넓어 총톤수는 약 18,000~19,000톤 이상이 될 것으로 추정되고 있다. 요트설계 전문가인 "크리스토퍼 세이무어(Christopher Seymour)"의 설계로 독일의 조선소에서 건조된다. 2대의 헬리콥터와 3척의 쾌속 모터요트 및 한 척의 자항식 잠수정을 함께 탑재할 이 슈퍼요트는 건조완료 이전까지 선주의 이름을 밝히지 않았던 다른 슈퍼요트들의 전례(前例)에 따라 이 배 역시 선주의 이름을 공개하지 않고 있다.

참고 문헌

- Picture history of the Cunard line
(Writer; Frank O. Braynard & William H. Miller Jr.)
- Picture History of the "Normandie"
(Writer; Frank O. Braynard)
- The Fabulous Interior of the Great Ocean Liners in Historic Photographs
(Writer; William H. Miller Jr.)
- The First great Ocean Liners in Photographs
(Writer; William H. Miller Jr.)
- Great Cruise ships and Ocean liners from 1954 to 1986
(Writer; William H. Miller Jr.)
- The great Luxury liners, 1927~1954
(Written by William H. Miller Jr.)
- Pictorial Encyclopedia of Ocean Liners, 1860~1954
(Written by William H. Miller Jr.)
- Modern Cruise Ships, 1965~1990
(Writer; William H. Miller Jr.)
- The Great Passenger ships of the World, 8th Edition
(Writer; Raoul Fiebig & Frank Heine & Frank Lose)
- The Great passenger ships of the World Today
(Writer; Arnold Kludas)- Things Not to do on Oasis Class Ships
(Writer; Colleen McDaniel)
- Compendium of the World's Passenger ships
(Writer; Don Hazeldine)
- A Cruise ships Premier: History & Operations
(Writer; Craig Munsart)
- Giant of the Sea: The Ships that Transformed Modern Cruising
(Writer; Aaron Saunders)
- Cruise ships: An Evolution in Design
(Writer; Phillip Dawson)
- Passenger Ship Technology
(2015 1st Edition / 2015 3rd Edition / 2015 4th Edition / 2016 1st Edition / 2016 2nd Edition / 2016 3rd Edition / 2017 1st Edition)
- Magazine, Cruise Industry News
(2015 Spring Edition / 2015 Fall Edition / Winter 2015/2016 Edition / 2016 Spring Edition / 2016 Summer Edition / 2016 Fall Edition / Winter 2016/2017 Edition)
- Porthole Cruise Magazine
(Aug. 2015 Edition / Dec. 2015 Edition / Feb. 2016 Edition / Aug. 2016 Edition / Dec. 2016 Edition / Mar./Apr. 2017 Edition)